U0257009

本书得到江西省人民政府发展研究中心委托项目和
中西部高校综合能力提高计划资助

以江西省为例

区域生态优势转化
与生态文明建设

刘耀彬 等◎编著

社会科学文献出版社
SOCIAL SCIENCES ACADEMIC PRESS (CHINA)

主要编撰者简介

刘耀彬　南昌大学经济与管理学院　教授

姚成胜　南昌大学经济与管理学院　副教授

谢海东　南昌大学经济与管理学院　副教授

何　筠　南昌大学经济与管理学院　教授

王玉帅　南昌大学经济与管理学院　副教授

柯　鹏　南昌大学经济与管理学院　硕士研究生

刘祎凡　南昌大学经济与管理学院　本科在读

内容提要

建设生态文明，是关系人民福祉、关乎民族未来的长远大计，是一项具有伟大时代意义的经济社会建设综合系统工程。十八大报告强调生态文明建设要融入经济建设、政治建设、文化建设、社会建设各方面和全过程，纳入社会主义现代化建设总体布局，表明生态文明建设在政治实践和政策导向上已提升至新的高度。江西省生态环境优良，生态文明建设起步早、基础好。江西省第十三次党代会明确提出建设富裕和谐秀美江西的奋斗目标，江西省有责任、有条件承担起我国建设生态文明先行示范区的历史任务，为全国生态文明建设和生态优势转化积累经验。第一，本研究在对生态文明和生态文明建设以及生态优势转化内涵把握的基础上，以全球的视野、历史的眼光，总结了国内外生态文明建设及生态优势转化的经典模式和经验。第二，从全国生态文明建设的总体状况出发，明确江西省生态文明建设在全国的地位，建立 SWOT - NPEST 分析框架，分析江西省实现生态文明建设的宏观条件，并建立指标体系定量分析江西省在生态经济、生态环境、生态文化、人居环境、生态制度等方面具备的优势。第三，根据生态足迹方法构建了生态效益综合变动系数模型，利用生态效益与经济效益耦合的概念定义了生态效益转化率，并从需求（生态足迹）、供给（生态承载力）和供需平衡（生态赤字）三个维度对江西省 2007 ~ 2012 年的生态效益转化率进行了时间序列动态分析，并研究了影响生态效益转化率的经济水平、生态足迹/承载力、生态指数等因素。第四，从转变发展理念、调整产业结构、编制总体规划、健全体制机制、转变生活方式五个方面提出江西省生态文明建设的实现思路，从优化国土开发空间格局、发展绿色低碳经济、促进能源资源节约、加大生态建设和环境保护、培养生态文明文化五个方面提出江西省生态文明建设的重点领域，进而从功能导向、产业导向、园区建设、示范创建、文化创建和制度导向六个方面提出江西省生态文明建设的具体实现途径；从生态工业、生态农业、生态文化、生态补偿和涵养四个方面提出江西省生态优势转化的实现途径。第五，从建立协调机构、调整考核办法、健全法律法规、创建环境交易市场、健全控制型和激励性政策、提高生态转化效率六个方面提出政策建议。

关键词：生态文明　生态优势　实现途径　生态转化率模型

目　录

第一章　引言

第一节　研究背景和意义

一　研究背景

工业革命以后，人类开始进入现代工业文明时代。在400多年的现代工业文明进程中，人类全面提升了社会生产力，创造了超过过去几千年总和的巨量社会财富，并且从根本上完成了社会的重大转型，政治、经济、文化、精神以及社会结构和人的生存方式都发生了巨大变革。然而，工业化在给人类带来大量物质财富的同时，也给人类带来了严重的资源环境问题。

传统的工业化模式在大规模排放污染物的同时，也消耗了大量能源、矿产和淡水等自然资源。随着全球人口不断增加，越来越多的国家步入工业化进程，全球能源、资源短缺问题日益凸显。特别是20世纪70年代发生的两次世界性的石油危机对世界经济造成了巨大影响，国际舆论开始高度关注"能源危机"问题。自1973年开始持续三年的石油危机对发达国家的经济造成了严重冲击，所有工业化国家的经济增长速度都明显放慢。1979年，第二次石油危机再次引发了西方工业国的经济衰退。由于化石能源是不可再生的，据估计，按照1995年世界石油的开采量，当前全球石油储量将在2050年左右宣告枯竭。与此同时，淡水危机日益严峻。80多个国家的约15亿人口面临淡水不足的问题，其中26个国家的3亿人口完全生活在缺水状态，30亿人缺乏用水卫生设施，每年有300万~400万人死于和水有关的疾病，到2025年，全球将有35亿人为水所困。随着水资源日益紧缺，水的争夺战将越演越烈。淡水危机有可能成为21世纪最严重的环境问题和安全问题。①

---

① 解振华：《绿色发展：实现"中国梦"的重要保障》，《光明日报》2013年4月15日。

气候变化问题也是重大全球性问题之一。工业革命以来，人类大量使用化石燃料，排放了大量的二氧化碳、甲烷等温室气体，导致全球气候变暖。据观测，地球温度的升高（见图1-1）与二氧化碳浓度增长曲线（见图1-2）是一致的。根据联合国政府间气候变化专门委员会（IPCC）第四次评估报告①：近百年来全球地表平均温度上升了0.74℃，未来100年还可能上升1.1℃~6.4℃（见图1-3）。世界银行2012年11月公布的报

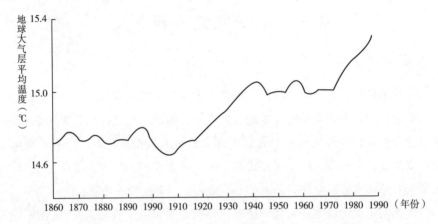

图1-1 地球大气层平均温度曲线（1860~1990年）

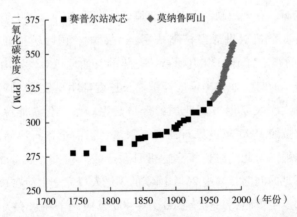

图1-2 工业革命之后二氧化碳的浓度变化（基林曲线）

---

① 联合国政府间气候变化专门委员会：《气候变化2007：联合国政府间气候变化专门委员会第四次评估报告》，http://news.xinhuanet.com/ziliao/2010 - 01/27/content_ 12884038. htm。

告指出，到 21 世纪末，如果再不采取行动，全球气温将上升 4℃，后果将是灾难性的；人类将面临这样的局面：沿海城市被淹没，食品短缺，干旱加剧，洪涝增多，很多地方尤其是热带地区将遭遇史无前例的热浪，很多地区缺水程度加剧，热带气旋强度增强，生物多样性丧失，珊瑚体系丧失且无法逆转。[①] 任何国家对全球变暖都没有免疫力，而其带来的食品短缺、海平面上升、飓风、干旱等问题给发展中国家带来的影响尤甚。

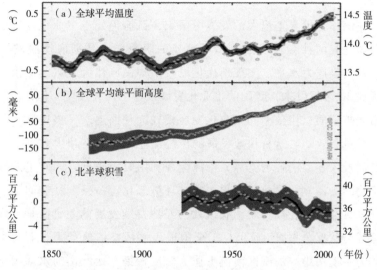

图 1 - 3　气候变化引起海平面高度变化（1850～2000 年）

伴随着现代工业文明的发展，到 20 世纪中叶，大规模的污染和掠夺性的资源开发导致人类与生态环境的冲突越演越烈，并开始威胁人类的生存与发展，人们也逐渐意识到，如果生态环境继续恶化下去，将会产生难以想象的后果，人们开始向工业文明的"向自然宣战""控制自然"等传统理念发起挑战，敲响了工业文明不可持续的警钟，并反思传统工业文明，寻找"另外的道路"。经过近 20 年应对气候变化的减排实践和艰苦谈判，2012 年在联合国气候变化多哈大会上完成了巴厘路线图谈判，也形成了只有绿色低碳发展才能实现经济发展和应对气候变化共赢的共识。随着人们

①　解振华：《绿色发展：实现"中国梦"的重要保障》，《光明日报》2013 年 4 月 15 日。

对可持续发展认识的逐步深入，世界各国开始大力倡导和发展绿色经济、循环经济和低碳经济，绿色低碳发展成为国际经济发展的潮流和科技竞争的新领域。同时，各国都通过发展绿色科技、节能减排、使用绿色清洁可再生资源与能源、宣传生态环境保护等手段不断改善生态环境，促进人与自然的和谐可持续发展。

大规模的工业化给中国带来了全面的资源环境压力，"推进生态文明、建设美丽中国"成为中国政府践行科学发展观、追求可持续发展的有益探索。

我国作为世界上最大的发展中国家，目前仍处于工业化发展的初级阶段，这是我国社会经济发展不可逾越的阶段，也是彻底摆脱贫困落后状态、提高生产力水平、实现现代化以及中华民族伟大复兴的必由之路。改革开放30多年来，我国的工业化发展取得了巨大成就，但是由于长期以来沿袭传统的、粗放型的工业化发展模式，片面追求发展速度，忽视了发展的质量和效益。这种快速发展的传统工业化模式在很大程度上以资源能源的高投入、高消耗为支撑，资源能源利用效率较低，同时也造成了环境污染物的高排放，导致了资源短缺、环境恶化等一系列社会问题。生态环境问题日益凸显，成为制约我国社会经济持续发展的关键因素。《2008年中国环境状况公报》[①] 显示：①全国地表水污染依然严重。七大水系水质总体为中度污染，浙闽区河流水质为轻度污染，西北诸河水质为优，西南诸河水质良好，湖泊（水库）富营养化问题突出（见图1-4）。②全国酸雨分布区域保持稳定，但酸雨污染仍较重。在被监测的477个城市（县）中，出现酸雨的城市有252个，占52.8%；酸雨发生频率在25%以上的城市有164个，占34.4%；酸雨发生频率在75%以上的城市有55个，占11.5%（见图1-5）。《2006年环境统计年报》[②] 显示，"十五"期初以来，全国废水排放总量和生活污水排放量不断增长，废气中 SO_2 排放总量和工业 SO_2 排放数量呈现逐渐增长态势，工业固体废物产生量呈现上升趋势，酸雨在全国范围内有向东部扩延的趋势（见图1-6和图1-7）。这促

---

① 中华人民共和国环境保护部：《2008年中国环境状况公报》，2009年6月。

② 国家环境保护总局：《中国环境统计年报》（2006），中国环境科学出版社，2007。

使我国不断地对传统工业化发展道路进行反思，积极寻找新型的有中国特色的工业化发展道路。

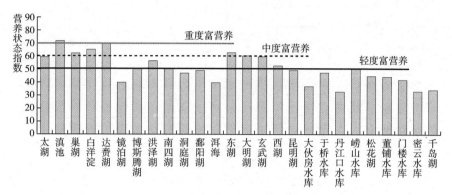

图 1-4 中国重点湖（库）营养状态指数

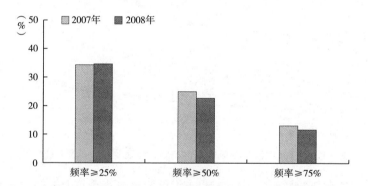

图 1-5 中国不同酸雨发生频率的城市比例年际比较

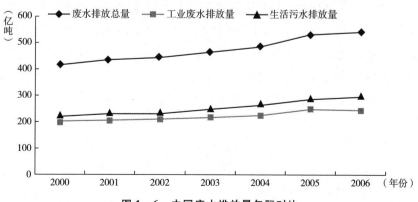

图 1-6 中国废水排放量年际对比

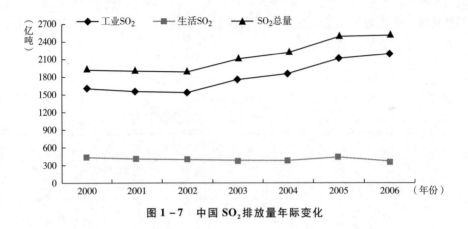

图 1 - 7 中国 SO₂ 排放量年际变化

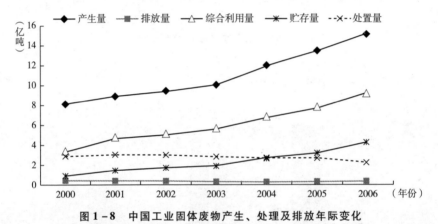

图 1 - 8 中国工业固体废物产生、处理及排放年际变化

作为负责任的发展中大国，1994 年里约热内卢会议召开之后，我国政府立即发布了《中国 21 世纪议程——中国 21 世纪人口、环境与发展白皮书》[①]，作为指导各级地方政府制定国民经济和社会发展长期规划的主要指导文件。1995 年，党的十四届五中全会通过了《中华人民共和国国民经济和社会发展"九五"计划和 2010 年远景目标纲要》[②]，明确将可持续发展战略作为我国今后的国家发展战略，全国经济体制和经济增长方式要实现两个根本性转变：一是经济体制要从传统的计划经济体制向社会主义市场

---

① 《中国 21 世纪议程——中国 21 世纪人口、环境与发展白皮书》，中国环境科学出版社，1994。

② 《中华人民共和国国民经济和社会发展"九五"计划和 2010 年远景目标纲要》，1996。

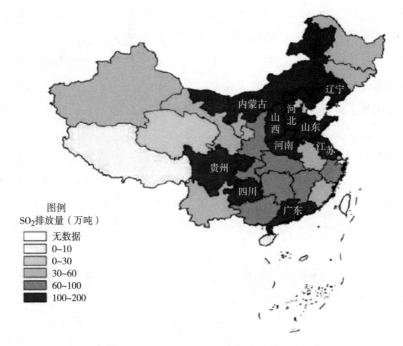

图 1-9　中国 SO_2 排放量的地区分布

经济体制转变；二是经济增长方式要从粗放型向集约型转变。为全面实施可持续发展战略，切实落实环境保护的基本国策，巩固生态环境建设成果，2000 年我国正式颁布了《全国生态环境保护纲要》[①] 等纲领性文件，提出了全国生态环境保护的具体对策与措施。2001 年，江泽民[②]同志在"七一"讲话中明确指出："要促进人和自然的协调与和谐，使人们在优美的生态环境中工作和生活。坚持实施可持续发展战略，正确处理经济发展同人口、资源、环境的关系，改善生态环境和美化生活环境，改善公共设施和社会福利设施。努力开创生产发展、生活富裕和生态良好的文明发展道路。"江泽民[③]首次提出了"生态、生活、生产"三生共赢的文明发展道路，为我国选择生态文明发展道路奠定了基础。

党的十七大正式把建设生态文明作为全面建设小康社会的目标之一，

①　《全国生态环境保护纲要》（国发〔2000〕38 号），2005。

②　江泽民：《庆祝建党八十周年大会上的讲话》，2001。

③　江泽民：《江泽民文选》（第三卷），2006。

明确提出，到 2020 年，"建成生态环境良好的国家，基本形成节约能源资源和保护生态环境的产业结构、增长方式、消费模式。循环经济形成较大规模，可再生能源比重显著上升。主要污染物排放得到有效控制，生态环境质量明显改善。生态文明观念在全社会牢固树立"。[①] 胡锦涛首次把建设生态文明写入党的政治报告，是对以往有关人与自然关系的思想和理论的总结和提升。生态文明成为我国现代化建设中与物质文明、政治文明、精神文明相并列的重要组成部分，意味着建设生态文明成为科学发展观的应有之义。从此，中国正式开启了生态文明建设的宏伟征程，也开启了一条不同于西方发达国家传统工业化道路的具有中国特色的新型工业化发展之路，成为中国政府践行科学发展观、追求可持续发展的有益探索。

江西省生态环境优良，生态文明建设起步早、基础好，在"小康提速、绿色崛起"、建设富裕和谐秀美江西的过程中，弘扬生态文明是推动江西省经济快速持续发展的必然选择。

"十二五"时期将是江西省战略机遇与矛盾并存的关键时期。一方面，"十一五"规划的实施使江西省社会经济发展取得了重大突破，贯彻落实科学发展观取得重要进展，"鄱阳湖生态经济区规划"和"原赣南等中央苏区"等国家级项目的立项建设，为"十二五"时期江西省生态文明建设提供了更加完善的体制机制和更加雄厚的物质技术基础；另一方面，江西省的经济基础仍然比较薄弱，粗放型经济增长方式的特征明显，结构性矛盾比较突出，国内外市场竞争激烈，资源环境约束加剧。改革开放以来，江西省经济发展较为迅速，国民生产总值保持增长态势。但是，由于其结构不甚合理，治理设施不完善，在经济发展的同时，水污染、工业企业污染物排放量逐年增加，全省的环境质量也呈恶化趋势。据统计，2010 年该省工业废水、废气和固体废物排放总量分别为 7.25 亿吨、9812 万标立方米和 9407 万吨，均处于全国省区的平均水平，但与 2000 年相比，它们分别增长了 39.77%、327.76% 和 78.19%，并且由于城市污水处理能力差，江西省生活污水对环境的污染较大，生态环境进一步恶化和退化（见表 1-1）。[②]

---

① 胡锦涛：《高举中国特色社会主义伟大旗帜为夺取全面建设小康社会新胜利而奋斗》，2007。

② 江西省统计局：《江西统计年鉴》（2001~2011 年），中国统计出版社，2001~2011 年。

表1-1 江西省污染排放变化比较（2000~2010年）

年 份	2000	2001	2002	2003	2004	2005	2006	2007	2008	2009	2010
工业废水（万吨）	42083	41507.09	46119	50135	54949	53972	64073	71410	63896	61603	72526
工业废气（万标立方米）	2220	2231	2612	3202	3972	4378	5096	6103	7456	8286	9812
工业固体废物（万吨）	4814.97	4252	5849	6181	6524	7006	7392	7777	7924	8561	9407

资料来源：江西省统计局：《江西统计年鉴》（2001~2011年），中国统计出版社，2001~2011年。

发展经济要与环境相协调，经济发达地区如此，经济不发达地区更应该如此。江西省作为欠发达地区，现在它需要快速持续发展，既不能走别人走过的"先污染、后治理"的老路，也不能像六七十年代那样砍伐森林、垦荒种地、拦河筑坝，而应把环境保护和经济发展有机结合起来，这样既有利于维护山川河湖的生态平衡，又能够产生相应的经济效益。

生态文明是以人与人、人与自然、人与社会和谐共生为宗旨，以建立可持续的生产方式和消费方式为内涵，引导人们走上持续和谐发展道路的文明形态。建设生态文明是党的十八大做出的重大战略部署，是实现全面建设小康社会宏伟目标的新要求，是实现经济社会全面、协调、可持续发展的重要途径。江西省生态环境优良，建设生态文明有比较扎实的基础。江西省是革命老区，国务院批复了鄱阳湖生态经济建设规划，出台了支持赣南等原中央苏区振兴的意见，实现江西省生态文明既符合老一辈革命先烈的愿望，也是党中央国务院的要求。江西省是欠发达地区，弘扬生态文明、建设生态文明是实现"绿色崛起、进位赶超"，推动江西省经济快速持续发展的必然选择。

《促进中部地区崛起规划》的获批是中部地区推进科学发展的一个崭新机遇。然而，中部地区的经济增长方式比较粗放，主要表现是能耗高、污染重、技术含量低，应促进增长方式由粗放型向集约型转变。另外，相对于沿海省区，中部地区的企业国有化程度比较高、民营经济发展比较滞后、经济总量明显偏低。[①] 因此，要以薄弱环节为突破口，加快改革开放

---

① 胡萍：《促进中部崛起规划再造发展高地》，http：//www.chinahightech.com/views_ news.asp? Newsid=134393639333。

和体制机制创新，不断增强发展动力和活力，进一步完善支持中部崛起的政策体系。显然，在中部崛起的大背景下，针对中部地区的未来发展和比较优势，探讨江西省如何转变经济发展方式、充分利用自然资源优势，实现进位赶超和绿色崛起是现实而紧迫的问题。①

2009 年 12 月 12 日，国务院正式批复《鄱阳湖生态经济区规划》。"建设鄱阳湖生态经济区，特色是生态，核心是发展，关键是转变发展方式，目标是探索和走出一条科学发展、绿色崛起之路。"②规划批准实施一年来，江西省展开了一场科学发展、绿色崛起的具体实践，旨在在我国长江中下游地区和最大淡水湖区域建设一个全国生态经济示范区。建设鄱阳湖生态经济区战略构想，一是着眼于保护鄱阳湖"一湖清水"；二是着眼于从江西的实际出发，走出一条科学发展、绿色崛起的路子；三是着眼于国家战略全局和长远发展，积极探索经济与生态协调发展的新模式。以建设鄱阳湖生态经济区为龙头的江西省生态经济发展，就是要坚持在保护中开发、在开发中保护，把生态优势转化为经济优势。

2014 年 8 月 4 日，国家发改委等六部委联合印发通知，将江西省等 57个地区纳入第一批生态文明先行示范区，并指出江西、云南、贵州、青海的实施方案由国家发改委等六部委联合印发实施。国家发改委文件精神指出，生态文明先行示范区建设，不是搞政策洼地，而是以生态文明制度创新为核心任务，以可复制、可推广为基本要求，推动先行示范地区围绕本地区生态文明建设的制度机制等瓶颈制约，先行先试、大胆探索，力争取得重大突破，发挥对全国的示范带动效应。对江西省而言，就是要结合自身的实际省情，从探索建立生态补偿机制、探索完善主体功能区制度、探索建立体现生态文明要求的领导干部评价考核体系、探索完善河湖管理与保护制度四个方面入手。③

随着江西省的生态经济区建设和生态文明先行示范区建设的推进，如何

---

① 傅云：《举全省之力全面推进鄱阳湖生态经济区建设 努力掀起科学发展进位赶超绿色崛起新热潮》，《江西日报》2010 年 2 月 1 日。

② 同上。

③ 周珺：《江西启动国家生态文明先行示范区建设》，http：//jiangxi. jxnews. com. cn/system/2014/08/05/013249733. shtml。

将生态效益转化为经济效益，将是考验江西省科学发展能力的"试金石"。研究如何采取科学的发展模式与路径，将江西省既有的比较优势发挥出来，取得经济上的成效与收益，是江西省生态经济建设与社会经济建设共同发展的必然要求，也是本书着重研究的内容。加强对生态文明建设和经济发展相关联的发展模式的研究，可以更好地推进江西省全面、科学地发展。①

江西省推进生态效益向经济效益转化，有着其自有的需求和现实基础，具体表现为目前江西省优越的生态环境优势与较低经济发展水平之间的矛盾。

目前，江西省的森林覆盖率已由 60.05% 上升到 63%，"五河一湖"断面Ⅲ类以上水质达标率由 76.3% 上升到 80.3%，SO_2 排放量、化学需氧量和万元生产总值能耗实现"十一五"规划的约束性目标，生态环境与社会经济可持续发展能力进一步增强。为进一步推进绿色崛起与赶超，加大生态保护力度，江西省将以鄱阳湖湖体保护、滨湖控制、生态廊道建设为重点，建设绿色屏障、增强环境容量和保护生物多样性。到 2015 年，江西省将在鄱阳湖区恢复湿地植被 60 万亩，治理五大河流入湖口湿地 30 万亩，建设 20 个国家级湿地公园、60 个省级湿地公园，鄱阳湖天然湿地面积保持 3100 平方公里。②

在生态农业方面，江西省着力打响"生态鄱阳湖，绿色农产品"品牌。截至 2012 年，绿色、有机和无公害农产品由 1752 个增加到 2166 个，国家绿色食品（原料）标准化示范基地数量居全国第 2 位，"猪－沼－果"等生态农业模式得到广泛推行。同时，2012 年粮食总产量突破 205 亿公斤，达 205.28 亿公斤，再创历史新高。在新型工业方面，两年来实施循环经济、节能工程、清洁生产等重大项目 500 个以上，总投资超过 450 亿元，区内战略性新兴产业加快发展，形成了以新能源、新材料、光电、航空制造、生物医药等为重点的新兴产业发展格局。③

在有着这些生态优势的同时，江西省作为在经济发展过程中有着后发优势的省份，是可以在未来的建设中大有所为的，是可以在生态文明发展

---

① 王姣雁：《江西科学发展鄱阳湖：生态保护经济效益双管齐下》，http://district. ce. cn/zg/201103/17/t20110317_ 22306877. shtml。

② 同上。

③ 《线路图描绘富裕和谐秀美，示范区彰显生态经济和谐》，《江西日报》，http://epaper. jxnews. com. cn/jxrb/html/2011－12/12/content_ 175390. htm。

模式方面有所突破、值得其他省份借鉴的。对江西省生态效益转化为经济效益的发展路线进行探索研究，可以为这些问题提供科学的依据。

二 研究意义

加快实现江西省生态优势向发展优势转化是推进国家生态文明示范省建设、促进江西省率先崛起的重大举措。建设生态文明是党的十八大对全面推进经济社会可持续发展提出的新要求。生态文明是继工业文明之后更高级的文明形态，是人类社会发展的必然趋势。推进生态文明建设，既是一个长期的历史过程，也是一项紧迫的现实任务，客观上要求我们分析省情、发挥优势，以国家生态文明示范省建设为载体，加大环境保护和生态建设力度，大力建设资源节约型和环境友好型社会，加快形成符合生态文明要求的生产方式、生活方式和消费模式，推动经济社会和生态环境协调发展。2009年国务院颁布的《促进中部地区崛起规划》，为江西省进位赶超和绿色崛起提供了新的历史机遇。江西省作为中部欠发达地区，面临一系列经济、社会和政治问题，资源瓶颈制约和环境压力不断加大，经济发展方式粗放。显然，只有积极主动地转变经济发展方式，贯彻可持续发展理念并充分利用丰富的生态资源优势，探索一条符合自身生态资源优势的绿色发展道路，才是江西省实现跨越式发展的正确选择。

加快实现江西省生态优势向发展优势转化是落实"两个规划"、建设美丽江西的重要使命。江西省跨江临湖，青山叠翠，平原辽阔，水网密布，具有良好的自然禀赋和生态条件。同时，江西省又是革命老区，经济社会发展仍然相对滞后。近年来，国家高度重视生态文明建设和原中央苏区的振兴发展，出台了《鄱阳湖生态经济区发展规划》《国务院关于支持赣南等原中央苏区振兴发展的若干意见》等政策文件，并将正式批复中央苏区振兴发展规划。实现江西省生态文明建设，有助于江西省走出一条生产发展、生活富裕、生态良好的文明发展道路。

加快实现江西省生态优势向发展优势转化是优化经济结构、转变发展方式的迫切需要。建设生态文明，实现永续发展，根本出路在于加快转变发展方式，推动经济转型升级。目前，江西省总体上处于工业化、城市化中期加速推进的阶段，经济发展方式尚未根本转变，经济社会发展和资源环境约束的矛盾日益突出，节能减排的任务十分艰巨，加强生态文明建设、增强可持续发展能力刻不容缓。加快实现江西省生态优势向发展优势转化，把生态环境作为最稀缺的发展要素，有利于倒逼经济结构调整和发展方式转变，不断提高资源利用效率和环境承载能力，引导经济社会切实转入科学发展的轨道。

加快实现江西省生态优势向发展优势转化是改善人民生活、促进社会和谐的必然要求。加快实现江西省生态优势向发展优势转化是与造福当代、利在千秋的生态文明工程相一致的。随着人民生活水平的提高，广大人民群众对干净的水、新鲜的空气、放心的食品、优美的环境等方面的要求越来越高。必须顺应群众对改善环境质量的新期盼、新要求，着力解决影响群众健康的突出环境问题，让广大人民群众充分享受生态文明建设成果，做到既有收入水平的显著提升，又有生态环境的明显改善，促进人与自然和谐发展。

加快实现江西省生态优势向发展优势转化，为欠发达地区丰富和深化社会经济发展理论和特色发展道路的内涵建设提供理论素材。二战后，不发达国家社会经济发展理论的发展，大致可分为三个阶段。从 20 世纪50 年代到 60 年代中期是第一阶段，西方学者在传统的和现代的资本主义经济理论的体系和框架内，研究不发达国家社会经济发展的理论并建立模型，是这一阶段的主要特征。从 20 世纪 60 年代中期到 70 年代中期是第二阶段，其显著特征是，一大批出生于不发达国家的学者，开始提出有关本地区社会经济发展的一系列理论，"依附论"是其中最有影响力的。从 20 世纪 70 年代初期到目前是第三阶段，与同时期国际政治经济格局的重大变化相适应，不发达国家社会经济发展理论在其研究立场、方法、视角、内容上都发生了显著变化。江西省是中国典型的欠发达地区，研究其在新经济背景下如何做大经济总量和转变经济发展方式有助于丰富和深化我国欠发达地区社会经济发展理论和特色发展道路的内涵。

第二节 国内外文献综述

一 国内外研究进展

（一）国外生态文明的研究进展

从 20 世纪 60 年代起，以全球气候变暖、土地沙漠化、森林退化、臭氧层破坏、资源枯竭、环境激素泛滥等为特征的生态危机凸显，人们开始有意识地寻求新的发展模式。20 世纪 60 年代初，美国女科学家蕾切尔·卡逊以《寂静的春天》①揭示了自然必然危及人类自身生存的事实，提出了人与自然共存共荣的问题。1972 年，联合国在斯德哥尔摩召开了有史以来第一次"人类与环境会议"，讨论并通过了著名的《人类环境宣言》②。同年，罗马俱乐部发表研究报告《增长的极限》③，提出了均衡发展的概念。

20 世纪 80 年代，人们开始对工业文明社会进行了初步的反思，各国政府开始把生态保护作为一项重要的施政内容。1981 年，美国经济学家莱斯特·R. 布朗出版了《建设一个可持续发展的社会》④一书，首次对可持续发展观做出了较全面的论述。1983 年，联合国成立了世界环境与发展委员会。1987 年，世界环境与发展委员会发布研究报告《我们共同的未来》⑤，成为人类建构生态文明的纲领性文件。20 世纪 90 年代，产生了可持续发展的思想与实践，生态学和环境科学与其他自然科学、社会科学互相交叉、渗透，相继出现了一大批新兴学科。1992 年联合国环境与发展大会通过的《21 世纪议程》⑥，更是强调和深化了人们对可持续发展理论的认识。同年，在巴西里约热内卢召开的联合国环境与发展大会，提出了全球性的可持续发展战略，进一步为生态文明社会的建设提供了重要的制度保障，真正拉开了生态文明时代的序幕。

21 世纪初，人们以马克思主义的辩证唯物主义和历史唯物主义为指导，构建生态文明的理论体系。同时，涌现了大量生态文明建设的实践活动，为理论的深化和升华提供了坚实的基础。2002 年，联合国在约翰内斯堡举行可持续发展世界首脑会议，要求各国更好地执行《21 世纪议程》⑦

① 蕾切尔·卡逊：《寂静的春天》，吉林人民出版社，1997。

② 联合国：《斯德哥尔摩人类环境会议宣言》，《斯德哥尔摩：联合国人类环境会议全体会议》，1972。

③ 德内拉·梅多斯、乔根·兰德斯、丹尼斯·梅多斯：《增长的极限——罗马俱乐部关于人类困境的报告》，吉林人民出版社，1997。

④ 莱斯特·R. 布朗：《建设一个可持续发展的社会》，1981。

⑤ 世界环境与发展委员会：《我们共同的未来》，世界知识出版社，1989。

⑥ 联合国：《21 世纪议程》，中国环境科学出版社，1993。

⑦ 同上。

的量化指标。理论界和学术界对生态文明内容的探讨表明，生态文明时代的到来作为一种共识已经确立和形成，生态文明的发展状况开始成为衡量一个国家整体发展水平的重要指标。

（二）我国生态文明的研究进展

中华民族有着几千年文明史，从政治社会制度到文化哲学艺术，无不闪烁着生态智慧的光芒，生态伦理思想本来就是中国传统文化的主要内涵之一。中国儒家主张"天人合一"，其本质是"主客合一"，肯定人与自然界的统一，肯定天地万物的内在价值，主张以仁爱之心对待自然，体现了以人为本的价值取向和人文精神。中国道家提出"道法自然"，强调人要以尊重自然规律为最高准则，以崇尚自然、效法天地作为人生行为的基本皈依，这与现代环境的友好意识相通，与现代生态伦理学相合。中国佛家认为万物是佛性的统一，众生平等，万物皆有生存的权利，从善待万物的立场出发，把"勿杀生"奉为"五戒"之首，生态伦理成为佛家慈悲向善的修炼内容。中国历朝历代都主张以平等仁爱之心善待自然，如孟子提出"仁民爱物"，董仲舒认为"质于爱民，以下至于鸟兽昆虫莫不爱"。把生态的平衡发展与人类生产生活的持续发展相统一，主张有节制地利用资源，如孟子不仅主张"爱物"，而且提出了"数罟不入夸池，鱼鳖不可胜食也；斧斤以时入山林，林木不可胜用也"这些比较具体的保护生态资源的主张。荀子提出"圣王之制也：草木荣华滋硕之时，则斧斤不入山林，不夭其生，不绝其长也。春耕、夏耘、秋收、冬藏，四者不失其时，故五谷不绝，而百姓有余食也"。尽管古代的"天人合一""仁民爱物"等思想产生于农业文明时代，是一种朴素的人与自然的和谐观，但是对维护自然环境起到了积极作用，也为当代我国发展生态文明理论提供了重要的思想来源。

从古代人类生态环境意识的蒙昧存在，到近代生态环境意识的觉醒与生态环境学科群的初步形成，是生态文明理论的渊源所在。1985年，在《科学社会主义》[①] 杂志上发表的文章《在成熟社会主义条件下

[①] 张捷：《在成熟社会主义条件下培养个人生态文明的途径》，《莫斯科大学学报·科学共产主义》1984 年第 2 期。

培养个人生态文明的途径》，或许是国内对生态文明概念的最早提及。
随后在关于北京市环境保护十五年回顾的文章中明确提出建设"生态健
全的文明城市"，以及后来对梅棹忠夫的《文明的生态史观》一书的译
介①，都可以认为是生态文明理论的萌芽。进入 20 世纪 90 年代，对生态
文明的专门研究和论述主要集中在理念辨析层面。李绍东②较早关注到
从生态意识觉醒跨越到生态文明建设的趋势，并赋予生态文明以相对
完整的综合性内涵。随后，沈孝辉③、谢光前④、石中元⑤、谢艳红⑥、
孙彦泉⑦等分别对生态文明做了一系列论述。其中，申曙光先后在《求
索》⑧《北京大学学报》⑨《学术月刊》⑩等杂志上发表了一系列文章论述

---

① 梅棹忠夫：《文明的生态史观》，王子今译，上海三联书店，1988 年 3 月。

② 李绍东：《论生态意识和生态文明》，《西南民族大学学报》（哲学社会科学
版）1990 年第 2 期，第 104 ~ 110 页。

③ 沈孝辉：《走向生态文明》，《太阳能》1993 年第 7 期，第 2 ~ 4 页。

④ 谢光前：《社会主义生态文明初探》，《社会主义研究》1992 年第 3 期，第
32 ~ 35 页；谢光前、王杏铃：《生态文明刍议》，《中南民族学院学报》（哲学
社会科学版）1994 年第 4 期，第 19 ~ 22 页；谢光前：《略论生态文明》，《江
南学院学报》2001 年第 1 期，第 9 ~ 12 页。

⑤ 石中元：《生态文明与东方文化》，《发展论坛》1996 年第 12 期，第 40 ~ 41
页；石中元：《中国持续发展之路——重建生态文明》，《中国林业》1996 年
第 6 期，第 35 ~ 36 页；石中元：《生态文明：人类发展必由之路》，《21 世纪》
1996 年第 2 期，第 62 ~ 64 页；石中元：《生态文明新世纪的路标》，《中国青
年研究》1999 年第 1 期，第 22 ~ 23 页；石中元：《弘扬东方文化重建生态文
明》，《中外企业文化》1999 年第 3 期，第 40 ~ 41 页。

⑥ 谢艳红：《生态文明与当代中国的可持续发展》，《上海交通大学学报》（社会
科学版）1998 年第 2 期，第 51 ~ 55 页。

⑦ 孙彦泉：《生态文明的科学技术观》，《科学技术与辩证法》1999 年第 3 期，
第 7 ~ 10 页。

⑧ 申曙光：《生态文明构想》，《求索》1994 年第 2 期，第 62 ~ 65 页。

⑨ 申曙光：《生态文明及其理论与现实基础》，《北京大学学报》（哲学社会科学
版）1994 年第 3 期，第 31 ~ 37 页。

⑩ 申曙光：《生态文明：现代社会发展的新文明》，《学术月刊》1994 年第 9 期，
第 34 ~ 37 页。

其生态文明观点，形成较大反响。随后，邱耕田等[①]对其观点进行了商榷和进一步讨论。这些研究初步形成了关于生态文明的两类观点：以申曙光为代表的部分学者认为生态文明是超越工业文明的更高阶文明形态，其基础是"人－自然"共生价值观和生态经济价值观；以邱耕田为代表的另一部分学者则认为，人类强调生态文明是因为生态环境恶化危及人类自身，生态文明的基础是相对主义的人类中心价值观，应该走多种文明并行的道路。而傅先庆[②]则认为生态文明指向包括自然、社会在内的一切人类生存环境，因而生态文明是包含物质文明和精神文明的"大文明"。邹爱兵[③]对这个阶段的相关研究进行了总结。2000年以后，关于生态文明的研究和论述在广度与深度上都进一步推进。部分学者对生态文明的特征、重要性及实现途径进行论述[④]，还有部分学者从系统论[⑤]、科学发展观[⑥]、多种文明关系[⑦]、环境立法[⑧]等角度进行研究，

[①]　邱耕田：《对生态文明的再认识——兼与申曙光等人商榷》，《求索》1997年第2期，第84～87页。

[②]　傅先庆：《略论"生态文明"的理论内涵与实践方向——兼评〈三个文明协调推进：可持续发展的基础〉》，《福建论坛》（经济社会版）1997年第12期，第29～31页。

[③]　邹爱兵：《生态文明研究综述》，《道德与文明》1998年第5期，第37～38页。

[④]　伍瑛：《生态文明的内涵与特征》，《生态经济》2000年第2期，第38～40页；廖才茂：《论生态文明的基本特征》，《当代财经》2004年第9期，第10～14页；李良美：《生态文明的科学内涵及其理论意义》，《理论参考》2004年第12期，第23～25页；郑健蓉：《生态文明：人与自然关系史上的一个新阶段》，《理论参考》，2004；张青兰、刘秦民：《生态文明：社会主义和谐社会的基石》，《理论导刊》2007年第1期，第49～51页；杨雅琳、张新宇、陈艳丽：《论生态文化建设的历史必然性》，《环渤海经济瞭望》2008年第7期，第38～41页。

[⑤]　秦书生：《生态文明建设系统观》，《生态经济》2002年第9期，第77～79页。

[⑥]　赵成：《科学发展观与生态文明建设——生态文明建设的基本原则、行为规范及其意义》，《科学技术与辩证法》2005年第1期，第6～9页。

[⑦]　左伟清：《科学发展观的必然要求——"四个文明协调发展"》，《生态经济》2004年第5期，第15～17页；陈武：《试析生态文明与传统三大文明之间的内在联系》，《重庆社会主义学院学报》2007年第4期，第16～18页。

[⑧]　刘爱军：《生态文明与中国环境立法》，《中国人口·资源与环境》2004年第1期，第36～38页。

是丽娜等①则在述评过去研究的基础上对未来研究进行展望。还有许多结合其他领域的研究，如林业建设、文化环境、旅游发展、道德教育、水泥工业、农业发展、公民权利等，跨领域的讨论反映了生态文明的概念泛化倾向。此前两类观点的分歧在这个阶段逐渐模糊，反映人们更倾向于接受生态文明理念的导向，而并不介意生态文明本身的内涵是否得到严格的界定。

2007年12月在苏州召开的全国首届生态文明建设理论研讨会，提出《苏州宣言》，对工业文明导致生态危机进行预警，对建设生态文明进行号召，但是没有对生态文明的概念和理论体系进行系统化的建构。②具有更大影响的是国家层面的积极号召。2002年中共十六大报告③提出"推动整个社会走上生产发展、生活富裕、生态良好的文明发展道路"，首次在国家发展核心纲领中出现了生态文明的思想。2007年中共十七大报告④则进一步明确提出"将建设生态文明作为实现全面建设小康社会奋斗目标的新要求"，这是首次将"生态文明"理念提升到国家战略的高度，对理论研究与相关实践都形成了明显的推动效应。2012年11月召开的党的十八大⑤首次把大力推进生态文明建设独立成章，提出必须树立尊重自然、顺应自然、保护自然的生态文明理念，把生态文明建设放在突出地位，融入经济建设、政治建设、文化建设、社会建设，努力建设美丽中国，实现中华民族永续发展；并将"生态文明"列为"五位一体""绿色发展""美丽中国"的建设目标。更为重要的是指出了如何进行生态文明建设：就是要着力推进绿色发展、循环发展、低碳发展，

---

① 是丽娜、王国聘：《生态文明理论研究述评》，《社会主义研究》2008年第1期，第11～13页。

② 《全国首届生态文明建设理论研讨会在苏州举行》，《中国环境报》，http://www.envir.gov.cn/info/2007/12/121251.htm。

③ 江泽民：《全面建设小康社会，开创中国特色社会主义事业新局面》，人民出版社，2002。

④ 胡锦涛：《高举中国特色社会主义伟大旗帜，为夺取全面建设小康社会新胜利而奋斗》，人民出版社，2007。

⑤ 胡锦涛：《坚定不移沿着中国特色社会主义道路前进　为全面建成小康社会而奋斗》，人民出版社，2012。

形成节约资源和保护环境的空间格局、产业结构、生产方式、生活方式；就是要优化国土空间开发格局，全面促进资源节约，加大对自然生态系统和环境的保护力度，加强生态文明制度建设。

二　现有观点综述

我国学者对生态文明的研究主要集中在五个方面：生态文明的概念、内涵；生态文明建设途径；生态文明建设评价指标体系；生态文明建设的政策支持；生态优势转化。

（一）关于生态文明的概念、内涵的研究

对生态文明的概念研究基本可以分为两类。第一，生态文明就是指人与自然和谐相处。如王如松[①]认为，文明是人类在保持与自然平衡的前提下不断进步的一种状态，将生态文明理解为天人关系的文明。邱耕田[②]指出生态文明是指人类在改造客观物质世界的同时，又主动保护客观世界，积极改善和优化人与自然的关系，建设良好的生态环境所取得的物质与精神成果的总和。邵超峰[③]等把生态文明理解为人与自然、人与人的关系不断改善和优化，在建设有序的生态运行机制和良好的生态环境的背景下产生的一种新的社会形态。高长江[④]从发展哲学的角度，提出生态文明是一种人与物和生共荣、人与自然协调发展的文明。第二，生态文明不仅是人与自然的关系，还包括人与人的关系。许多学者持此观点：生态文明要有系统观，要从整体上把握生态文明，而不是仅对自然生态进行保护。如姬振海[⑤]指出，生态文明的核心是人类在改造客观世界的实践中，不断深化

---

① 鄂平玲：《奏响中国建设生态文明的新乐章——专访中国生态学会理事长、中科院研究员王如松》，《环境保护》2007 年第 11 期，第 37～39 页。

② 邱耕田：《对生态文明的再认识——兼与申曙光等人商榷》，《求索》1997 年第 2 期，第 84～87 页。

③ 邵超峰、鞠美庭、赵琼、陈书雪：《我国生态文明建设战略思路探讨》，《环境保护与循环经济》2009 年第 2 期，第 44～47 页。

④ 高长江：《生态文明：21 世纪文明发展观的新维度》，《长白学刊》2000 年第 1 期，第 7～9 页。

⑤ 姬振海：《生态文明论》，人民出版社，2007。

对其行为和后果的负面效应的认识，不断调整优化人与自然、人与人的关系。郭静利和郭燕枝①则从横向和纵向两个视角来理解生态文明，认为生态文明是以人与自然、人与人、人与社会和谐共生、良性循环、全面发展、持续繁荣为基本宗旨的文化伦理形态。刘智峰和黄雪松②进一步认为，生态文明是社会文明的生态化表现，是指人们在改造客观物质世界的同时，不断克服负面效应，积极改善和优化人与自然、人与人的关系，建立有序的生态运行机制和良好的社会环境，建立高度的物质文明、精神文明和制度文明。对生态文明究竟是单指人与自然的关系，还是包含了人与自然及人与社会的关系，学者们有较大争议，但是学术界普遍赞同生态文明的重要性，它与物质文明、政治文明、精神文明既相互区别又相互联系，互为条件、不可分割，共同构成了社会主义文明建设的完整体系。刘延春③、郑志国④、潘岳⑤等学者持相似的观点，认为生态文明是指人类遵循人、自然、社会和谐发展这一客观规律而取得的物质与精神成果的总和；是指以人与自然、人与人、人与社会和谐共生、良性循环、全面发展、持续繁荣为基本宗旨的文化伦理形态。

（二）关于生态文明建设途径的研究

生态文明建设具有复杂性、长期性和系统性，我国学者关注的生态文明建设的重点有所不同，大致有以下几类。第一，法制保障型。如马凤娟⑥认为，建设生态文明需要环境法治作保障，环境法治有利于实现生产

① 郭静利、郭燕枝：《我国生态文明建设现状、成效和未来展望》，《农业展望》2011 年第 11 期，第 34 ~ 38 页。

② 刘智峰、黄雪松：《建设生态文明与城乡社会协调发展》，《池州师专学报》2005 年第 6 期，第 11 ~ 13 页。

③ 刘延春：《关于生态文明的几点思考》，《池州师专学报》2004 年第 3 期，第 20、23 页。

④ 郑志国：《四个文明构成文明建设完整体系》，《广州日报》2007 年 10 月 18 日。

⑤ 潘岳：《论社会主义生态文明》，《绿叶》2006 年第 10 期，第 10 ~ 18 页。

⑥ 马凤娟：《生态文明建设的环境法治保障探析》，《法制与社会》2011 年第 5 期，第 23 ~ 24 页。

发展、生活富裕、生态良好的可持续发展之路。郭强[①]也指出，生态文明建设涉及社会、经济、资源、环境各个方面，是对传统经济发展模式、环境治理方式以及相关战略和政策的重大变革，迫切需要在上层建筑的法律领域也进行一次重大的变革，从全局的高度制定一部能够统揽全局的带有基本法性质的法律。刘延春进一步强调，要把生态文明的内在要求写入宪法，要在各种经济立法中突出生态环保型经济的内涵，使经济发展与生态文明的协调发展在经济法中得到充分体现。谢青松[②]提出要充分重视法律在建设生态文明中的作用，建立和健全生态法律制度体系，将生态伦理的理念转化为制约和影响人们决策和行为的制度结构和法律规范。首先，要以生态伦理的理念为指导，将生态伦理的精神渗入环境立法之中；其次，要建立和健全生态环境补偿机制，实现经济社会的可持续发展；最后，要规范环境立法的程序，建立环境公益诉讼制度。第二，资源环境型。如冯之浚[③]指出建设生态文明必须重估自然资源的价值，整合生态伦理观念，考虑生态环境的承载能力并大力发展循环经济。钱俊生[④]认为建设生态文明必须树立"人与自然和谐相处"的理念，从粗放型的以过度消耗资源、破坏环境为代价的增长模式，向增强可持续发展能力、实现经济社会又好又快发展的模式转变；从把增长简单地等同于发展、重物轻人的发展理念向以人的全面发展为核心的发展理念转变。宋言奇[⑤]提出要改革社会经济评价体系，引入绿色 GDP 体系，改变"资源低价、环境无价"的不合理状况，从而引导企业向节约资源、节约能源的生产方式转变，引导人们向节约资源、节约能源的生活方式转变。第三，结构调整型。如张俊杰[⑥]等人

---

① 郭强：《竭泽而渔不可行——为什么要建设生态文明》，人民出版社，2008。

② 谢青松：《生态文明建设的道德支持与法律保障》，《苏州科技学院学报》（社会科学版）2008 年第 4 期，第 30～33 页。

③ 冯之浚：《科学发展与生态文明》，《科学学研究》2008 年第 2 期，第 1～2 页。

④ 钱俊生：《落实科学发展观，建设生态文明》，《领导文萃》2007 年第 12 期，第 22～26 页。

⑤ 宋言奇：《生态文明建设的内涵、意义及其路径》，《南通大学学报》（社会科学版）2008 年第 4 期，第 103～106 页。

⑥ 张俊杰、朱孔来、宋真伯：《论建设生态文明与走新型工业化道路和大力发展循环经济三者之间的关系》，《山东商业职业技术学院学报》2006 年第 4 期，第 14～16 页。

提出，发展循环经济是我国目前重要的战略选择，是走新型工业化道路的具体体现和转变经济增长方式的迫切需要。陈学明[1]提出要推行"以生态为导向的现代化"，把工业文明建设与生态文明建设结合在一起，走绿色工业化和绿色城市化道路。赵兵[2]从生态理念、循环经济、生态产业和制度安排四个方面提出推进生态文明建设的现实路径选择。曹旭和霍昭妃[3]提出要采用绿色的生产方式和进行绿色文明消费，实施绿色生产、采用绿色技术、进行绿色管理、选择绿色消费、提供绿色服务。第四，政策引导型。如陈池波[4]认为，任何生态经济问题，都是缘于利益关系的支配，是经济利益作用的结果。因此，要发挥政策的调控作用，贯彻经济利益原则，促使人们从物质利益上关心生态环境保护。宋言奇[5]也提出，要通过合理的税费改革，产生激励机制，促进循环经济与清洁生产的发展。同时通过押金制度、补贴制度、税费制度、排污权交易制度等，使环境成本真实化，对生产与生活领域产生激励，从而鼓励绿色生产方式与生活方式。郭静利、郭燕枝[6]主张加大政策推动力度，构建多元投入体系，综合运用价格、税收、财政、信贷等经济手段，实现经济建设与环境保护协调发展；开辟多种渠道，保障资金投入，建立生态环境保护和建设的投融资体系，采用多种经济形式和投资渠道共同进行生态环境的保护和建设。任勇[7]提出，要综合运用价格、税收、财政、信贷等经济手段，按照市场经济规律调节和影响市场主体，实现经济建设与环境保护协调发展。第五，

---

① 陈学明：《生态文明论》，重庆出版社，2008。

② 赵兵：《当前生态文明建设的新动向和路径选择》，《西南民族大学学报》（人文社会科学版）2010 年第 2 期，第 152～154 页。

③ 曹旭、霍昭妃：《生态文明建设途径探析》，《当代经济》2011 年第 10 期，第 22～23 页。

④ 陈池波：《论生态经济的持续协调发展》，《长江大学学报》（社会科学版）2004 年第 1 期，第 97～102 页。

⑤ 宋言奇：《生态文明建设的内涵、意义及其路径》，《南通大学学报》（社会科学版）2008 年第 4 期，第 103～106 页。

⑥ 郭静利、郭燕枝：《我国生态文明建设现状、成效和未来展望》，《农业展望》2011 年第 11 期，第 34～38 页。

⑦ 任勇：《环境与经济关系的演进》，《环境保护》2007 年第 11 期，第 9～11 页。

科技推动型。很多学者认为生态文明建设离不开科技创新的支持。黄星君、杨杰提出科技创新生态化是调节人类社会活动与生态承载能力从而达到可持续发展的最佳途径。王文芳[①]认为解决人类生态危机的有效途径在于把握现代科学技术的走向，在现代科学技术与生产力发展的水平上确立生态文明观，走一条人与自然协调发展的道路。牛桂敏[②]则从企业层面指出传统企业技术创新是单纯效益取向的，存在生态缺陷。建设生态文明和发展循环经济，必然要求企业从技术创新观、技术创新战略、技术创新模式、技术选择原则以及技术体系等方面，全面实现由效益型向生态型的转化，实现企业技术创新生态化，使技术创新能够真正为生态文明建设和循环经济发展提供技术保障。第六，生态消费模式。如吴晓青[③]等提出要以绿色消费为突破口进行生态建设，加强精神文明建设，倡导绿色文明，绿化市场体系，使用绿色产品。俞建国、王小广[④]通过对现代消费方式、政府干预、未来消费模式等的研究，提出我国未来的消费模式应该是一种"与生产力水平相适应、与资源供给及战略资源保障能力相协调、消费能力不断提高、消费结构不断优化、公共服务不断扩大的消费模式"。樊小贤[⑤]对现代工业文明的发展给生态环境带来的挑战进行批判和反思，提出人类社会必须调整自己的生产生活方式，创建环境友好型生活方式并在社会全方位倡导生态文明。纪玉山[⑥]则独辟蹊径，从经济

① 王文芳：《科技进步与生态文明观的确立》，《广西社会科学》2003 年第 1 期，第 48 ~ 50 页。

② 牛桂敏：《生态文明建设中的企业技术创新生态化》，《经济界》2008 年第 1 期，第 65 ~ 68 页。

③ 吴晓青、洪尚群、石颖、杨春明、夏峰、曾广权、段昌群、常学秀、陈国谦、叶文虎：《生态建设模式划分、选择和应用》，《陕西环境》2002 年第 2 期，第 4 ~ 6 页。

④ 俞建国、王小广：《构建生态文明、社会和谐、永续发展的消费模式》，《宏观经济管理》2008 年第 2 期，第 36 ~ 38 页。

⑤ 樊小贤：《试论消费主义文化对生态环境的影响》，《社会科学战线》2006 年第 4 期，第 315 页。

⑥ 纪玉山：《正确认识凯恩斯消费理论确立与生态文明相和谐的消费观》，《税务与经济》2008 年第 1 期，第 1 ~ 5 页。

学角度出发，在对凯恩斯的消费理论的批判性认识的基础上，探索更具一般意义的生产、消费和自然的一般均衡的实现过程。这种广义的一般均衡意义下的消费观是以自然和谐为前提的人际消费和谐理念，即积极的消费观、友好的消费观、公平的消费观。

（三）关于生态文明建设评价指标体系的研究和实践

2008 年 7 月，中央编译局在北京发布了国内首个"生态文明建设（城镇）指标体系"，该指标体系由资源节约、生态安全、环境友好和制度保障四个子系统构成，共包含 30 个具体评价指标。贵阳市于 2008 年构建了包括生态经济、生态环境、民生改善、基础设施、生态文化、廉洁高效 6 方面共 33 项指标的评价体系，这是国内首部最完整、最具有可操作性的生态文明城市指标体系，对西部乃至全国很多城市具有示范和先导作用。厦门生态文明指标体系力图构建资源节约、环境友好、生态安全和制度保障四大系统，包括 30 个具体指标。浙江省统计局针对本省构建了一套生态文明综合评价指标体系，包括生态效率指数、生态行为指数、生态协调指数、生态保护指数 4 个一级指标和 20 个二级指标。宋马林等[1]从经济发展效率、金融生态环境、科技教育水平、人力资源利用、生态产业聚集、环境保护状况、区域节能消耗、社会秩序稳定 8 个方面构建了一个包含 3 层评价指标的生态文明建设评价指标体系，并基于层次分析法得出了各个指标的权重。

（四）关于生态文明建设的政策支持

学术界关于生态文明建设的政策支持研究一般基于某一特定地区的成功案例，或是针对某一地区提出针对性的政策意见，或是从制度层面进行研究。如李梅和苗润莲[2]针对北京山区生态文明建设的现状因地制宜地提出了 5 点对策建议：第一，制定山区生态文明建设规划；第二，因地制宜

---

① 宋马林、杨杰、赵森：《社会主义生态文明建设评价指标体系：一个基于 AHP 的构建脚本》，《深圳职业技术学院学报》2008 年第 4 期，第 45 ~ 48 页。

② 李梅、苗润莲：《北京山区生态文明建设现状分析》，《广东农业科学》2012 年第 2 期，第 118 ~ 191 页。

地制定生态文明建设方案；第三，发展沟域经济；第四，提高农民生态意识，制定山区生态文明指标体系；第五，尽快建立生态补偿机制，推进山区生态文明建设。如杨鹏和陈禹静等①对广西生态文明建设的成功经验进行了研究，提出了生态文明建设的政策体系创新。从广西生态文明建设的政策创新和机制保障两个方面进行了阐述，政策创新包括：分区制定产业准入制度，开展污染排放权试点工作，建立西江流域生态环境补偿试点区，创新生态环境有效监管制度，开展生态文明建设路线图研究，建立生态文明建设的投融资体系；机制保障有：完善生态文明建设的综合决策机制和生态文明建设的规划先导机制，建立生态文明建设的评价考核机制和生态文明建设的城乡统筹机制。李中建②则论证了完善财税支持政策对生态文明建设的重要性，提出要：第一，完善经济社会综合评价体系；第二，建立稳定的生态环保资金投入机制；第三，以完善市场价格体制为途径，将环境资源成本内化在经济主体的决策框架中；第四，以优惠政策和公共平台建设为补充，弥补市场失灵。刘尚荣③探索了金融服务在生态文明建设中的作用和机制。他认为金融业在建设生态文明过程中可以发挥宏观引导和控制信贷闸门的作用，主张：第一，致力于打造"绿色信贷"银行，实行"绿色信贷"；第二，积极开发有针对性的金融产品，支持节能减排和循环经济发展；第三，加大金融对循环经济相关技术研发的支持力度；第四，把上市公司建设成为生态文明建设的主力军；第五，大力发展电子银行服务。

（五）关于生态优势转化

自 1987 年布伦兰特夫人提出可持续发展理念以来，学术界对可持续发展程度的客观度量展开了众多研究，当今对可持续发展指标的探索已经扩展到了生态效益指标的范围。由加拿大生态经济学家 William 及其博

① 杨鹏、陈禹静、尚毛毛：《基于经验总结的广西生态文明建设政策创新研究》，《广西师范学院学报》（自然科学版）2011 年第 4 期，第 62～67 页。

② 李中建：《完善生态文明建设的财税支持政策》，《财会研究》2013 年第 3 期，第 22～27 页。

③ 刘尚荣：《生态文明建设与金融支持》，《青海金融》2008 年第 6 期，第 14～16 页。

士生 Wackernagel[1] 提出并完善的生态足迹理论,已经成为应用广泛的量化测定可持续发展程度的方法和目前研究区域生态承载力的有效工具之一。

对生态足迹的研究已经拓展到了不同尺度、不同领域和不同应用层面。除了 Wackernagel,麦克唐纳等[2]对新西兰的生态足迹进行了研究,厄尔布等[3]对澳大利亚的生态足迹进行了研究。我国徐中民[4]率先对中国生态足迹进行评估,陈成忠[5]对 1961～2001 年的中国人均生态足迹进行了分析,把生态足迹的方法引入我国学术界。福尔克等[6]对欧洲波罗的海流域 29 个大城市生态足迹的研究把生态足迹的方法扩展到了区域范畴内。我国学者也在区域范畴内对生态足迹展开了众多研究,如张颖等[7]对湖南省1996～2008 年生态足迹的时间序列的分析、邓砾和杨顺等[8]对四川省 2001年生态足迹的研究,王琳[9]对长江三角洲经济区的区域承载力进行了综合预测与评价。生态足迹的理论方法不断演进,很快发展到微观尺度的研究,如

---

[1] Wackernagel, M., Ree, W., *Our Ecological Footprint – Reducing Human Impact on the Earth*, 1Gabriola island: New Society Publishers, 1996. 61 – 83.

[2] Mcdonald, G. W., Patterson, M. G., "Ecological Footprint Time Series of Austria, the Philippines, and South Korea for 1961 – 1999: Comparing the Conventional Approach to an Actual Land Area Approach," *Land Use Policy*, 2004, 21: 261 – 267.

[3] Erb, K. H., Actual Land Demand of Austria 1926 – 2000: A Variation on Ecological Footprint Assessments. *Land Use Policy*, 2004, 21: 247 – 259.

[4] Wackernagel, M., Ree, W., *Our Ecological Footprint – Reducing Human Impact on the Earth*, 1Gabriola island: New Society Publishers, 1996. 61 – 83.

[5] 陈成忠、林振山:《中国 1961～2005 年人均生态足迹变化》,《生态学报》2008 年第 1 期,第 338～344 页。

[6] Kautsky, N., Berg, H., Folke C., et al., "Ecological Footprint for Assessment of Resource Use and Development Limitations in Shrimp and Tilapia Aquaculture," *Aquaculture Research*, 1997, 10: 753 – 766.

[7] 张颖、王雪丽:《湖南省本地生态足迹时间序列计算与分析》,《求索》2010 年第 7 期,第 47～49 页。

[8] 邓跞、杨顺生:《四川省 2001 年生态足迹分析》,《四川环境》2003 年第 6 期,第 45～47 页。

[9] 王琳:《长江三角洲经济区区域承载力综合预测与评价》,中国地质大学博士学位论文,2009。

Chambers 等①将生态足迹方法用于企业的评价研究及企业生态足迹测量，李兵等②对企业生态足迹和生态效率进行了研究，还有学者对学校足迹、个人足迹展开测度与研究，不过目前对微观尺度的研究较少。生态足迹在不同行业的研究内容与扩展主要体现在产品、产业等的应用方面。如海尔瓦等③以西班牙纺织业为例，具体介绍生态足迹计算和评价方法在产业和企业中的应用；Beynon④ 等把生态足迹用于乳制品生态足迹评估；张桂宾和章锦河等学者分别对农产品生态足迹⑤和旅游业生态足迹进行了分析⑥。生态足迹在应用层面的拓展主要表现在学者将之应用在不同生态组分或对象的研究上，如能量足迹、水足迹、碳足迹、交通运输足迹等。目前对碳足迹的概念还没有统一的定义，多数学者对碳足迹的研究等同于二氧化碳排放中的碳重量，英国标准协会（BSI）于 2008 年制定了《PAS 2050 产品和服务生命周期温室气体排放评估规范》（*PAS 2050：2008 Specification for the Assessment of the Life Cycle Greenhouse Gas Emissions of Goods and Services*）⑦，为碳足迹的计算和评价奠定了基础范式。2009 年，日本以 PAS 2050 为基础

---

① Nicholson, I. R., Chambers, N., Green, P., "Ecological Footprint Analysis as A Project Assessment Tool Proceedings of the Institution of Civil Engineers Engineering Sustainability," *Engineering Sustainability*, 2003, 156 (9)：139 – 145.

② 李兵、张建强、权进民：《企业生态足迹和生态效率研究》，《环境工程》2007 年第 6 期，第 85～88 页。

③ Herva, M., Franco, A., et al., "An Approach for the Application of the Ecological Footprint as Environmental Indicator in the Textile Sector," *Hazard Mater*, 2008, 156：478 – 487.

④ Beynon, M. J., Munday, M., "Considering the Effects of Imprecision and Uncertainty in Ecological Footprint Estimation：An Approach in a Fuzzy Environment," *Ecol Econ*, 2008, 67：373 – 383.

⑤ 张桂宾、王安周、耿秀丽：《基于生态足迹模型的济源市农产品结构优化分析》，《安徽农业科学》2008 年第 14 期。

⑥ 章锦河、张捷：《旅游生态足迹模型及黄山市实证分析》，《地理学报》2004 年第 5 期，第 763～771 页。

⑦ BSI. *PAS 2050：2008 Specification for the Assessment of the Life Cycle Greenhouse Gas Emissions of Goods and Services*. http：//www.bsigroup.com/standards – and – publications/how – we – can – help – you/professional – standards – service/pas – 2050.

制定了碳足迹标准 TS Q0010 来评估企业和产品的碳足迹。国内外学术界对水足迹的研究比较成熟，沙佩盖恩、胡克斯特拉①对国家水足迹账户的建立及计算方法做了研究，邓晓军等②系统地介绍了水足迹分析理论与方法，卞羽等③对福建水资源进行了生态足迹分析，耿涌等④根据水资源的流域划分，提出流域生态补偿标准及模型。

学术界对生态系统与经济系统内在关系的研究成果丰硕。生态经济学、环境经济学、自然资源经济学等学科均对环境与经济之间的联系进行了充分的研究论证，为社会经济系统和自然生态系统协调、持续、稳定的发展提供了理论依据。对生态效益的研究主要集中于对森林生态效益的评价研究和对城市绿化植物的生态效益研究。森林生态效益评价研究始于 20 世纪 50 年代，如 M. Claw-son 提出了关于城郊森林游憩价值的评价方法；对生态效益的经济价值评估则是在 20 世纪 80 年代末随着经济的发展而逐渐兴起的，国外生态效益评价方面的研究，主要分两个学派，以 Costanza 等人⑤为代表的"生态经济学派"认为生态功能价值可以计算"总"价值，市场价格法和替代成本法是计算生态功能价值恰当的计量方法；以 Pearce 等人⑥为代表的"环境经济学派"认为生态功能价值难以计算"总"价值，而支付意愿是恰当的计量方法。我国学者对森林综合效益的综合研究始于 20 世纪 90 年代，孔繁文等⑦第一次系统地研究了森林资源核算问

---

① A. K. Chapagain, A. Y. Hoekstra, Water Footprints of Nations, Value of Water Research Report Series 16UNESCO – IHE: Delft. the Netherlands. 2004.

② 邓晓军、谢世友：《水足迹分析理论与方法》，《资源开发与市场》2007 年第 3 期，第 210~212 页。

③ 卞羽、洪伟、陈燕等：《福建水资源生态足迹分析》，《福建林学院学报》2010 年第 1 期，第 1~5 页。

④ 耿涌、戚瑞、张攀：《基于水足迹的流域生态补偿标准模型研究》，《中国人口·资源与环境》2009 年第 6 期，第 11~16 页。

⑤ R. Costanza, R. d'Arge, Rudolf de Groot et al., "The Value of the Word's Ecosystem Services and Natural Capital," *Nature*, 1997, 387: 253 –260.

⑥ D. W. Pearce, *Blueprint* 4: *Capturing Global Environmental*, London: Earthsean, 1995: 67 –83.

⑦ 孔繁文、戴广翠、何乃蕙：《森林资源核算与政策》，中国环境出版社，1994。

题，大体形成了中国森林资源核算研究的整体框架，侯元兆等①第一次比较全面地对中国森林资源价值进行了评估，周冰冰、李忠魁②对北京市森林资源价值进行了评估。之后，学术界又展开了对单项生态功能的研究，具体有对森林涵养水源效益、森林水土保持效益、森林防护效益、森林固持二氧化碳效益、森林净化大气效益、森林游憩效益、森林野生生物保护效益等。国外对城市绿化树种生态效益的研究起步较早，20世纪50年代，苏联进行了绿色植物改善热环境的研究③，日本对大阪市内40多种树木的含硫量进行了分析④。70年代后期，我国对城市绿化的作用、绿化与城市生态的关系有了新的认识和提高；80年代以来，对绿化改善城市环境质量方面的研究更加深入和具体，大体上分为两类：对城市植物生态效益进行的在单一生态功能、多种生态功能方面的研究。广州通过实测得出了市内8种常见树木的光合作用与呼吸作用的强度及叶面积指数⑤，北京、江苏、云南、杭州等地进行了污染现场树木的实测和人工模拟熏气实验，对不同树种吸收 SO_2 的能力进行测定⑥。陈智中、陈俊等⑦系统研究了河南省主要园林草坪植物的绿化生态功能性和生态适应性。陈自新等⑧对 60～80 种北京主要园林植物及其人工群落进行生态功能性和生态适应性的系列化研究。

① 侯元兆、王琦：《中国森林资源核算研究》，中国林业出版社，1995。

② 李忠魁、周冰冰：《北京市森林资源价值初报》，《林业经济》2001年第2期，第36～42页。

③ D. R. Young et al. , Differences in Leaf Structure. Chlorophyll and Nutrients for The Understroy Tree Asmina Triloba. Amer. J. Bot. , 1987. 74 (10): 1487 - 1491.

④ 黄晓鸾：《城市生存环境绿色量值群的研究（2）——关于城市生存环境的绿色量》，《中国园林》1998年第2期，第346～350页。

⑤ 杨士弘：《城市绿化树木碳氧平衡效应研究城市环境与城市生态》，《城市环境与城市生态》1996年第1期，第48～52页。

⑥ 陈炳超、刘革宁、陈利芳：《提高城市森林生态效益的有效途径》，《广西林业科学》1999年第1期，第24～28页。

⑦ 陈智忠、陈俊：《河南省主要园林草坪植物绿化生态效益研究》，《河南林业科技》1999年第4期，第21～23页。

⑧ 陈自新、苏雪痕、刘少宗等：《北京城市园林绿化生态效益研究（2）》，《中国园林》1998年第2期，第75～77页。

学术界对生态效益与经济效益内在关系的研究特别是量化研究较少、较浅。朱喜安等[①]以北京市为例对经济效益与生态效益的关系进行了定量分析，单妮娜等[②]对桂林青狮潭水库的生态效益及经济效益一体化进行了研究，张忠国等[③]从经济效益和生态效益的角度对城市土地利用的合理模式进行了探索。但鲜有成果论及生态效益向经济效益转化问题，而生态效益向经济效益的转化率是可持续发展和生态文明建设中的重要问题，关系到资源利用效率高低、经济发展质量好坏、生态环境资源能否持续利用、生态指数是否科学。

本书从西方传统经济学理论出发，利用生态足迹方法将供需弹性理论应用到生态效益与经济效益的内在关系分析中。供需弹性理论分析的是供给量或需求量的变动对于经济自变量的反映程度，其大小可以用两个变量变动的百分比的比值来表示；当市场需求曲线和市场供给曲线相交时被称为供需均衡，均衡点上的价格和供求数量为均衡价格和均衡数量。供需理论应用在生态效益与经济效益二者关系时有两方面含义：其一，生态效益供给（生态承载力）或生态效益需求（生态足迹）每变化1%单位对经济变化量影响的百分比；其二，生态效益供给或需求结构每变化1%单位对经济结构变化影响的百分比。生态盈余或赤字则是从供需均衡的角度考察生态效益均衡量和结构每变化1%单位对经济变化量和结构变化影响的百分比。

本书根据生态足迹方法构建了生态效益综合变动系数模型，利用生态效益与经济效益耦合的概念（即生态效益对经济效益的弹性）定义了生态效益转化率，并从需求（生态足迹）、供给（生态承载力）和供需均衡（生态赤字）三个维度对江西省2007~2012年的生态效益转化率进行了时间序列动态分析，研究了影响生态效益转化率的经济水平、生态足迹/承

① 朱喜安、于荣：《经济效益与生态效益的相互关系及其量化分析》，《天津财经大学学报》2008年第12期，第51~78页。

② 单妮娜、吴郭泉：《生态效益及经济效益一体化研究——以桂林青狮潭水库为例》，《南宁职业技术学院学报》2006年第4期，第60~63页。

③ 张忠国、高军：《从经济效益和生态效益来探索城市土地利用的合理模式》，《中国人口·资源与环境》2004年第2期，第105~108页。

载力、生态指数等因素。

三 现有观点的评价

(一) 研究的不足

尽管我国学者对生态文明建设展开了广泛的研究，不过多停留在政策解读或是初步论述上，真正涉及理论内涵、推行道路探寻以及具体实施方法的文献不够，针对欠发达地区的生态文明建设的研究更是凤毛麟角。在全球经济结构加速调整、全球生态环境日益恶化、全球资源日趋紧张的背景下，如何借鉴国外在生态文明建设上的成功经验，并结合我国的实际情况，从多种因素出发，探索一条符合我国国情的生态文明建设道路是学术界的当务之急，然而目前还没有出现此类文献。对江西省而言，如何在"中部崛起规划"和"鄱阳湖生态经济区规划"的背景之下，紧紧抓住战略机遇，进行生产方式的调整，实现江西省生态文明建设、绿色崛起和进位赶超是江西省人民和学术界的重中之重。不仅如此，学术界的研究还存在以下不足。①当前对于欠发达地区生态文明建设的理论依据、路径选择、政策支持欠缺，尤其在中部崛起和中共中央提出"五位一体"的战略布局的背景下，针对中部地区的生态文明建设的研究缺乏。②关于生态文明的含义，学者们在生态文明单指人与自然的关系，还是包含了人与自然及人与社会的关系上各执一词，导致在生态文明建设路径和政策支持上存在较大的差异，无法给政府提供准确的理论指导服务。③关于生态文明建设的路径研究，各学者大多进行"独立式""分块式"的研究，鲜有从统筹全局的高度进行"综合式"的路径研究。而生态文明建设具有长期系、复杂性和系统性，这就要求政府制定和实施有针对性的、长期的、全面的政策，选择综合性的政策体系，兼顾各方利益，调动各方力量，集中精力进行生态文明建设，而单一的路径选择几乎难见成效。

(二) 研究趋向

目前，关于生态文明建设出现了以下几个新变化。①从生态内涵的初步论述和政策解读转移到了生态文明建设的评价、路径选择和政策支持上，针对特定地区生态文明建设的研究和经验总结也日益增多。这表明，生态文明建设的理论内涵在不断扩大和完善，且应用于指导生态文明建设。②针对生态文明建设评价指标体系的研究和理论模型日益增多，这反映了随着生态文明建设的深入，对于生态文明建设的理论研究也进入了一个崭新的阶段，这必将推动我国生态文明实践建设和理论建设的新发展。

第三节　研究目标和内容

一　研究目标

本书试图在现有学术成果的基础上，理清生态文明的内涵与特征，根据课题组构建生态文明建设评价指标体系，对江西省及我国其他各省生态文明建设情况展开量化分析，探索生态文明发展规律，为实现江西省生态文明建设和生态优势转化的目标提供参考。具体来说，本书的研究目标主要有以下几个方面。

第一，梳理生态文明和生态优势转化的基本内涵和主要特征。

第二，梳理国内外生态文明建设和生态优势转化的经验并给出启示。

第三，根据已构建的生态文明建设评价指标体系（ECCI），选择科学合理的算法，量化分析江西省生态文明建设发展状况和现状；建立生态转化率模型对江西省生态效益转化率进行了时空动态分析。

第四，基于江西省的生态优势和经济社会发展现实，提出江西省生态文明建设的实现思路、重点领域、实现途径以及生态优势转化的具体途径。

第五，从建立协调机构、调整考核办法、健全法律法规、创建环境交易市场、健全控制型和激励性政策、提高生态转化效率六个方面提出政策支持建议和国家政策支持。

二　主要内容

报告共分七章，主要包括：

第一章是引言。阐明本项目的研究背景和意义，阐述本文的研究目标与内容，研究思路与方法，并提出本文的特色和创新点。

　　第二章是生态文明建设与生态优势转化的内涵。从人类文明演进规律、经济社会发展模式更替等角度，揭示了生态文明建设的深刻历史背景。在阐释十八大有关生态文明建设内涵的基础上，吸纳了国家环保部周生贤部长的观点，界定了本课题对生态文明建设的四个方面，为江西省生态文明建设研究提供理论基础，并对生态优势转化的基本内涵和特征进行阐述。

　　第三章是国内外生态文明建设与生态转化的经验与启示。从生态文明理念的形成背景出发，在对国内外生态文明建设及生态优势转化理论和实践梳理的基础上，对国内外生态文明建设及生态优势转化相关理论进行比较分析。分别以欧美、日韩、新兴国家和发展中国家、国内相关省份为研究对象，总结了国内外生态文明建设及生态优势转化的经典模式和经验。

　　第四章是江西省生态文明建设的现状分析。从全国生态文明建设的总体状况出发，定位江西省生态文明建设在全国中的地位，建立 SWOT - NPEST 分析框架，分析江西省实现生态文明建设的宏观条件；建立指标体系静态比较我国省域生态文明建设总体态势，进一步动态分析各个地市在生态经济、生态环境、生态文化、人居环境、生态制度等方面具备的优势。

　　第五章是江西省生态效益转化的动态分析，根据生态足迹方法构建了生态效益综合变动系数模型，利用生态效益与经济效益耦合的概念定义了生态效益转化率，并从需求（生态足迹）、供给（生态承载力）和供需平衡（生态赤字）三个维度对江西省 2007~2012 年生态效益转化率进行了时间序列动态分析，并研究了影响生态效益转化率的经济水平、生态足迹/承载力、生态指数等因素。

　　第六章是江西省生态文明建设与生态优势转化的实现途径。从转变发展理念、调整产业结构、编制总体规划、健全体制机制、转变生活方式五个方面提出江西省生态文明建设的实现思路；从优化国土开发空间格局、发展绿色低碳经济、促进能源资源节约、加大生态建设和环境保护、培养生态文明文化五个方面提出江西省生态文明建设的重点领域；从功能导向、产业导向、园区建设、示范创建、文化创建和制度导向六个方面提出江西省生态文明建设的实现途径；从生态工业、生态农业、生态文化、生态补偿和涵养四个方面提出江西省生态优势转化的具体实现途径。

第七章是江西省生态文明建设与生态优势转化的政策支持。从建立协调机构、调整考核办法、健全法律法规、创建环境交易市场、健全控制型和激励性政策、提高生态转化效率六个方面提出政策支持建议和国家政策支持。

第四节　研究思路和方法

一　研究思路

本书的研究思路遵循了从理论到实践，再从实践回归理论的路径。首先，将生态文明建设的科学内涵作为分析的逻辑起点，从哲学、经济学、生态学、环境学等多个学科层面系统梳理生态文明思想的历史演进轨迹，深入揭示现代生态文明建设的理论渊源。在对传统工业文明带来的生态环境危机的深刻反思的基础上，通过梳理国内外生态文明建设和生态优势转化的模式，总结其经验与教训，探索一条发挥江西省人口资源丰富、文化底蕴深厚、产业基础较好，能推进科学发展的模式；综合运用区域经济、产业经济、生态经济等学科理论工具、方法，分析江西省生态文明建设的发展现状和生态优势转化率特征，研究提出江西省生态文明建设和生态优势的实现原则、实现模式、实现途径和生态优势转化的具体路径，为推进江西省生态文明建设和生态优势转化提供理论支撑、实践参考和政策建议。

二　研究方法

（一）文献检索与典型案例比较法

通过对国内外文献的收集和整理分析，梳理出生态文明理论演变历程，重点选取欧美、日韩、新兴国家和发展中国家，中国福建省、广东省和山东省，分析其生态文明建设的模式，并总结相关经验与教训，归纳出模式供江西省参考。

（二） 实地调研和统计分析

通过问卷调查、会议访谈和采样分析等实地调研方法获取江西省生态文明建设的第一手数据，重点采用"南昌大学中部经济社会发展数据库"的统计资料，通过统计分析取得初步成果。

（三） SWOT - NPEST 分析

利用 SWOT 分析法，依据国内外典型国家和地区的模式与经验，分析江西省生态文明建设的优势、劣势、机遇和挑战。同时，利用 NPEST 分析法，从一个组织所共同面对的政治（Political）、经济（Economics）、社会（Social）、科技（Technology）四个维度分析制约江西省生态文明建设的主要因素。

（四） 实证分析法

作为一种成熟的研究范式，本书主要通过实地调查、定点观察、人员访谈、查阅文献及统计资料等手段，收集相关数据，分析、揭示经济社会发展现实基础与生态文明建设目标之间的数量关系及内在规律。

（五） 专家会议咨询与国内外经验借鉴

借助南昌大学中国中部经济社会发展研究中心年度会议平台，就本项目的研究成果向南昌大学中部中心学术顾问和学术委员会的领导和专家进行会议咨询，征求他们的意见和建议。同时，参照国内外典型地区在生态文明建设方面的经验与教训，提出江西省生态文明建设的新路径与政策体系。

第五节　研究重点和难点

一　研究重点

第一，建立生态文明建设的评价指标体系与评价模型分析江西省生态文明建设的水平与不足，采用定性的 SWOT - NPEST 模型揭示出江西省生态文明建设中存在的主要问题与制约因素。

第二，基于江西省的生态优势和经济社会发展现实，对生态文明建设的战略方向、目标任务进行合理定位，并提出具体的建设思路、途径和措施，这是本课题研究的重点。

第三，建立科学的生态效益转化率评价模型，对江西省生态效益转化率进行测评和动态分析，找出影响转化率的内在制约因素。

二　研究难点

本书的研究难点在于，如何根据可持续发展的理念和"五位一体"的总要求，科学设计既符合生态文明发展规律，又契合我国国情和江西省实际的生态文明建设以及生态优势转化的路径和政策保障体系。

第六节　研究特色和创新之处

一　研究特色

第一，将建设江西省生态文明与美丽江西建设有效衔接，研究江西省长远发展问题，在研究视角和内容上有特色。

第二，选取江西省这个欠发达地区进行理论和实证研究，在研究区域上有代表性。

第三，以鄱阳湖生态经济区建设和赣南等原中央苏区振兴发展为时代背景，结合十八大精神，研究建设江西省生态文明建设的途径与政策体系，在实践上具有紧迫性和可操作性。

第四，以生态足迹理论方法为基础，从供给、需求、供需平衡的角度研究生态效益转化率，为研究生态效益与经济效益的内在关系提供了新的思路和视角。

二　创新之处

第一，建立生态文明建设的评价指标体系与评价模型，分析江西省生态文明建设的水平与不足，采用 SWOT – NPEST 模型揭示出江西省生态文明建设中的主要问题与制约因素，这在生态文明建设评价方法上具有创新性；基于生态足迹方法从供需角度探讨生态效益转化率和内在影响因素，在理论和实践上都具有一定意义。

第二，推动生态文明建设、充分挖掘丰富的生态自然资源是新时期我国生态文明建设面临的重大理论与实践命题。本书以江西省为样本，就生态文明建设的优势、劣势、机遇、威胁以及如何实现生态优势向经济优势转化进行了理论上的大胆探索，初步明确了建设目标、建设任务和政策措施，为今后生态文明建设提供了方向性、启发性的发展思路。

第二章　生态文明建设与生态优势转化的内涵

党的十八大报告第一次对生态文明单独立章，要求把生态文明建设放在突出位置，融入经济建设、政治建设、文化建设、社会建设各方面和全过程。① 从党的十七大首次提出"生态文明"的概念，到十八大将其纳入中国特色社会主义事业总体布局，从执政理念上升为国家战略并在全社会推行，是我们党又一次伟大的理论深化和实践创新，具有重大的历史意义和现实意义。

第一节　生态文明建设的形成背景

在这个经济高速发展的时代，人们在享受经济发展成果的同时，经济发展所引发的生态环境问题也越来越受到世人的关注。事实上，从全球角度看，世界各国均面临着严峻的生态环境问题。长期以来，我国政府一直致力于解决环境、生态问题，很早就萌发了建设生态文明的伟大构想，并不断探索建设生态文明道路，逐步完善、丰富生态文明建设的内涵，落实生态文明建设措施。

20 世纪 80 年代初，我们党就把保护环境作为我国的基本国策，1982年中共十二大明确提出要保持生态平衡。1987 年中共十三大特别指出，人口控制、环境保护和生态平衡是关系经济和社会发展全局的重要问题②；

---

① 胡锦涛：《坚定不移沿着中国特色社会主义道路前进　为全面建成小康社会而奋斗》，2012。

② 赵紫阳：《沿着有中国特色的社会主义道路前进——在中国共产党第十三次全国代表大会上的报告》，1987。

1992 年中共十四大提出要加强环境保护①；1995 年中共十四届五中全会制定通过了"九五"计划，"九五"计划决定实行可持续发展战略；1997 年中共十五大指出要实施科教兴国战略和可持续发展战略，加强对环境污染的治理，种草植树，做好水土保持，预防并治理荒漠化，改善生态环境②。"十五"计划首次提出减少主要污染物排放总量的目标；2001 年，江泽民③在"七一"讲话中指出："要促进人与自然的协调与和谐，使人们在优美的生态环境中工作和生活，努力开创生产发展、生活富裕和生态良好的文明发展道路"；2002 年中共十六大报告④把生态文明作为全面建设小康社会的目标之一，强调要增强可持续发展能力，改善生态环境，提高资源利用效率，促进人与自然的和谐相处，推动整个社会走上生产发展、生活富裕、生态良好的文明发展道路；2003 年党的十三中全会⑤，提出树立全面、协调、可持续的科学发展观以及统筹人与自然和谐发展的思想；2004 年，胡锦涛⑥提出，可持续发展就是要促进人与自然的和谐，实现经济发展和人口、资源、环境相协调，坚持走生产发展、生活富裕、生态良好的文明发展道路，保证一代接一代地永续发展；2005 年党的十六届五中全会⑦指出要把节约资源作为基本国策；2006 年制定"十一五"规划⑧，它首次将能源消耗强度和主要污染物排放总量减少作为约束性指标，提出推进形成主体功能区；2007 年，胡锦涛⑨主席在十七大报告中正式提出要"建设生态文明，基本形成节约能源资源和

① 江泽民：《加快改革开放和现代化建设步伐，夺取有中国特色社会主义事业的更大胜利》，《理论导报》1992 年第 Z1 期，第 1～15 页。

② 江泽民：《高举邓小平理论伟大旗帜，把建设有中国特色社会主义事业全面推向 21 世纪》，1997。

③ 江泽民：《在庆祝建党八十周年大会上的讲话》，2001。

④ 江泽民：《全面建设小康社会，开创中国特色社会主义事业新局面》，2002。

⑤ 《中共中央关于建立社会主义市场经济体制若干问题的决定》，2003。

⑥ 胡锦涛：《在中央人口资源环境工作座谈会上的讲话》，2004。

⑦ 《中国共产党第十六届五中全会公报》，《当代广西》2005 年第 21 期，第 6～7 页。

⑧ 《中华人民共和国国民经济和社会发展第十一个五年规划纲要》，2006。

⑨ 胡锦涛：《高举中国特色社会主义伟大旗帜，为夺取全面建设小康社会新胜利而奋斗》，2007。

保护生态环境的产业结构、增长方式、消费模式",这是我们党首次把"生态文明"这一理念写进党的行动纲领;2010 年,党的十七届五中全会明确提出提高生态文明水平。绿色建筑、绿色施工、绿色经济、绿色矿业、绿色消费模式、政府绿色采购不断得到推广,"绿色发展"被明确写入"十二五"规划并独立成篇,表明了我国走绿色发展道路的决心和信心;2012 年中共十八大召开,胡锦涛①在十八大报告中将"生态文明建设"提到更高的战略地位,以独立篇幅来阐述"生态文明建设",篇幅之多前所未有,进一步丰富了生态文明建设的内涵,并对生态文明建设进行具体的战略部署,提出了中国特色社会主义生态文明建设的前瞻性构想;十八大通过了《中国共产党章程(修正案)》,会议决议明确指出②:大会同意将生态文明建设写入党章并做出阐述,使中国特色社会主义事业总体布局更加完善,生态文明建设的战略地位更加明确。

建设生态文明是关系人民福祉、关乎民族未来的长远大计,是一项具有伟大时代意义的经济社会建设综合系统工程。十八大报告把生态文明建设放在突出地位,纳入社会主义现代化建设总体布局,具有深刻的历史背景,有其客观必然性和现实紧迫性。

一 人类文明演进的必由之路

人类文明经历了原始文明、农耕文明以及工业文明,现在正处于工业文明向生态文明迈进的阶段。从人与自然的关系看,原始文明是人类完全被动接受自然的阶段,历时百万年,对自然没有伤害;农耕文明是人类开始对自然进行探索、初步开发的阶段,历时几千年,对自然造成了一些伤害,但伤害程度小,多数情况下自然可以自行修复;工业文明是人类社会征服自然、改造自然的阶段,历时几百年,对自然带来伤害、损害、破坏,许多方面已经难以修复。③

---

① 胡锦涛:《坚定不移沿着中国特色社会主义道路前进 为全面建成小康社会而奋斗》,2012。

② 同上。

③ 杨伟民:《大力推进生态文明建设》,《党建研究》2012 年第 12 期,第 74~78 页。

（一）原始文明

人类从动物界分化出来以后，经历了几百万年的原始社会，通常把这一阶段的文明称为原始文明。在原始社会中，人类的生产水平极其低下，主要通过狩猎、采集的生产方式生存，人的生活资料是自然界直接提供的食物以及其他简单的生活资料，如野果、种子以及一些小动物。这一时期，人类对自然界的认识非常有限，必须依赖自然，同时也无法抵御自然力的肆虐，因此，人类崇拜自然，畏惧自然，慑服于自然界的威力之下，把自然当作具有无穷威力的主宰，视其为神秘力量的化身。由于人类对自然的畏惧和开发利用自然的能力有限，人们的生产实践活动对生态环境造成的影响较小，同时，人类从事宗教活动，奉行"尊天道""天人合一"等思想，在一些部落里甚至有保护自然的做法。从这种意义上讲，我们可以把原始文明称为"前生态文明"阶段。①

（二）农耕文明

随着人类活动范围的扩展和人口数量的持续增长，狩猎和采集的生产方式已经无法满足人类对生活资料的需要，人类不得不改变原有的生产方式以获取更多的物质资料，他们不再仅依赖自然界提供的现成食物，而是通过创造适当的条件使自己需要的植物和动物得以生存和繁衍。他们开始学会使用各种金属工具，极大地增强了改造自然的能力。

在农耕文明时期，一方面随着人类的能动性和自信心的增强，人们已经把自己提升到高于其他万物的地位；另一方面人们改造自己的能力仍然有限，所以仍肯定自然对人的主宰作用，主张尊天敬神。人类和自然处于初级平衡的状态，物质生产活动基本上是利用和强化自然的过程，缺乏对自然实行根本性的变革和改造。虽然人类对土地的大规模开垦和手工业的盛行也对环境造成了局部的破坏，但这些破坏形式比较简单，其程度尚在生态可承受能力范围之内。人类与自然和谐相处的这种状态是

① 李红卫：《生态文明——人类文明发展的必由之路》，《社会主义研究》2004年第6期，第114~116页。

在生产力比较低下的基础上，这并不是我们所追求的理想境界。[①]

（三）工业文明

人类进入到工业文明，既是人类文明取得巨大进步的时期，也是地球生态遭到毁灭性打击的时代。工业文明是人类运用科学技术控制和改造自然并取得空前胜利的时代，它的出现使人类和自然的关系发生了根本的改变，使人化自然得到了前所未有的拓展，自然界不再具有以往的神秘和威力，人类只需凭借知识和理性就足以征服自然、主宰自然。

人类改造自然能力的根本性提高，以及推崇"人是自然的主宰""人定胜天"等思想，促使人们肆无忌惮地掠夺、开发大自然，肆无忌惮地破坏生态系统，造成十分严重的环境污染，最终导致了人类危机——人口危机、环境危机、粮食危机、能源危机、原料危机……人类在从"敬畏自然"到"征服自然"的过程中，如果不能实现人与自然和谐相处，那么结果必然是两败俱伤，恩格斯曾指出："我们不要过分陶醉于我们人类对自然界的胜利。对于每一次这样的胜利，自然界都对我们进行报复。"[②]

人类在创造和享受现代文明的同时，也饱尝了高增长带来的苦果：能源紧张、资源短缺、生态退化、环境恶化、气候变化、灾害频发。这些苦果促使人们重新思考人类与自然的关系，重新思考人类行为的准则。1962年美国学者出版《寂静的春天》[③]，1972年罗马俱乐部发表《增长的极限》[④]，1987年《我们共同的未来》[⑤] 报告第一次提出可持续发展理念，1992年联合国环境与发展大会发布《里约宣言》[⑥] 和《21世纪议程》[⑦]，

---

① 李祖扬、邢子政：《从原始文明到生态文明——关于人与自然关系的回顾和反思》，《南开学报》1999年第3期，第36~43页。

② 王立：《大力推进生态文明建设》，《社会科学论坛》（学术研究卷）2009年第10期，第17~20页。

③ 蕾切尔·卡逊：《寂静的春天》，吉林人民出版社，1997。

④ 德内拉·梅多斯、乔根·兰德斯、丹尼斯·梅多斯：《增长的极限——罗马俱乐部关于人类困境的报告》，吉林人民出版社，1997。

⑤ 世界环境与发展委员会：《我们共同的未来》，世界知识出版社，1989。

⑥ 联合国：《里约热内卢环境与发展宣言》，1992。

⑦ 联合国：《21世纪议程》，中国环境科学出版社，1993。

正式提出走可持续发展道路。

（四）生态文明

大自然给人类敲响了警钟，历史呼唤着新的文明时代的到来，即生态文明时代——人与自然和谐发展的新文明。生态文明是工业文明发展到一定阶段的产物，是超越工业文明的新型文明境界，是在对工业文明带来严重生态安全进行深刻反思的基础上逐步形成和正在推动经济的一种文明形态，是人类社会文明的高级形态。以生态文明取代工业文明成为人类历史发展的必然，这是全人类智慧的结晶，也是克服危机的明智之举。①

生态文明要求在"可持续发展"的大前提下，以"循环经济"为发展模式，以最少的资源和环境成本，取得最大的经济社会效益，改变目前高消耗、高污染的生产方式，形成新型的生态产业，实现人与自然的和谐；它要求完善社会政治、经济、科学和文化体制，实现社会的公正、平等，消灭贫富不均；它要求反对资源侵略和生态殖民，建立和谐社会；它要求形成与社会主义生态文明相适应的价值观、伦理观、道德规范和行为准则，构建有助于丰富人的精神世界、促进人的全面发展的适度消费的生活方式。②

二　对传统经济社会发展模式的深刻反思

改革开放以来，我国经济发展取得了举世瞩目的成就，人民生活水平显著提高，2010 年，我国经济总量超过日本，仅次于美国，排名世界第二；2012 年，GDP 总额达到 519322 亿元，比上年增长 7.8%，按照此增长率，中国有望在 2050 年超过美国，成为世界上最大的经济体；我国进出口额跃居世界首位，2012 年，进出口额高达 238397.04 亿元；我国财政收入增幅世界第一，2012 年，我国公共财政收入 117210 亿元，比上年增加13335 亿元，增长 12.8%；③ 基础建设速度世界第一，青藏铁路、京沪高

---

① 李祖扬、邢子政：《从原始文明到生态文明——关于人与自然关系的回顾和反思》，《南开学报》1999 年第 3 期，第 36~43 页。

② 陈瑞清：《建设社会主义生态文明，实现可持续发展》，《北方经济》2007 年第 4 期，第 4~5 页。

③ 中华人民共和国财政部：《2012 年财政收支情况》，http：//gks. mof. gov. cn/zhengfuxinxi/tongjishuju/201301/t20130122_ 729462. html。

铁的建成投产，西气东输、南水北调、长江三峡等重大工程的顺利进展，都体现了我国基础建设速度惊人；2008年，我国成功举办奥运会，向世人展示了我国的综合国力和人民文化素质，得到了各国政府和人民的认可。这些数据充分说明了我国经济迅速崛起，经济发展成就举世称奇，但在发展的背后我们也付出了惨痛的代价，牺牲了能源、资源、环境，生态退化、资源短缺、能源危机、环境恶化日益严重，我国目前已经是世界上资源最为短缺、污染最为严重的国家之一。

（一）资源约束趋紧

我国是世界上最大的能源生产国，但我国的能源发展面临着诸多挑战。能源消费总量近年来增长过快（见图2-1），保障能源供应压力增大，如果不采取有效措施，预计到2020年和2030年我国能源消费总量可能超过55亿吨和75亿吨标煤，占目前世界能源消耗总量的一半；中国能源和矿产资源类产品对外依存度不断攀升，2012年，进口原油2.85亿吨，对外依存度达到58.7%；我国能源储备规模较小，应急能力相对较弱，能源安全形势严峻。[①]

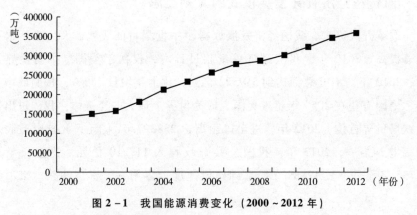

图2-1　我国能源消费变化（2000~2012年）

资料来源：中国经济社会发展数据库。

目前，我国的生态空间数量不断减少，质量退化，耕地资源共18.26

---

① 《中国的能源政策（2012）白皮书》，http://www.gov.cn/jrzg/2012 - 10/24/ content_ 2250377.htm。

亿亩，人均 1.37 亩，为世界人均的 1/3，其中高产地占 28%，中产地占 40%，低产地占 32%；水资源短缺，利用率低下，水资源总量 2.8 万亿方，位列世界第六，为世界人均的 1/4；矿产资源结构不合理，人均拥有量少，利用效率低，石油、天然气、铁、铀、钾矿等用于经济和国防发展的主要矿产资源量少，远低于世界人均水平，黑色冶金矿产资源综合利用率不到 20%，有色冶金矿产资源综合利用率为 30% ~ 35%，煤炭综合回收率为 30%，油田平均采收率为 32.7%。①

我国虽然是能源生产大国，但是人均能源资源拥有量在世界上处于较低水平，我国仍处于工业化、城镇化飞速发展阶段，对能源的需求会持续增加，能源供给任务艰巨，资源约束矛盾突出。

（二）环境污染严重

我国在追求经济发展的过程中，采取的是粗放式的生产方式，以牺牲环境为代价，环境污染问题严重，环境状况总体情况不断恶化，主要表现为水体污染、大气污染、土壤污染。

我国的水体污染已经由点源污染向面源污染发展，而城市的污水处理设施建设非常薄弱，符合我国卫生标准的饮用水占总比重不到 11%，高达 65% 的人在饮用混浊、苦碱、含重金属和传染病菌的水。水是我们生命的源泉，水污染已经给人类的健康带来了极为严重的影响。化石能源的大规模开发，使二氧化碳、二氧化硫、氮氧化物和有害重金属排放量增加，臭氧及细颗粒物（PM 2.5）等污染加剧，酸雨态势扩大，一半以上的城市出现酸雨现象，部分城市灰霾天气增多，大气污染问题严峻。我国在工业化的进程中，大量耕地被占有和破坏，工业生产过程中产生的污水、有害废物的任意排放导致了 2 亿到 2.4 亿亩耕地遭受严重污染。②

---

① 《中国的能源政策（2012）白皮书》，http：//www.gov.cn/jrzg/2012 – 10/24/content_ 2250377.htm。

② 陈加宽、李琴、黄心一：《综述评析：生态文明与科学发展是人类社会发展的必然选择》，《上海绿化市容杂志》，2013，http：//lhsr.sh.gov.cn/sites/wuzhangai_ lhsr/neirong.aspx？Ctgid = 3azzzesf_ ele5 – 4737 – 8697 – 41de 8c789e31&infid = 3cedeca3 – 9 f3c – 4589 – a942 – 239795b284ea。

严重的环境污染问题引发了严重的食品安全问题，各种病菌、病毒无情地侵蚀着人类，2003 年 SARS 病毒给我们造成了重大的损失，如今，H7N9 型禽流感又在我国蔓延。

（三）生态系统退化

我国 40% 的生态系统已经严重退化，生物多样性丧失，61% 的野生环境丧失，15% ~20% 的物种处于濒危状态，外来生物大规模入侵；水体污染达 80% 以上，水生生态系统濒于解体；我国森林覆盖率为 20.36%，不及世界平均水平；沙化土地面积约占国土面积的 18%，土地沙化已成为我国最大的生态问题；2012 年，我国水土流失面积达 356 万平方公里，占国土面积的 37%。以上数据充分体现了我国目前生态系统退化严重，生态问题十分严峻。澳大利亚、新加坡、美国曾合作进行了一项名为"各国对环境相关影响的评估"的研究，通过对造成环境退化的 7 项指标进行评估，我国成为对地球破坏最严重的 10 个国家之一，仅次于巴西和美国，位列第三。①

人类破坏生态系统，不尊重自然，肆意掠夺、征服自然，自然必定会报复人类，而最直接的报复方式是自然灾害的频繁发生。2008 年，我国自然灾害强度加剧，造成直接经济损失 11752.4 亿元，其中最严重的是 5·12 汶川地震，遇难和失踪人数达 8.7 万人。2009 ~2012 年的损失虽然有所下降，但是比 2008 年之前仍有所增长，2001 ~2007 年自然灾害造成的经济损失为 1000 亿 ~2000 亿元（见图 2 - 2）。2013 年 4 月 20 日，四川雅安地震造成 196 人遇难，21 人失踪，13484 人受伤，累计造成 231 万余人受灾。

以上数据直观地反映了我们目前面临的生态环境问题严峻，以牺牲资源环境来发展经济让我们付出了巨大的代价，这些资源、能源、环境问题的出现，需要我们对传统经济社会发展模式进行深刻反思，传统的粗放式

---

① 陈加宽、李琴、黄心一：《综述评析：生态文明与科学发展是人类社会发展的必然选择》，《上海绿化市容杂志》，2013，http://lhsr.sh.gov.cn/sites/wuzhangai_lhsr/neirong.aspx? Ctgid = 3azzzesf_ele5 - 4737 - 8697 - 41de 8c789e31&infid = 3cedeca3 - 9 f3c - 4589 - a942 - 239795b284ea。

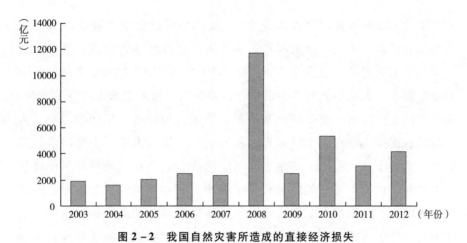

图 2 – 2　我国自然灾害所造成的直接经济损失

资料来源：中国经济社会发展数据库。

经济增长方式显然已经不适用于我国今后的发展方向，我们不能以牺牲资源和环境为代价来追求经济的发展，而应该转变经济增长方式，树立生态文明理念，大力推进生态文明建设。

三　建设"美丽中国"的必然选择

党的十八大报告中提出建设美丽中国的宏伟目标，胡锦涛在报告中用独立篇幅阐述了生态文明建设，把生态文明建设摆在了"五位一体"的高度上，他指出，建设生态文明，是关系人民福祉，关乎民族未来的长远大计。[①] 生态文明建设与经济建设、政治建设、文化建设以及社会建设有着密不可分的联系。"美丽中国"的提出是党的十八大报告中的一大亮点，建设美丽中国的目的是给自然留下更多修复空间，给农业留下更多良田，给子孙后代留下天蓝、地绿、水净的美好家园。

建设美丽中国强调"以自然为本"，要实现美丽中国的伟大目标，我们必须要确立尊重自然、顺应自然、保护自然的生态文明理念，促进人与自然的和谐发展。不尊重自然规律，企图掠夺和征服自然必定会遭受自然界的报复，人类的生存必然要面临严峻的挑战。

---

① 胡锦涛：《坚定不移沿着中国特色社会主义道路前进　为全面建成小康社会而奋斗》，http://www.xj.xinhuanet.com/2012 – 11/19/c_ 113722546. htm。

建设美丽中国强调"以人为本",我国经济社会的发展始终都是以人为本,为最广大人民谋求福利,满足人民群众的各种需求。我国自改革开放以来,经济一直高速发展,经过 30 多年我国提供物质产品的能力大幅度提高,人民群众的温饱需求、富裕需求、保障需求逐步得到满足,文化产品大力发展,文化需求基本得到满足,但随着环境问题凸显,人们越来越渴望生活在一个绿水青山的环境下,绿色需求、生态需求日益增加。党的十八大提出了"生态产品"概念,这是对人民群众渴望优质生态产品、优良生态环境的迫切需求做出的积极回应。"生态产品"是一个新颖词,它是指维系生态安全、保障生态调节功能、提供良好人居环境的自然要素,包括清新的空气、清洁的水源和宜人的气候等,生态产品也称为绿色产品,其特点在于节约能源、无公害、可再生。与农产品、工业品以及文化产品一样,生态产品是人类赖以生存所必需的,也是可持续发展所必需的特殊商品,但我国在提供生态产品特别是优质生态产品的能力上提升缓慢,人们对生态产品的需求没有得到满足,因此,我国要大力推进生态文明建设,增强生态产品的生产能力。

建设美丽中国强调"以自然为本"和"以人为本"相结合,其核心就是大力发展生态文明,转变经济发展方式,大力发展绿色经济、低碳经济、循环经济,改变传统非生态的生活方式和消费习惯,树立生态文明意识,通过建设资源节约型、环境友好型社会,实现经济繁荣、生态良好、人民幸福。因此,生态文明建设是建设"美丽中国"的必然选择,建设"美丽中国"必然要通过建设生态文明来实现。

四 人与自然关系再认识的重要成果

长期以来,我国一直高度重视资源节约和生态环境保护工作。推进生态文明建设与我国一贯倡导和追求的理念是一脉相承的,是对资源能源和生态环境问题的新概括、再升华。自 20 世纪 80 年代初环境保护被确立为基本国策以来,在一系列战略思想和重大部署的指导下,我国生态文明建设扎实展开。生态文明观念逐步树立,全民资源节约和环保意识增强;节能减排目标顺利完成,"十一五"期间,全国单位国内生产总值能耗下降19.1%,二氧化硫、化学污染物排放总量分别减少 14.29% 和 12.45%,基本实现"十一五"规划确定的目标;资源利用效率提高,"十一五"期间,全国单位工业用水量增加值降低 36.7%，主要产品单位能耗大幅度减低；环境质量局部改善，2005～2010 年，7 大水系国控断面好于三类水质的比例提高 18.9 个百分点，环保重点城市空气质量达到二级标准的城市比例提高 30.3 个百分点；生态保护和修复取得成效，"十一五"期间，森林覆盖率提高 2.16 个百分点，退牧还草区牧草质量提高，重点生态功能区保护力度加大，全国沙化面积减少；应对气候变化取得进展，"十一五"期间通过节能提高能效累计减少二氧化碳排放 14.6 亿吨。①

五　吸取国际经验的必然要求

从全球范围来看，自工业革命以来，人类取得了巨大的物质财富，但这是以对自然界的过度索取为代价的。工业化带来了严重的生态环境问题，全球气候变化异常、臭氧层破坏严重等都直接威胁着人类的生存。较早进入工业化的西方国家走了"先污染，后治理"的发展道路，此后为治理环境付出了巨大的代价。从 18 世纪末到 20 世纪初工业废气、废水导致环境污染的"公害始发期"，到 20 世纪 20～40 年代的"公害发展期"，再到 20 世纪 50～70 年代的"公害泛滥期"；从 20 世纪 30～40 年代的利时马斯河谷事件、美国多诺拉事件，到 50～60 年代的日本水俣病事件、伦敦烟雾事件、美国洛杉矶光化学烟雾事件，再到 60～70 年代的沿海赤潮事件、美国三英里岛事件，这些都证明了西方国家的生态环境问题愈演愈烈。②在 20 世纪 60～80 年代，西方国家开始思考工业文明所带来的一系列环境问题，对工业文明提出了批判，出版了一系列著作唤醒公众对经济发展与自然之间的矛盾的思考。随后，生态文明理论萌芽——可持续发展思想逐步发展成熟，在这些思想的推动下，西方国家开始了治理环境的漫长道路，所以说，西方发达国家基本上是走"先污染，后治理"的发展道路，但治理效果不甚显著，并没有阻止环境污染蔓延的趋势，而且在治理的过程中付出了巨大的经济代价。③

---

①　杨伟民：《大力推进生态文明建设》，《党建研究》2012 年第 12 期，第 74～78 页。

②　自然之友：《20 世纪环境警示录》，华夏出版社，2001。

③　郭而郭：《城市工业生态化评价研究应用》，南开大学，2013。

当前，我国生态环境问题突出，我们迫切需要治理环境污染、修复生态系统，我们要大力建设生态文明，实现生态良性循环，吸取国际经验，避免重蹈西方国家"先污染，后治理"的覆辙。我国是世界上最大的发展中国家，近年来，随着经济的发展，我国参与的国际事务越来越多，话语权也越来越大。如今，全球生态环境危机日益严峻，国际社会高度关注生态环境问题，我国在应对生态环境问题方面的相关对策和措施受到国际社会的广泛关注。长期以来，我国政府在保护全球生态环境问题上一直与世界各国积极合作，参与各种关于生态环境问题的国际会议，与世界各国一起探讨如何应对全球能源环境问题，在国家和区域层面就生态保护、资源节约、环境污染控制制定了一系列的战略措施，并取得了一定成效。温家宝[①]在 2012 年巴西里约热内卢联合国可持续发展大会上指出，中国是可持续发展战略的积极实践者，党的十八大提出的生态文明建设充分展示了我国在世界可持续发展中做出的不懈努力，有利于促进我国与国际社会在生态环保领域的进一步合作，体现我国是个负责任的大国，树立了大国形象。

第二节　生态文明建设的基本内涵与本质要求

我们认为，十八大关于生态文明建设的基本内涵包括三个层面，即本体性内涵、主导性内涵和拓展性内涵。只有充分理解生态文明建设的深厚内涵，才能进一步有效探讨生态文明建设的途径与方式。

一　基本内涵

（一）本体性内涵

生态文明建设的本体性内涵是指促进人与自然、人与人、人与社会、人与自身和谐共生。这是对生态文明建设的高度概括，也可以看成是它的根本目标。所谓生态文明，就是指人类在开发利用自然的时候，从维护社会、经济、自然系统的整体利益出发，尊重自然，保护自然，顺应自然，

---

① 温家宝：《在联合国可持续发展大会高级别圆桌会上的发言》，巴西里约热内卢：联合国可持续发展大会，2012。

致力于现代化的生态环境建设，提高生态环境质量，使现代经济社会发展建立在生态系统良性循环的基础上，有效解决人类经济社会活动的需求同自然生态环境系统供给之间的矛盾，实现人与自然的共同进步。生态文明建设要求人们在改造客观物质世界的同时，以科学发展观看待人与自然以及人与人的关系，不断克服人类活动中的负面效应，积极改善和优化人与自然、人与人的关系，建设有序的生态运行机制和良好的生态环境，最大化地取得物质、精神、制度等方面的成果。①

生态文明建设是社会历史发展到一定阶段的产物，是人类对人与自然关系、自然规律与社会规律关系的认识水平和实践能力达到一定层次的产物。在古代，受制于生产力水平，人类敬畏自然，将自身融入自然，从自然获取生活所需，自身行为不会给自然带来大的破坏。然而，近代以来，生产力水平迅速提高，人们对自然的索取变本加厉，对自然的开采开发趋于频繁和过度。工业文明时期，人们一度认为自然是取之不尽、用之不竭的能源仓库，90%以上的经济活动建立在对不可再生资源和能源的高消耗上，而不去考虑能源的节约与增值问题；同时，还把大自然的自净能力看作是无限的，为减少成本、实现经济高增长，将"工业三废"（废水、废气、废渣）不做任何处理就直接倾泻给大自然，导致了今天的能源枯竭、环境恶化和耕地减少等危机，使原本生机盎然的地球出现了温室效应、土地沙漠化、水土流失、森林砍伐过度、臭氧层空洞、淡水缺乏和污染、空气污染、酸雨日增以及生物物种加速灭绝等现象。

人类的贪婪与无节制受到了大自然的惩罚。近年来，洪水、地震、台风、海啸等自然灾害频发，而环境破坏带来的水污染、空气污染等诸多问题也严重影响着人们的生命健康和生活质量。长期处于钢筋水泥的森林中，人们越来越渴望回归自然。每个人都是自然的一分子，同时也是社会的一分子，生态文明建设的本体性内涵就是要促进人与自然、人与人、人与社会、人与自身的和谐关系。区别于古代人类与自然的关系，生态文明建设是在人类生产力发达的时候主动寻求的一种平衡关系，是寻求人类社会和自然共同健康、繁荣发展的更高层次。

① 陈关升：《生态文明：人们对可持续发展问题认识深化的必然结果》，http://www.cusdn.org.cn/news_detail.php? id=200752。

（二）主导性内涵

生态文明建设的核心内容决定了生态文明的主导性内涵，即要通过强化生态环境、生态意识、生态制度、生态行为四大领域的建设，进一步促进人与自然、人与人、人与社会、人与自身和谐共生。

1. 强化生态环境建设

生态环境建设是生态文明建设的基础，国土是生态文明建设的空间载体，必须珍惜每一寸国土。一部分地区对国土空间的盲目开发、过度开发、无序开发、分散开发，造成了森林破坏、湿地萎缩、河湖干涸、水土流失、地面沉降、沙漠化、石漠化、草原退化、生物多样性锐减、各种灾害频发等生态问题。必须实施重大生态修复工程，增强生态产品生产能力，推进荒漠化、石漠化、水土流失综合治理，扩大森林、湖泊、湿地面积，保护生物多样性。我国污染物排放量超过环境承载能力，部分地区环境质量较差。必须坚持预防为主、综合治理，以解决损害群众健康突出环境问题为重点，强化水、大气、土壤等污染防治。要推进重点流域和区域水污染防治，推进重点行业和重点区域大气污染治理，深化颗粒物污染防治，加强重金属污染和土壤污染综合治理。我国温室气体排放总量大、增长快，人均排放量不断增加。必须坚持共同但有区别的责任原则、公平原则、各自能力原则，同国际社会一道积极应对全球气候变化。[①]

节约资源是保护生态环境的根本。要节约、集约利用资源，推动资源利用方式根本转变，加强全过程节约管理，大幅降低能源、水、土地消耗强度，提高利用效率和效益。推动能源生产和消费革命，控制能源消费总量，加强节能降耗，支持节能低碳产业和新能源、可再生能源发展，确保国家能源安全。加强水源地保护和用水总量管理，推进水循环利用，建设节水型社会。严守耕地保护红线，严格土地用途管制。加强矿产资源勘查、保护、合理开发。发展循环经济，促进生产、流通、消费过程的减量化、再利用、资源化。[②]

---

① 杨伟民：《大力推进生态文明建设》，《党建研究》2012年第12期，第74~78页。
② 胡锦涛：《坚定不移沿着中国特色社会主义道路前进 为全面建成小康社会而奋斗》，2012。

2. 强化生态意识建设

当今诸多环境问题是由于人们追求经济的发展而过度破坏了自然环境，归根到底，人们的生态意识仍然停滞不前，为了追求短期经济利益，诸如"先污染，后治理"的发展模式依然存在。人们在保护自然，建设生态文明意识上未能跟上经济增长的步伐。这就意味着推动生态文明建设，核心环节是生态意识的建设。2013 年 4 月 2 日，习近平①总书记在参加首都义务植树活动时强调，全社会都要按照党的十八大提出的建设美丽中国的要求，切实增强生态意识，切实加强生态环境保护，把我国建设成为生态环境良好的国家。

生态意识是生态文明建设的重要方面，在生态文明建设过程中，如果我们缺乏生态意识的有力支撑，人们的生态文明观念淡泊，我们就无法从根本上遏制生态环境的恶化。可以说，公民生态意识的缺乏是当今各种生态环境问题频发的一个深层次原因。因此，生态文明建设要求我们必须培养公民的生态意识，让人们自觉行动起来去保护生态环境，预防生态污染，为建设生态文明奠定坚实的基础。根据我国国情，只有让每个人都充分了解生态文明建设的重要性，让每个人都有保护自然、爱护自然、顺应自然的意识，再辅以一系列行之有力的手段，才能从根源上减少对生态环境的破坏。这才是生态文明建设的根本方法和必由之路。②

增强生态意识，需要我们拥有正确的价值观、科学的发展观、绿色的消费观。正确的价值观，在于我们应该清楚地认识到自然环境对于人类生存和发展的重要意义，正视生态环境能为我们创造的价值以及生态环境遭到破坏后带来的灾难性后果。科学的发展观，在于一定要摆脱过去为了眼前的利益，就以牺牲自然环境作为代价的发展方式，或者过分抬高自然的恢复能力，认为自身的经济生产活动不会给自然带来大的影响的传统思想。这些都是错误的观念，需要我们拥有正确的价值观，认清生态环境的破坏对人类的影响是长期的、恶劣的，甚至是不可逆转的。今天我们为了

---

① 习近平：《把义务植树深入持久开展下去，为建设美丽中国创造更好生态条件》，http://news.xinhuanet.com/politics/2013 – 04/02/c_ 115253681. htm。

② 徐诚诚：《论丛：培育公民生态意识推动生态文明建设》，http://gsrb.gansu-daily.com.cn/system/2008/04/16/010651840.shtml。

眼前的蝇头小利，就不顾一切地开采资源、制造污染、破坏生态，那么将来可能就需要花上数倍甚至数十倍的代价去消除生态破坏带来的影响，我们今天的繁荣，不能以牺牲子孙后代的居住环境为代价。树立科学的发展观，就要从长远的角度来看，让我们的经济发展处于生态环境可以承受的范围之内，不过度开发、过度利用、过度污染，做到预防为主，及时消除发展过程中带来的环境问题，坚持绿色的消费观。近年来，绿色消费、低碳消费开始走进人们的生活。我们在日常消费中，也要注入这样的绿色消费观念，不买高污染和重能耗生产出的产品，不吃野生保护动物，多吃绿色食品、健康食品，勤俭节约，坚持用环保型产品，并逐步用它们替代一些对环境有影响的物品，把绿色消费贯穿在我们整个的日常行为当中。

加强生态文明宣传教育，增强全民节约意识、环保意识、生态意识，形成合理消费的社会风尚，营造爱护生态环境的良好风气。

3. 强化生态制度建设

建设生态文明必须依靠完善的制度，通过健全的体制机制加以保障。党的十八大指出，要把资源消耗、环境损害、生态效益纳入经济社会发展评价体系，建立体现生态文明要求的目标体系、考核办法、奖惩机制。这就要求我们构建一套生态制度体系，如生态资源制度、生态产权制度、生态市场制度、生态产业制度、生态核算制度等。建立国土空间开发保护制度，完善最严格的耕地保护制度、水资源管理制度、环境保护制度。深化资源性产品价格和税费改革，建立反映市场供求和资源稀缺程度、体现生态价值和代际补偿的资源有偿使用制度和生态补偿制度。建立生态产品和生态服务交易市场制度，积极开展节约能量、碳排放权、排污权、水权交易试点。加强环境监管，健全生态环境保护责任追究制度和环境损害赔偿制度，全方位、多层次、立体化地推进生态文明建设，确保其取得实效。[①]

4. 强化生态行为建设

政府、企业、公民是生态文明建设的三个主体。建设生态文明，必须

---

① 胡锦涛：《坚定不移沿着中国特色社会主义道路前进　为全面建成小康社会而奋斗》，http://www.xj.xinhuanet.com/2012－11/19/C_113722546.htm。

成为全社会的自觉行动。政府是生态行为建设的领头羊和组织者，首先要提高全民族特别是各级领导干部的环境意识和环境法制观念，使各级政府机构、公共机构成为践行生态文明的先行者、示范者。政府应当出台并完善生态保护类的法律法规，依靠法律手段引导生态行为模式的形成和推广，并且要向企业和群众广泛传播这类生态行为模式、方式，营造一个良好的生态保护社会氛围。规定公民的生态环境权利与义务，明确并维护有利于生态环境保护目标的公民之间的各种利益关系，使生态法律为公民生态化行为提供依据和保障，为生态治理和建设过程中引发的矛盾和纠纷提供解决途径。政府应当树立保护环境人人有责的社会风尚；必须建立和完善环境保护教育机制，把生态道德教育贯穿于国民教育的全过程，帮助公民树立正确的生态价值观和道德观。其次，如今高污染、重能耗的企业种类多，数量大。如何在这类企业身上下功夫，是生态行为建设的关键。必须督促这类企业在生产过程中满足污物排放标准，或转变生产方式，改进生产技术，改善生产设备，采用清洁能源替代传统能源，提高企业管理者和普通员工的生态意识，尽一切可能降低污染，走可持续发展的道路。对于这类企业，政府部门一定要加强监管，同时让群众加以监督，让企业为生态破坏付出代价，使企业成为生态行为建设的主力军。最后，公民是生态文明、生态行为建设的基石。每个公民都应该把自己看作保护生态环境的战士，从身边做起，从点滴做起，并且引导身边的人做同样的事情，主动尽到自己的职责。只有当数量庞大的公民个体提高了生态意识，并付出实际行动支援生态行为建设，才能进而支援整个生态文明建设。

（三）扩展性内涵

十八大将生态文明建设放在了一个新的战略高度。在"五位一体"的战略部署中，如何处理好生态文明建设与经济、政治、文化和社会建设之间的关系，构成了生态文明建设的扩展性内涵。[①]

"五位一体"建设目标就像五根巨大的支柱，共同支撑着中国社会的全面进步。但是，生态文明建设不像经济建设、政治建设、文化建设和社

---

① 胡锦涛：《坚定不移沿着中国特色社会主义道路前进　为全面建成小康社会而奋斗》，http://www.xj.xinhuanet.com/2012 – 11/19/C_ 113722546. htm。

会建设等，具有明确、独立的边界，它或渗透于经济建设、政治建设、文化建设和社会建设之中，或贯穿于经济建设、政治建设、文化建设和社会建设之间。

1. 生态文明建设与经济建设

生态文明建设与经济建设在基础层面上就是环境保护与经济发展之间的对立统一关系。生态文明建设和经济建设，生态效益与经济效益，都是相互矛盾的整体。人们在进行经济建设、追求经济效益的同时，对生态的破坏是在所难免的，这就是发展中的矛盾。在经济建设中，经济效益与生态效益有四种关系：一是经济效益与生态效益都非常低下；二是经济效益高，但带来的生态效益低下；三是生态效益高，但牺牲了发展，牺牲了经济效益；四是生态效益与经济效益都处于高水平。目前这四种关系在我国都存在。显然，对于第一种，两种收益都低下的生产过程，我们要坚决摒弃。第二种是我国存在最多的情形。我们沉醉在经济建设带来的利益中，却让生态环境数倍甚至数十倍地付出代价。可是人们往往将破坏生态环境造成的代价忽略不计，以至于错误地认识了实际的社会效益，最终付出了惨重的代价。第三种，生态效益高，然而如果人们的物质生活水平上不去，就谈不上幸福，也是没有用的。因此，要处理好生态文明建设与经济建设的关系，主要就是处理好第二种情形，并使之向第四种情形靠近，即追求生态效益与经济效益的双丰收。

应该承认，我们过去对多数经济工程项目缺乏全面的规划、管理和经济核算。我们的工程建设只注重获得的经济效益，对损失的效益常常没有深入的研究，尤其对可能损失的生态效益常常忽略不计，甚至对已经造成的生态效益的损失熟视无睹。同样，我们对生态建设工程项目也缺乏科学的论证。总之，在建设大型水利工程、跨地区的大型生物工程以及进行大面积的土地开垦时，都必须在经济效益、生态效益的得失方面进行经济计量的预测，使所有经济建设和生态建设的工程项目都获得最佳的经济效益和生态效益。

在生态文明理念指导下的经济建设，将致力于消除经济活动对大自然的稳定与和谐构成的威胁，坚决摒弃"经济逆生态化、生态非经济化"的传统做法，大力实施产业生态化、消费绿色化、生态经济化等战略，既做

到经济又好又快的发展，又能够在"人不敌天—天人合———人定胜天—天
人和谐"的螺旋式上升的进程中实现新的飞跃。①

2. 生态文明建设与政治建设

生态文明建设与政治建设既是因果关系，又是包容关系。政治建设是
实现生态文明建设的保障条件。有什么样的制度框架，就有什么样的物质
生产和人口生产，也就有什么样的环境影响。政治建设着力于处理人与人
之间的关系，而生态文明建设着力于处理当代人与当代人、当代人与后代
人、人类与自然之间错综复杂的关系。因此，政治建设被生态文明建设所
包容。生态文明观念下的政治建设，就是要积极构建以政府为主体的干预
机制、以企业为主体的市场机制和以公众为主体的社会机制的相互制衡，
就是要构建别无选择的强制性机制、权衡利弊的选择性机制与道德教化的
引导性机制的相互协同。②

3. 生态文明建设与文化建设

二者既存在交叉关系，又存在重叠关系。前文已经提到，生态文明
建设在很大程度上是生态意识的建设，是生态行为的建设。生态文明理
念视角下的文化建设，一个突出的薄弱环节是生态文化观念不够稳固，
也就是生态意识不够强烈。为此，必须树立与科学发展观、和谐社会观
相吻合的生态文化观念，使包括绿色生产观、绿色消费观、绿色技术观、
绿色营销观等在内的生态文化成为生态文明建设的行动指南和精神动力。
要增强生态危机意识，充分认识到"我们只有一个地球"，努力创造良
好的生态保护的社会氛围，提高人们保护生态的意识，并付诸以实际行
动；要尊重自然生态环境，实现人类与自然的和谐相处；要增强生态资
源观念，优化生态环境资源配置；要转变经济发展方式，经济发展不以
破坏生态环境为代价，拥有科学的发展观，走可持续发展道路；要转变
消费行为模式，崇尚科学合理的消费方式，多勤俭节约，鼓励绿色消费，
低碳消费。③

---

① 陈关升：《生态文明：人们对可持续发展问题认识深化的必然结果》，http://
www.cusdn.org.cn/news_detail.php? id=200752。

② 沈满洪：《生态文明的内涵及其地位》，《浙江日报》2010 年 5 月 17 日。

③ 同上。

4. 生态文明建设与社会建设

生态文明建设与社会建设是相互支撑的关系。社会建设的核心问题是保障民生。生态环境质量是保障生命质量和生活质量的最基本的民生。要将人与自然的和谐作为社会建设的基本方向，通过形成生态化的社会生活因子，实现生态建设的幸福安康提供持续的自然物质条件保障。生态文明建设水平高，作为基本民生需求的环境权益就维护得好；公众参与包括生态建设与环境保护事务在内的社会管理的程度高，生态文明建设的水平就高。①

二 本质要求

（一）转变发展思路

我国正处于并将长期处于社会主义初级阶段，发展不足和保护不够的问题同时存在。主要表现为：环境污染十分严重，主要污染物排放总量大，减排任务艰巨，环境风险仍在增加，损害群众健康的环境问题比较突出，此外，环境管理体制不顺，生态环境保护职能存在分散交叉现象。忽视环境资源保护，经济建设就难以搞上去，即使一时搞上去最终也要付出沉重代价。推进生态文明建设，迫切需要树立"尊重自然、顺应自然、保护自然"的价值观念，用新的理念进一步深化对环境问题的认识，用新的视野把握环境保护事业发展的机遇，用新的实践推动环保事业取得更大成效，用新的体制保障环保事业持续推进，用新的思路指导当前、谋划未来，探索出一条在发展中保护、在保护中发展的经济社会发展新道路、新模式。

除了人与自然的关系问题，在人与人的社会关系问题上，各种各样的矛盾和纷争也是层出不穷。当今世界，生态危机、经济危机、信贷危机和社会危机，各种冲突甚至战争多有发生。虽然人们对问题有了认识，有了紧迫感，并做出了巨大努力，但问题仍在恶化中。所以建设生态文明，不能简单地从防止污染入手，还应改变人的行为模式和经济社会发展模式，使社会生产、消费、制度和观念发生根本变化，将之深刻融入和全面贯穿

---

① 沈满洪：《生态文明的内涵及其地位》，《浙江日报》2010 年 5 月 17 日。

到其他"四个建设"中，贯穿到各方面和全过程中。这就要求我们做到以下几点。

第一，在人与自然方面，从源头上扭转生态环境恶化趋势，不断提升人与自然和谐相处的水平。

第二，在生态环境与经济方面，坚持在发展中保护，在保护中发展，以环境保护优化经济发展。建立以循环经济为核心的生态经济体系，走新型工业化道路，调整优化经济结构，培育发展循环经济，积极发展生态农业、生态工业、现代服务业，努力倡导绿色消费，走出一条科技先导型、资源节约型、清洁生产型、生态保护型、循环经济型的经济发展路径。

第三，在生态环境与政治方面，把生态文明建设纳入中国特色社会主义事业总体布局，提高执政党领导生态文明建设的能力。关心人民群众切身利益，不只要解决温饱问题，而且要使富裕程度普遍提高、生活质量明显改善、人居环境更加美化、人与自然关系更加和谐。改善国际关系，积极应对国际环境态势，树立负责任的大国形象，为人类共同的未来做出新贡献。

第四，在生态环境与文化方面，全民牢固树立生态文明观念，生态文明融入和贯穿文化建设，大力发展生态文化产业和事业，发展生态哲学、生态伦理学、生态经济学、生态法学、生态文艺学等，以及它们在实施生态文明战略中的实际应用，不断提高社会的生态意识、生态价值观念、生态思维和生态生产创造力，使我国文化软实力显著增强。

第五，在生态环境与社会方面，优先解决损害群众健康的突出环境问题，保障和改善民生。实现人与自然的生态关系和谐，走向人与社会和谐、人与自然生态和谐的生态文明社会。

（二）优化发展目标

十八大首次提出了建设美丽中国的发展目标。面对资源约束趋紧、环境污染严重、生态系统退化的严峻形势，推进生态文明建设应该定位于两大重要目标。

第一，形成节约资源和保护环境的空间格局、产业结构、生产方式、生活方式。

要努力形成同传统工业文明的大量生产、大量消费、大量废弃、大量占用自然空间不同的经济结构、社会结构和发展方式。在现代化建设中，要尽可能集中、集约利用国土空间，减少对自然生态空间的占用；提高能源资源消耗少、污染排放少的产业以及循环经济在国民经济中的比重；充分利用节能减排技术和生产工艺进行生产制造；倡导和推行绿色消费、低碳消费、适度消费。[①]

第二，从源头上扭转生态环境恶化的趋势，为人民创造良好的生产、生活环境，努力建设美丽中国，实现中华民族永续发展，为全球生态安全做出贡献。

我们推动发展和改革的根本目的是为了更好地满足人民群众的需求。人民群众的需求既包括物质文化需求，如对农产品、工业品和服务产品的需求，也包括对清新空气、清洁水源、舒适环境、宜人气候等生态产品的需求。生态产品是人们重要的消费品、生活必需品，良好的生态环境是提高人民生活质量的重要内容。推进生态文明建设，说到底就是为了提高人民的生活质量，满足人民日益增长的对生态产品的需求。不能因为我们这一代中国人要过上好日子，就不顾及我们后代的生存和发展，因为资源和生态环境既是我们这一代人的，也是我们的后代的。既要满足当代人的需求，也不能影响满足后代人需求的能力，这样才能实现中华民族的永续发展。全球生态系统是一个整体，需要全世界共同努力，搞好生态文明建设，也是我国对地球生态安全的贡献。[②]

（三）转变发展模式

从数千年的农业文明到新中国工业文明的曙光，再到改革开放的快速工业化，中国已成为世界第二大经济体和最具活力的经济体之一。然而，快速工业化的弊端也随之显现，质量差、效率低、高投入、高能耗、不平衡、不协调、不可持续等问题突出。[③] 《中国应对气候变化的政策与行

---

① 杨伟民：《大力推进生态文明建设》，《党建研究》2012 年第 12 期，第 74 ~ 78 页。

② 同上。

③ 谷树忠、胡咏君、周洪：《生态文明建设的科学内涵与基本路径》，《资源科学》2013 年第 1 期，第 2 ~ 13 页。

动——2012 年年度报告》① 披露：我国现在的二氧化碳排放量世界第一。此外，随着不可再生资源的资源基础下降，能源对外依存度不断增加，矿产资源的开采寿命急剧下降，预示着未来资源短缺的常态化。我国资源、环境对经济发展的约束作用也不断增大。根据《二〇〇七年全国公众环境意识调查报告》② 显示，环境污染问题已成为中国严重的社会问题。可见，以牺牲环境资源为代价换取经济发展的模式已经无法持续，必须按照科学发展观，进一步推进生态文明建设，切实转变经济社会发展模式。

着力推进绿色发展、循环发展、低碳发展，从粗放型的以过度消耗资源、破坏环境为代价的增长模式，向增强可持续发展能力、实现社会经济又好又快发展的模式转变，这是推进生态文明建设的本质要求，也是转变经济发展方式的重点任务和重要内涵。在经济发展过程中，要尽可能减少单位产品的资源消耗强度和能源消耗强度，减少污染物排放，减少废弃物产生。积极发展节能产业，推广高效节能产品；加快发展资源循环利用产业，推动矿产资源和固体废弃物综合利用；大力发展环保产业，壮大可再生能源规模。积极发展循环经济，促进生产、流通、消费过程的减量化、再利用、资源化。③

十八大报告首次提出两个重要的经济学概念，即："生态价值"和"生态产品"。④ 报告要求生态补偿制度要"体现生态价值和代际补偿的资源有偿使用和生态补偿制度"。所谓"生态产品"，不是指我们在商场超市里买到的"绿色产品"，而是指清新的空气、清洁的水源、舒适的环境和宜人的气候。它们来自森林、草场、河湖、湿地等生态空间所构成的大自然；它还包括地下矿产、煤炭、石油和天然气，以及各种金属和非金属矿藏，即不可再生资源；以及土地、动物、植物和其他生物资源。生态产品

---

①　解振华：《中国应对气候变化的政策与行动——2012 年年度报告》，中国环境出版社，2013。

②　中国环境意识项目办：《二〇〇七年全国公众环境意识调查报告》，《世界环境》，2008。

③　杨伟民：《大力推进生态文明建设》，《党建研究》2012 年第 12 期，第 74~78 页。

④　胡锦涛：《坚定不移沿着中国特色社会主义道路前进　为全面建成小康社会而奋斗》，http://www.xinhuanet.com/2012-11/19/C_113722546.htm。

是自然物质生产过程创造的产品。

与传统经济学所认为的自然资源不是劳动产品所以无经济价值、不需付费的观念不一样，新的价值观念倡导自然物质是有经济价值的，在社会物质生产过程中使用它需要付费，对它的破坏或损害需要补偿。新的价值观念更符合人类发展观和生态规律。循环经济、低碳经济与绿色经济就是以新价值观为导向，采用新技术、新手段进行符合生态发展规律的新的生产模式。

1. 循环经济

传统生产方式是"原料—产品—废料"的线性非循环生产模式，会产生大量废料。然而依据新的价值观，投入生产过程的资源是有价值的，它的使用需要付费，所以必须节约使用或循环使用，因而新的经济生产方式是"原料—产品—废料—产品……"这样一种非线性的循环生产方式，以物质分层利用或循环利用为特征。这是一种无废料的生产，一种原料低投入、产品高产出、环境低污染的生产，是一种可持续的发展模式。①

2. 低碳经济与绿色经济

传统的工业文明促进经济发展是以排放大量有害气体，消耗大量资源、能源为代价的。环境问题严重，全球资源日趋短缺，生态摩擦，环境争端不断，各种危机迭起。随着人们生活水平的提高，对生活环境、使用产品的要求也越来越高，而低碳经济和绿色经济就是在新的经济发展模式的要求下应运而生的。低碳经济是人类为应对全球气候变暖、减少温室气体排放提出的，它以减少气体排放量为目标。所以发展低碳经济主要是能源结构的优化，通过低碳能源的创新和人们消费观念的转化，提高能效，提高单位碳排放的经济产出，保护我们的自然生态条件和气候条件，解决能源安全问题。② 而绿色经济是人类为了应对资源危机、减少人类对资源环境的破坏提出的，但它侧重的是经济发展的核算方式。③

---

① 任勇：《中国循环经济内涵及有关理论问题探讨——循环经济发展之路》，人民出版社，2006。

② 陈关升：《低碳经济 Journal of Low Carbon Economy》，http：//www.cusdn.org.cn/news_ detail.php? md = 194&id = 187707。

③ 陈关升：《让绿色经济成为稳增长与调结构的引擎》，http：//www.cusdn.org.cn/news_ detail.php? id = 219701。

循环经济、低碳经济与绿色经济是相辅相成的，三者既有相同点又有区别，应该相互促进，共同发展。积极倡导并大力发展循环经济、低碳经济与绿色经济，能够从根本上解决在经济发展过程中遇到的经济增长与资源环境之间的尖锐矛盾，协调社会经济与资源环境之间的关系，同时有利于提高经济增长质量，是转变经济增长方式的现实需要，是走新型工业化道路的具体体现，也是生态文明建设的必然要求。

（四）优化发展路径

1. 优化国土空间开发格局

国土空间是宝贵的资源，是人类赖以生存和发展的家园。我国辽阔的陆地和海域，是中华民族繁衍生息和永续发展的家园。新中国成立后特别是改革开放以来，我国现代化建设全面展开，国土空间也发生了深刻变化，一方面有力地支撑了经济快速发展和社会进步；另一方面也出现了一些必须高度重视和需要着力解决的突出问题。主要是：耕地减少过多过快，生态系统功能退化，资源开发强度大，环境问题凸显，空间结构不合理，绿色生态空间减少过多等。优化国土空间开发格局，必须珍惜每一寸国土，按照人口资源环境均衡，生产空间、生活空间、生态空间三类空间科学布局，经济效益、社会效益、生态效益三个效益有机统一的原则，控制开发强度，调整空间结构，促进生产空间集约高效、生活空间宜居适度、生态空间山清水秀，给自然留下更多修复空间，给农业留下更多良田，给子孙后代留下天蓝、地绿、水净的美好家园。[①]

优化国土空间开发格局，必须加快实施主体功能区战略，这是解决我国国土空间开发中存在问题的根本途径，是促进城乡区域协调发展的重大战略举措，也是当前生态文明建设的紧迫任务。要依据《全国主体功能区规划》[②]，推动各地区严格按照主体功能定位发展，构建科学合理的"三大战略格局"。一是构建"两横三纵"为主体的城市化格局，即以陆桥通道、沿长江通道为两条横轴，以沿海、京哈京广、包昆通道为三条纵轴，以国

---

① 杨伟民：《大力推进生态文明建设》，《党建研究》2012 年第 12 期，第 74～78 页。

② 住建部：《国务院关于编制全国主体功能区规划的意见（2007）》，http：//baike. baidu. com/view/7181307. htm。

家优化开发和重点开发的城市化地区为主要支撑，以轴线上其他城市化地区为重要组成的城市化战略格局；二是构建"七区二十三带"为主体的农业发展格局，即以东北平原、黄淮海平原、长江流域、汾渭平原、河套灌区、华南和甘肃、新疆等农产品主产区为主体，以基本农田为基础，以其他农业地区为重要组成的农业战略格局；三是构建"两屏三带"为主体的生态安全格局，即以青藏高原生态屏障、黄土高原—川滇生态屏障、东北森林带、北方防沙带和南方丘陵山地带以及大江大河重要水系为骨架，以其他国家重点生态功能区为重要支撑，以点状分布的国家禁止开发区域为重要组成的生态安全战略格局。①

2. 全面促进资源节约

总的要求是，要节约、集约利用资源，推动资源利用方式根本转变，加强全过程节约管理，大幅降低能源、水、土地消耗强度，提高利用效率和效益。我国人均能源占有量低，能源消费总量增长过快，消耗强度高，能源消费供需矛盾是我国经济发展的长期软肋，必须推动能源生产和消费革命，控制能源消费总量，加强节能降耗，支持节能低碳产业和新能源、可再生能源的发展，确保国家能源安全。我国水资源总量不足，时空分布不均，水多、水少、水脏并存，地下水过度开采，必须加强水源地保护和用水总量管理，推进水循环利用，建设节水型社会。我国人均拥有的土地资源特别是耕地资源不足，人均耕地资源面积逼近保障我国农产品供给安全的红线，必须严守耕地保护红线，严格土地用途管制。同时，要加强矿产资源的勘查、保护、合理开发。循环经济是生态文明建设的重要经济形态，必须建立循环经济体系，发展循环经济。②

3. 鼓励发展生态科技

解决资源环境面临的问题，归根结底要靠科技进步，转变发展方式，兴利除弊、以资源的高效和循环利用为目标，研发清洁能源和可再生资源，实现物质循环利用和能量梯次使用，兼顾自然资源的合理开发利用和产品附加值增加，经济效益、社会公平和生态效益相统一。

（1）加快重点技术创新。在跟踪国际新技术、新进展的基础上，加强

---

① 杨伟民：《大力推进生态文明建设》，《党建研究》2012 年第 12 期，第 74～78 页。

② 同上。

基础研究和应用研究，重点在节能技术、清洁能源技术、循环经济技术方面取得突破，力争抢占国际新技术竞争的制高点。积极发展先进煤电、核电等重大装备制造核心技术，主要耗能领域的节能关键技术、重污染行业清洁生产集成技术等，使主要工业产品单位能耗指标和排放指标达到或接近世界先进水平。

（2）加大先进技术推广应用。加强技术创新和应用推广的有机衔接，建立以企业为主体的产学研合作机制。制定配套政策，促进太阳能、风能、生物质能源等可再生能源低成本、规模化开发利用。运用价格调节、加速折旧、财政补贴等措施加快落后产能技术的淘汰、更新，促进节能产业、资源循环利用产业、环保产业、可再生能源产业等绿色产业的发展，使企业从技术的转化和应用中获利，使人们广泛享受到科技进步带来的生态效益。[1]

（3）转变生产方式，走新型工业化道路。大力推进信息化与工业化融合，加快淘汰落后生产力，促进产业结构优化升级。大力发展高新技术产业、现代服务业、现代能源产业和综合运输体系，建设科学合理的能源资源利用体系。发挥东部沿海地区的引擎作用。东部沿海地区的经济发展、生态建设水平较高，所以应鼓励东部沿海省市企业从事生态产品和生态服务的生产，率先实现东部地区产业生态化和生态产业化，以东部沿海地区为中心，向国内中西部其他城市生态文明建设提供技术辐射服务和示范。

4. 完善生态评价体系

建设生态文明，必须改革生态评价体系。剔除不合理的评价指标和制度，以我国国情为基础，以生态文明价值观为导向，考虑经济、政治、社会、文化各方面因素，做到突出重点，统筹兼顾。

（1）改革社会经济评价体系。在传统的社会经济评价体系中，环境与资源处于一种低价值状态，这对人们的行为造成了一种逆向激励。需要改变传统的 GDP 评价体系，引入绿色 GDP 体系，改变"资源低价、环境无价"的不合理状况，从而引导企业向节约资源、节约能源的生产方式转变，引导人们向节约资源、节约能源的生活方式转变。

（2）强化环评机制。我国环境影响评价工作面临不少新情况、新问

---

① 马凯：《坚定不移推进生态文明建设》，《求是》2013 年第 9 期，第 3~9 页。

题，需加大改革创新力度，加强完善环境影响评价制度。依法加强环评工作，从严、从紧控制"两高一资"、低水平重复建设和产能过剩项目建设，加快淘汰落后产能，支持新兴战略性产业、基础设施和民生工程建设。对化工石化、涉重金属、钢铁、交通基础设施等项目，落实好环评管理要求。组织开展重大项目后评价。扩大公众参与，最大限度进行政务信息公开，合理调整项目审批权限，推进环评报告编制单位与审批单位脱钩，强化环评机构动态管理和淘汰机制，积极配合做好社会风险评估工作。

第三节　生态优势转化的基本内涵与特征

一　基本内涵

在生物学中，生态优势是指生态环境中资源被少数物种优先占有的程度。这里引申为少数地区具有某些丰富的自然资源，在生态环境上占据优势地位。生态优势转化，指生态优势明显的经济欠发达地区，将大力发展生态经济作为培育区域竞争力的有力抓手，构筑生态产业平台，大力发展生态农业，培育生态工业，拓展生态旅游业，形成有区域特色、有较强竞争力的生态经济发展新格局。

近年来，经济发展与生态保护的冲突愈发尖锐，如何实现生态保护与经济发展协调统一，既"补上工业文明的课"，又"走好生态文明的路"，是很多自然资源丰富的欠发达地区首先要解决的问题。因此生态优势转化也可以理解为生态与经济协调发展，保护优先发展，在发展中搞好保护，以发展促进保护；抓好生态建设和环境保护，构筑区域生态安全体系，把绿水青山变成金山银山。

二　基本特征

生态优势转化主要是将自然资源优势转化为经济发展优势。因此，生态优势转化具有以下三个特征。

第一，生态优势转化是渐进式的。这种转化不能只追求近期经济的快速发展而破坏环境和浪费资源，损害长期发展的基础，必须兼顾长期效益与近期效益。生态优势转化应遵循生态与经济协调可持续发展的原则，建立长远规划。

第二，生态优势转化具有差异性。不同地区拥有不同的自然资源，应结合当地的实际情况，因地制宜，发展生态优势的转化。

第三，生态优势转化具有偏好性。规划设计者对自然环境的认识不同，会造成所选择的生态优势转化方式不同。因此，容易产生决策者定位不准、盲目发展的弊端。

第三章 国内外生态文明建设与 生态转化的经验与启示

第一节 国内外相关理论

一 可持续发展理论

可持续发展思想是 20 世纪 70 年代以来逐步发展起来的世界思潮，是人们对生态环境认识的第二次突破。1980 年，国际自然资源保护联盟在《世界资源保护战略》[①] 报告中首次提出了可持续发展，报告指出"必须研究自然的、社会的、生态的、经济的以及利用自然资源过程中的基本关系，以确保全球的可持续发展"。1981 年，美国莱斯特·布朗出版《建设一个可持续发展的社会》[②]，提出以控制人口增长、保护资源基础和开发再生能源来实现可持续发展。1987 年，由挪威首相布伦特兰夫人领导的世界环境与发展委员会发表了《我们共同的未来》[③]，第一次科学地论述了可持续发展的概念，即所谓可持续发展是指"既满足当代人的需要，又不对后代人满足其需要的能力构成危害的发展"。这一概念具有较高的综合性和代表性，它的提出得到了国际社会的普遍接受。然而，由于可持续发展涉及自然、环境、社会、经济、科技、政治等诸多方面，因而其涉及的学科涵盖了生态学、资源科学、环境学、社会学、人口学、经济学等众多学科。鉴于学科性质的差异和研究者所站的角度不同，对可持续发展所下的定义也不同。生态学认为可持续发展是寻求一种最佳的生态系统以支持生

---

① 国际自然和自然资源保护联合会受联合国环境规划署：《世界自然资源保护大纲》，1980。

② 莱斯特·R. 布朗：《建设一个可持续发展的社会》，1981。

③ 世界环境与发展委员会：《我们共同的未来》，世界知识出版社，1989。

态的完整性和人类整体生存生活愿望的实现，其实质是要保护和加强环境系统的生产和更新能力，因此可持续发展是一种不超越生态环境系统更新能力的发展。社会学认为可持续发展是一个复杂的社会系统工程，它强调在生存不超出生态系统承载能力的情况下，改善人类社会的生活质量，最终实现人的全面发展。经济学认为当发展能够保证当代人福利增加时，还要保证不使后代人的福利减少，即在保持资源的质量和其所提供的服务的前提下，使经济发展的净利益增加到最大限度。可持续发展遵循三个基本原则：公平性原则，包括代内的公平、代际间的公平和资源分配与利用的公平；持续性原则，即人类社会和经济的发展不能超越资源和环境的承载能力；共同性原则，即只有全人类共同努力，才能实现可持续发展的总目标，并将人类的局部利益与整体利益结合起来。综上所述，可持续发展是一种从资源环境角度出发提出的关于人类长期发展的战略和模式，涉及经济、社会、技术和环境等诸多方面，其根本目的就是要实现以谋求社会全面进步为目标的协调发展模式。

从可持续发展的概念和内涵可以看出，可持续发展的主要任务是保证资源的可持续利用，推进传统生产方式和消费方式的转变，积极有效地保护生态环境，以达到资源的持续、高效利用，生态环境的优化发展，并最终满足人们日益增长的物质、文化和精神生活的需求。因此，可持续发展的研究不仅包括自然资源、生态环境、经济、社会某一方面的研究，而且涵盖了自然资源—生态环境—经济—社会等复合系统的综合研究，也就是说有效协调好区域的自然资源、生态环境、经济、社会四个子系统是实现区域可持续发展的关键。生态文明的本质也就是要在经济社会发展过程中，保护好生态环境质量，从而实现经济效益、社会效益和环境效益的共赢。为此，在推进生态文明建设过程中，必须始终坚持可持续发展的原则。[①]

二　人地关系理论

"人"是指社会性的人，即在一定地域内、一定生产方式下从事各种活动的人。人本身具有生产者和消费者的双重属性：作为生产者，人通过

---

① 洪功翔：《政治经济学》，中国科学技术大学出版社，2012。

个体的和社会化的劳动向自然索取资源，将自然界物质转化为其生存所必需的产品；作为消费者，人通过消耗自然资源和自己生产出的产品，将废弃物返还给自然。"地"是指与人类活动有密切关系的无机和有机自然界诸要素有规律结合的地理环境，即存在着地域差异的地理环境，也是指在人类作用下已经改变了的地理环境，包括自然、生态、经济、文化、社会地理环境。人地关系是指随着经济社会的不断发展，人类为了满足生存和发展的需要，不断地扩大和加深对地理环境的改造和利用，改变地理环境的面貌，增强对地理环境的适应能力，与此同时不断形成显著的人类地域活动特征和地域差异。另一方面，随着人类对地理环境作用的增强，地理环境无时无刻不在发生变化，其变化的广度和深度也无时无刻不对人类的活动起到反作用，也就是说人类的一切生产活动也受到了地理环境的制约。因此，人地关系就是在人类活动影响地理环境，地理环境制约人类活动的相互作用的过程中不断演化和发展的，这一演化过程是一个漫长的从量变到质变的过程。这种人类活动与地理环境之间相互影响、相互作用的关系，就称为人地关系，即有关人类及其各种社会活动与地理环境之间的关系①。

人地关系问题随着人类的产生而出现，并随着人类的发展而不断向更宽、更深发展。以人类活动和地理环境相互关系为核心的人地关系理论是地理学研究的传统领域。人地关系地域系统是地理学研究的核心，而人地关系地域系统研究的中心目标就是协调人地关系。为实现这一目标，必须从空间结构、时间过程、组织续编、整体效应、协同互补等方面去认识和寻求全球的、全国的或区域的人地关系系统的整体优化、综合平衡及有效的调控机理。反映人地关系认识的理论称为"人地关系论"，一般将人地关系研究纳入地理环境研究的大范畴之中。强大技术手段的应用，不断改变着各地区的自然结构和社会经济结构，主要表现在空间越来越小、人均资源越来越少、地球环境日益恶化、生态系统平衡不断受到破坏、经济发展不平衡加剧、社会发展面临的危机不断增加等，这些问题已成为制约人类自身发展的人口问题、资源短缺问题、环境污染问题和生态恶化问题四

---

① 朱国宏：《人地关系论》，《人口与经济》1995 年第 1 期，第 18～35 页；陈慧琳：《人文地理学》，科学出版社，2013 年 1 月 1 日。

大全球性问题。如何有效协调人地关系，并促使人类活动适应自然发展规律，从而实现人类社会与自然环境的和谐发展，是当前人地关系研究的核心。[①]

人地关系理论是地理学中最基本的理论之一，长期以来它左右着地理学的发展。从 19 世纪到 20 世纪初，人类社会与地理环境的关系曾经是地理学最为热衷的话题，也是哲学、社会学以及整个社会所关注的热点问题，其发展经历了环境决定论、或然论（可能论）、适应论、生态论和文化决定论等几个发展阶段，目前关于人与自然共生的社会生态学思想已经为绝大多数学者所接受。人地关系具有动态演替性、地域差异性、复杂性和多样性的特点，这就决定了在推进生态文明建设过程中，必须依据不同的区域，对区域经济、文化和社会进行区域综合分析。人地关系原理告诉我们，人类与自然是一种共存的关系，人类既不能无限制地征服和改造自然，也不能在自身毫无改变的前提下完全适应自然。人类与自然在相互作用的过程中所产生的各种矛盾，可以通过减轻对自然环境的作用力和增强对自然灾害的抵抗力来加以解决。[②]。

三　供给需求理论

供给需求理论是西方经济学的经典理论之一。需求函数表示某种商品的需求数量和影响该需求数量的各种因素之间的相互关系，与价格呈反比，供给函数表示某种商品的供给量和该种商品价格之间存在着一一对应的关系，与价格呈正比；当某商品的市场需求量和市场供给量相等时的价格就是均衡价格，相应的需求量和供给量被称为均衡数量。[③]

需求的价格弹性表示一定时期内当一种商品的价格变化百分之一时所引起的该商品的需求量变化的百分比，价格弹性可分为需求价格弹性、供给价格弹性、交叉价格弹性、预期价格弹性等类型。需求价格弹性是需求变动率与引起其变动的价格变动率的比例，反映商品价格与市场消费容量

---

①　朱国宏：《人地关系论》，《人口与经济》1995 年第 1 期，第 18～35 页。

②　朱国宏：《人地关系论》，《人口与经济》1995 年第 1 期，第 18～35 页；陈慧琳：《人文地理学》，科学出版社，2013 年 1 月 1 日。

③　郑享清：《微观经济学》，江西人民出版社，2013。

的关系，表明价格升降时需求量的增减程度，通常用需求量变动的百分数
与价格变动的百分数的比例来表示，也可做图或列表示之；供给价格弹性
是供给变动率与引起其变动的价格变动率的比例，反映价格与生产量的关
系，表明价格升降时供给量的增减程度，通常用供给量变动百分数与价格
变动百分数的比例衡量；交叉价格弹性又称交错价格弹性，是需求的变动
率与替代品或补充品价格变动率的比例，表明某商品价格变动对另一商品
需求量的影响程度；预期价格弹性是价格预期变动率与引起这种变动的当
前价格变动率的比例，反映未来价格变动对当前价格的影响，用预期的未
来价格的相对变动与当前价格的相对变动的比例表示。①

供给价格弹性表示在一定时期内，当一种商品的价格变化百分之一
时所引起的该商品的供给量变化的百分比。如果当价格变动时，供给量
保持不变，那么此时供给弹性为 0，则称该种产品完全缺乏供给弹性；
如果对微小的价格变动，供给量做出了无限大百分比的反应，那么供给
弹性是无限大的，则称这种产品完全富有供给弹性；如果供给量变动的
百分比恰好等于价格变动的百分比，那么供给弹性等于 1，则称这种产
品有单位供给弹性；如果供给量变动的百分比大于价格变动的百分比，
在这种情况下，供给弹性大于 1，则称这种产品富有供给弹性。②

四　生态经济学理论

生态经济学是研究经济社会再生产过程中，生态系统与经济系统之间
物质循环、能量流动和价值增值及其应用的科学，是从经济学的角度来研
究由经济系统和生态系统所构成的复合系统的结构、功能及其运动规律的
科学，是生态学和经济学相结合而形成的一门边缘学科。同一般经济学的
主要区别在于，生态经济学具有较多的伦理观点、可持续发展的理念和学
科的交叉性。生态经济学的理论基础包括：生态学及其相关的自然科学，
如生物学、气象学、地理学等；经济学及其相关的社会科学，如社会学、
人口学、哲学、伦理学等。其研究方法论包括系统论、控制论和信息论。
生态经济学理论认为生态系统和经济系统可以耦合为一个生态经济系统，

---

① 郑享清：《微观经济学》，江西人民出版社，2013。

② 同上。

它通过研究自然生态和经济活动的相互作用，探索生态经济社会复合系统协调、持续发展的规律性，并为资源保护、环境管理和经济发展提供理论依据。生态经济学的根本任务就是要揭示生态经济系统的矛盾运动规律，从而指导人们在社会经济发展过程中，不仅要满足人们的物质需求，而且要保护自然资源的再生能力；不仅追求局部和近期的经济效益，而且要保持全局和长远的生态效益，永久保持人类生存、发展的良好生态环境；其最终目标是使生态经济系统整体效益优化，从宏观上为社会经济的发展指明方向。生态经济学通过生态系统内在的负反馈机制和经济系统的正反馈机制之间的调节，实现整个生态经济系统的稳定和持续发展；其研究内容包括生态平衡与经济平衡的关系、生态效益与经济效益的关系、生态供给与经济需求的关系、生态经济系统演进的特征和生态经济系统持续发展的测度模型等。[①]

　　循环经济生产模式的提出，是人们将生态经济的理论成功应用于生产实践的重要标志。它充分借鉴生态系统物质循环和能量流动的规律，把传统的"资源－产品－废弃物"线性经济转变为先进的"资源－产品－再生资源"的闭环流动经济，运用"减量化、再利用、再循环"3R原则，使人们能以更少的资源消耗，更低的环境污染，实现更大的经济效益和更多的劳动就业，从而从根本上改变经济增长方式。循环经济的本质可以归纳为通过生态综合规划，改变和完善人类的活动模式，使相关个人、组织（家庭、企业、产业等）、区域间乃至全球范围内形成资源、能源、信息共享和互换副产品的共生协作群落，使进行某一人类活动所需的物质和能量最优化（投入最小、产出最优、成本最小、对自然环境的影响最小），产生的剩余物质和剩余能量能够通过高效率的循环信息网络尽可能成为进行另一人类活动所需的物质和能量，达到人类活动之间资源的最优化配置和利用，使各个层面的物质和能量在循环网络中得到梯次利用或永续利用，从而实现以资源循环利用、能量梯级利用、信息高效利用的生态协调型活动模式。[②]

---

① 陈关升：《生态经济》，http：//www.cusdn.org.cn/news _ detail.php? id = 228177。

② 同上。

生态经济理论的建立要求人们改变传统的以经济发展为主导、无视生态环境支撑作用的旧观念，以生态与经济协调发展的新观念取而代之。生态经济学的主要原则有：人类与自然环境和谐共处原则，经济主导与生态基础对立统一原则，经济有效性与生态安全性兼容原则，经济效益、社会效益、生态效益统一原则。生态经济学的理论体系适应了当今世界为解决资源合理开发、生态环境有效保护、经济合理发展和人与自然和谐相处的重大问题，其根本目的旨在探索人类实现资源、生态、环境、人口、经济、社会相互协调的有效途径，为解决世界性资源环境与发展问题提供可行的方法和理论依据。生态经济学理论包括生态经济协调发展理论、生态经济有机整体理论、生态经济系统全面理论、生态经济生产理论、生态经济价值理论和生态经济循环理论。①

五　资源与环境经济学理论

资源经济学是一门具有较强应用性的经济学科，它以西方的微观经济理论和产权制度理论为基础，采用微观经济学的分析方法，并结合传统的资源科学中有关资源分析方法，对资源的价值、资源的分配、资源的可持续利用和有效管理等问题进行研究。与生态经济学和环境经济学相比，资源经济学的研究范围相对较小，即其研究对象是在一定的经济社会发展水平和技术条件下，能够为人们所利用并能增加人们福利的各种自然资源，其研究重点在于揭示在资源利用过程中所产生的各种资源经济问题和经济关系。②

环境经济学是以环境与经济之间的相互关系为特定研究对象的经济学分支学科。与资源经济学相比，环境经济学研究的范围较为广阔，即其研究对象是在一定的经济社会发展水平和技术条件下，对人类经济活动有影响的各种自然要素，包括大气、土地、水、植物、动物及其所组成的环境系统。环境经济学与资源经济学、生态经济学之间存在着十分密切的联系，它们都是在现代经济迅速发展、人口不断增加、资源急剧

---

① 陈关升：《生态经济》，http：//www.cusdn.org.cn/news_detail.php? id = 228177。

② 汪安佑、雷涯邻、沙景华：《资源环境经济学》，地质出版社，2005。

耗损、生态环境严重恶化的条件下产生的，是三门具有姐妹关系、但又不能互相替代的新兴学科。生态经济学侧重从生态系统科学的视角出发，将生态学的基本原理应用于经济系统，以解决经济系统中的能量职能单向流动和物质无法循环的问题，从而实现生态效益和经济效益的有机统一；而环境经济学侧重从环境保护的角度出发，运用微观经济学的基本原理和方法，解决经济社会发展对环境系统的污染和破坏问题，使经济发展能够被有效控制在环境承载力范围内，进而实现经济和环境的可持续发展。[①]

资源经济学从20世纪90年代产生以来，经过不断发展，已经形成了其特有的原理和研究方法，主要包括：资源最优耗竭理论与霍特林定律、资源稀缺性及其度量原理和指标、资源价值的评估与核算的原理和方法、资源代内和代际分配原理和方法、资源产权制度理论、资源效率至上的观点等。资源经济学的主要研究内容包括：资源的经济界定和资源问题产生的根源、资源稀缺性及其测度、资源市场的完善和资源贸易、资源定价机制及其有效评估、资源的有效配置和资源区划、资源产权及其有效管理等。环境经济学则以西方经济学中的"稀缺理论"、"效用价值论"和"外部经济性理论"为基础，应用微观经济学的中心理论，通过市场机制和政府干预两大手段，揭示在环境问题上存在的配置和管理失灵，进而提出环境的承载能力也是一种稀缺资源，必须由免费物品转变为稀缺商品。环境经济学揭示了环境问题的制度根源和经济根源，并提出了解决的方法，即环境经济行为外部性的内部化问题。环境经济学的资本理论包括：环境经济行为的外部性理论、环境资源的公共利益与公共选择理论等。由于环境经济学是以环境污染和经济发展的相互关系为研究对象，因而决定了环境经济学的基本研究方法是费用－效益分析法。[②]

六　生态学理论

生态学是认识和揭示自然现象和规律的一门科学，主要研究生物与环

境、生物与生物之间的相互关系。"生态"一词来源于希腊文字，原意为住所或栖息地。"生态学"一词由德国生物学家海克尔在1866年提出。18世纪末马尔萨斯的《人口学原理》（1798）①、德国博物学家洪堡对南美植物的研究（1799～1804）以及达尔文《物种起源》（1859）的出版②，对生态学的形成和发展起到了里程碑式的作用，生态学开始越来越受到重视。20世纪中叶，生态学的理论体系基本形成，成为一门独立的学科。生态学的核心思想是研究生物与环境（包括生物环境和非生物环境）之间的相互关系。这种关系相互作用、相互依存、互为环境，最终使生态系统达到和谐的状态。经过100多年的发展，生态学形成了众多的理论和法则，由定性逐渐成为定量，由单一成为综合，由静态成为动态。这些理论法则多起源于生物体对自身的认识，进而拓展到生物群体与环境之间的关系探讨。③

通俗地讲，生态学就是研究生态系统的部分或整体的学科。生物体的集合与其物理和化学环境组成了生态系统，包括成千上万生活在各种不同环境中的生物种类。也可以说，生态系统是自然界的某一单元或某一部分。虽然生态学与生态文明关系密切，但二者并不等同：生态文明主要针对人类社会而言，是物质和精神的总和，属于文化伦理形态；生态学则是一门自然科学，它研究包括人在内的生物与自然的关系，是生态文明建设的理论基础和科学指导。从生态学观点来看，党的十八大所强调的"尊重自然、顺应自然、保护自然"的生态文明理念，可进一步理解为：尊重自然就是尊重生态学规律，顺应自然就是适应环境的变化，保护自然就是保护自然界的部分或整体。事实上，人类社会的进步正是认识、利用、改造和保护自然的结果，因此生态文明建设是人类社会永续发展的必然途径。

从生态学的角度来看，生态文明的内涵包括以下6个方面：①正确认识"人本位"和"自然本位"关系。生态文明的出发点是"人本位"，无论是保护自然还是利用自然，都是为人类社会服务。但并不意味着以人类

① 马尔萨斯：《人口论》，郭大力译，北京大学出版社，2008。

② 查里·达尔文：《物种起源》，钱逊译，重庆出版社，2009。

③ 方精云、朱江玲、吉成均、唐志尧、贺金生：《从生态学观点看生态文明建设》，《中国科学院院刊》2013年第3期，第182～187页。

意志来决定自然，而是遵循自然规律，在允许的范围和程度内，进行合理利用和修复，从而达到和谐发展的目的。自然本身也是发展的系统，不是一成不变的。生态文明并不是保守的静态保护，而是与自然和谐的共同发展。②强调生态文明的独立性。生态文明是现阶段生产力的必然选择，是现代工业、现代农业等的指导思想，要将生态文明放在突出地位，融入经济建设、政治建设、文化建设、社会建设的各方面和全过程，努力建设美丽中国，实现中华民族永续发展。③生态文明代表先进的生产方式和文明的生活方式。目前，人类社会存在许多错误的消费观念，造成了对自然资源的巨大浪费。生态学家李文华认为，生态文明要树立符合自然生态法则的文化价值需求，把对自然的爱护提升为一种不同于人类中心主义的宇宙情怀和内在的精神信念，同时要建立既满足自身需要又不损害自然的消费观。因此，要坚持节约资源和保护环境的基本国策，坚持节约优先、保护优先、自然恢复为主的方针，将生态文明建设渗透到经济文化建设的各个方面，使之融为一体。④生态文明不仅是保护，更是创造和推动。生态系统并不是静态的，而是动态发展的。生态系统具有自我修复功能，具有抵抗力和恢复力。因此，生态文明建设要从生态系统层面加以利用和保护，要遵循自然规律，扭转现有的不科学的生产方式、能源利用方式等，促进生态系统的健康发展，使其能够更好地为人类服务。⑤尊重自然，但并不消极地畏惧自然。我们要尊重自然、顺应自然和保护自然，并不是要消极地畏惧自然。生态学的发展，使人类对其结构、动态、机制都有了一定的认识。只要尊重自然规律，在可允许的范围和程度内操作，就可以既不损害自然，又能合理利用，促进自然和社会的协调。生态文明强调的是"和谐"而不是"妥协"，人类的能动性依然重要。生态文明并不是简单地返璞归真，而是依托于当代先进的生产力，实现与自然的高度和谐。⑥生态文明与生态学密不可分。生态文明的发展与建设离不开生态学及相关学科的支撑。科学的发展能够促进人类对生态系统更透彻的理解，提供更有效的维护和保育措施。而生态文明建设，也会为生态学及相关学科的发展提供机会和平台，有利于推动科学发展。①

----

① 方精云、朱江玲、吉成均、唐志尧、贺金生：《从生态学观点看生态文明建设》，《中国科学院院刊》2013 年第 3 期，第 182～187 页。

七 生态足迹理论

生态足迹分析法是由加拿大生态经济学家 William 及其博士生 Wack-ernagel 于 20 世纪 90 年代初提出的一种度量可持续发展程度的方法，是基于土地面积的、最具代表性的可持续发展的量化指标。[①] 生态足迹的内涵就是人类要维持生存必须消费各种产品、资源和服务，每一项消费最终都是由生产该项消费所需的原始物质与能量的一定面积的土地提供的。因此，人类系统的所有消费在理论上都可以折算成相应的生物生产性土地的面积。在一定技术条件下，维持每个人某一物质消费水平并持续生存必需的生态生产性土地的面积即为生态足迹，它可以衡量人类目前所拥有的生态容量，也可以衡量人类随着社会的发展对生态容量需求的变化。生态足迹可以测度人类对环境的影响规模，代表了人类对生存环境的需求。

当一个地区的生态承载力小于生态足迹时，出现生态赤字；生态承载力大于生态足迹时，则产生生态盈余。生态赤字表明该地区的人类负荷超过了其生态容量，要满足其人口在现有生活水平下的消费需求，该地区要么从地区之外进口欠缺的资源以平衡生态足迹，要么通过消耗自然资本来弥补收入供给流量的不足。相反，生态盈余表明该地区的生态容量足以支持其人类负荷，地区内自然资本的收入流大于人口消费的需求流，地区自然资本总量有可能得到增加，地区的生态容量有望扩大。在全球经济一体化的背景下，我国加入 WTO，要保证一个地区的可持续发展，实现现代化，首先必须明晰本地区在环境与资源的需求与供给方面的现实状况，制定积极的、现实可行的发展战略，发挥优势，克服不足，在实现社会经济快速、稳步发展的同时，实现人与自然的和谐。[②]

开展区域生态足迹研究具有重要意义，因为一个区域范围内的自然界的可利用性和功能性，特别是不可取代的生命支持服务功能是未来区域发展的主要限制因素。可持续发展定量测度的核心是人类是否生存于生态系统的承

---

① 史平平、尹君、张贵君、杨光：《基于生态足迹分析法的秦皇岛市发展可持续性评价》，《安徽农业科学》2007 年第 10 期，第 3031～3033 页。

② 张轶男、杨小强：《广东省肇庆市生态足迹》，《中山大学学报》（自然科学版）2006 年第 1 期，第 112～115、124 页。

载力范围之内。生态足迹方法通过将区域的资源和能源消费转化为提供这种物质流所必需的各种生物生产性土地面积（生态足迹需求），并同区域能提供的生物生产性土地面积（生态承载力或生态足迹供给）进行比较，定量判断一个区域的发展是否处于生态承载能力的范围内。可持续发展模式应占用较少的生态足迹，而有更多的经济产出。①

第二节　国外经典模式

一　欧美模式

（一）英国模式——低碳经济发展计划

英国是世界低碳经济的先行者和积极倡导者，它充分意识到能源安全和气候变化的威胁，也充分认识到发展"低碳经济"的重要性。2003 年的英国能源白皮书《我们能源的未来：创建低碳经济》② 首先将"低碳经济"见诸政府文件。2006 年，前世界银行首席经济学家尼古拉斯·斯特恩牵头的《斯特恩报告》③ 在英国发布，报告指出全球每年 1% 的 GDP 投入可以避免未来每年 5% ~ 20% 的 GDP 损失，呼吁全球向低碳经济转型。2009 年 4 月，英国正式将具有明确法律约束的碳预算公之于众，成为世界上第一个公布碳预算的国家。2009 年，英国能源与环境变化部发表题为《通向哥本哈根之路》④ 的报告，号召全世界行动起来，大力发展低碳经济。同年 7 月，英国政府正式公布《英国低碳转型计划》⑤，提出 2020 年

---

① 张轶男、杨小强：《广东省肇庆市生态足迹》，《中山大学学报》（自然科学版）2006 年第 1 期，第 112 ~ 115、124 页。

② 2003 年的英国能源白皮书《我们能源的未来：创建低碳经济》。

③ N. Stern, *The Economics of Climate Change：The Stern Reviews*, Cambridge, UK：Cambridge Univercity Press, 2006.

④ 英国能源与环境变化部：《通向哥本哈根之路》，http：//news. 163. com/special/00013UQ4/denmark. html。

⑤ 《英 国 低 碳 转 型 计 划》，http：//baike. baidu. com/view/8372164. htm？fr = aladdin#1。

英国碳排放量在 1990 年的基础上减少 34% 的目标。同时，英国政府公布了一系列关于商业和交通的配套改革方案，包括《英国可再生能源战略》《英国低碳工业战略》和《低碳交通战略》等，低碳经济进入实际操作层面。上述可知，英国已经从国家战略的高度推行"低碳经济"，并希望借此大力促进新能源产业的开发，占领技术制高点，使英国再一次引领世界经济发展潮流。① 英国低碳经济建设的主要做法有以下几个方面。

1. 强化低碳政策的引导作用

在英国低碳经济建设的过程中，政策起了很强的引导作用。英国编制了关于可持续发展规划、应对气候变化的规划政策，并经历了实施、公众参与、实施反馈等多个环节，系统而全面。2003 年 2 月 24 日，英国首相布莱尔发表了题为《英国政府未来的能源——创建一个低碳经济体》② 的白皮书，宣布到 2050 年英国能源发展的总体目标是致力于发展、应用和输出先进低碳技术，创造新的商机和就业机会；从根本上把英国变成一个低碳经济的国家；支持世界各国经济朝着有益环境、可持续的、可靠的和有竞争性的能源市场发展，使英国成为欧洲乃至世界低碳经济发展的先导。2009 年，英国相继推出多项重大的低碳经济发展政策：例如，2009 年 3 月 6 日，英国商业、企业和管制改革部提出的《低碳产业战略远景规划》指出，全球势必要转向低碳经济，低碳不仅能推动经济的新一轮增长，有助于走出目前的经济衰退，而且也是英国产业未来发展的关键所在。③ 2009 年 4 月，政府通过了"碳预算"方案，宣布将"碳预算"纳入政府预算框架，使之应用于经济社会各方面，并在与低碳经济相关的产业上追加了 104 亿英镑的投资，英国也因此成为世界上第一个公布"碳预算"的国家。④

---

① 徐政华：《英国低碳经济建设经验及借鉴》，《人民论坛》2011 年第 11 期，第 106 ~ 107 页。

② UK Energy White Paper: "Our Energy Future – Creating a Low Carbon Economy," http：//www. baidu. com/link? url = PQxJdPFm8gTLoX1ztOqOia _ y2xkWOZg55X9 UfQMMYsbb1zHItqd9z307fAV4RFqq4fixngWEa2m – iObL2Gjea.

③ 陈柳钦：《英国的低碳经济与可持续发展》，《改革与开放》2010 年第 5 期，第 20 ~ 28 页。

④ 陈柳钦：《低碳城市发展的国内外实践》，http：//www. chinacity. org. cn/cstj/zjwz/60592. html.

2. 提高现有和新建建筑的能源效益

2007 年，英国皇家污染控制委员会提出"低碳城市"建设目标，要求英国所有建筑物在 2016 年实现零排放。为降低新建筑物能耗，2007 年 4 月，英国政府颁布了"可持续住宅标准"，对住宅建设和设计提出了可持续的节能环保新规范。在具体操作层面，政府宣布对所有房屋节能程度进行"绿色评级"，从最优到最差设 A 级至 G 级 7 个级别，并颁发相应的节能等级证书。房屋节能程度被评为 F 级或 G 级的房主，可在政府设立的"绿色住家服务中心"寻求免费或有偿的帮助，采取措施改进能源效率。① 在伦敦，政府大力推行"绿色家居计划"，向伦敦市民提供家庭节能咨询服务；要求新发展计划优先采用可再生能源。② 修订的《伦敦规划》要求实现可持续发展型设计和建筑，以碳排放为基础的节能型能源分层，分散式能源的清洁生产及使用20% 当地可再生能源，同时还寻求垃圾回收、水资源管理的方法，以及应对气候变化所需采取的措施。③

3. 大力发展和推行使用低碳能源

2009 年 7 月 15 日，英国又公布了详尽的《英国低碳转型》国家战略方案。这份《英国低碳转型》方案涉及能源、工业、交通和住房等社会经济各个方面，同时出台的配套方案有《英国可再生能源战略》、《英国低碳工业战略》和《低碳交通战略》等。④ 2009 年 11 月，英国能源与气候变化部公布了能源规划草案，明确提出核能、可再生能源和洁净煤是英国未来能源的三个重要组成部分。2009 年 12 月 1 日，英国能源与气候变化部发布了题为《智能电网：机遇》的报告，宣布将大力推进智能电网建设。报告提出，2020 年前，将有 4700 万个家庭普通电表全面替换为智能电表。英国还成立了智能电网示范基金，在未来 5 年内为智能电网技术研发提供

① 陈柳钦：《英国的低碳经济与可持续发展》，《改革与开放》2010 年第 5 期，第 20 ~ 28 页。

② 陈柳钦：《低碳城市发展的国内外实践》，http：//www.chinacity.org.cn/cstj/zjwz/60592.html。

③ 陈柳钦：《英国的低碳经济与可持续发展》，《改革与开放》2010 年第 5 期，第 20 ~ 28 页。

④ 阳文锐：《国内外城市低碳发展规划的经验与启示》，《北京规划建设》2011 年第 3 期，第 79 ~ 82 页。

资金支持。在伦敦市内发展热电冷联供系统（combined cooling, heat and power），小型可再生能源装置（风能和太阳能）等，代替部分由国家电网供应的电力，从而减低因长距离输电导致的损耗。[①]

4. 政府以身作则

严格执行绿色政府采购政策，采用低碳技术和服务，改善市政府建筑物的能源效益，鼓励公务员节能。2008 年 11 月，英国政府正式通过《气候变化法案》，使英国成为世界上第一个为减少温室气体排放、适应气候变化而建立具有法律约束性长期框架的国家。按照该法律，英国政府必须致力于发展低碳经济，到 2050 年达到减排 80% 的目标，同时必须设立气候变化委员会，负责研究碳排放量的控制机制。[②] 在低碳城市建设走在前列的伦敦市，政府更早地将气候变化纳入伦敦低碳城市发展政策，并于 2004 年颁布了《伦敦能源策略》，它确认了发展清洁技术，实现可持续发展能源的框架，对伦敦经济发展做出了重大贡献。《伦敦能源策略》的制定让人们认识到为更好地理解气候变化而建立合作关系的必要性，以及在伦敦实施低碳方案时如何克服机制和市场屏障。《伦敦能源策略》促成了 2004 年《伦敦能源、氢与气候变化合作伙伴关系》的诞生，伦敦政府于 2006 年正式成立伦敦气候变化署，负责落实市长在气候变化方面的政策和战略。[③] 2007 年，伦敦颁布了《气候变化行动纲要》，设定了减碳目标和具体实施计划，主要集中在《伦敦规划》未覆盖的三个重要方面，包括现有房屋贮备、能源运输与废物处理和交通三部分。[④]

5. 重视低碳社区的规划和建设

始建于 2002 年的伯丁顿低碳社区，是世界自然基金会（WWF）和英国生态区域发展集团倡导建设的首个"零能耗"社区，成为引领英国城市

---

① 陈柳钦：《英国的低碳经济与可持续发展》，《改革与开放》2010 年第 5 期，第 20～28 页。

② 栾晶：《英国〈气候变化法案〉研究及其启示》，山东师范大学博士学位论文，2011。

③ 陈柳钦：《低碳城市发展的国内外实践》，http://www.chinacity.org.cn/cstj/zjwz/60592.html。

④ 同上。

可持续发展建设的典范，具有广泛的借鉴意义。伯丁顿社区零能源发展设想在于最大限度地利用自然能源、减少环境破坏与污染、实现零矿物能源使用，在能源需求与废物处理方面基本实现循环利用。为了促进低碳社区的发展，英国政府在 2008 年专门构建了低碳社区能源规划框架，主要由发展设想与战略、规划机制两部分组成。从社区能源的发展设想与战略来看，城市将被划分为 6 大区域：城市中心区、中心边缘区、内城区、工业区、郊区和乡村地区。针对每个区域，制定社区能源发展的中远期规划方案，并确定能源规划组合资源配置方式。建立规划机制的目的是实施低碳化能源战略，包括从区域、次区域、地区三个层面来界定社区能源规划的范围和定位，整合国家、城市、地区相关的能源发展战略，构建社区能源发展的框架。[①]

6. 强化对国民的宣传和教育

在英国，无论是政府还是社会团体及各社区都对节能减碳状况密切关注。每年政府都通过出版物及其他媒体，向公众免费发布节能减碳状况的信息。在介绍节能减碳状况的同时，还向公众说明形成低碳生活形态与经济社会可持续发展的关系。此外，还建立起众多的教育项目，对公众特别是中小学生进行节能减碳方面的教育，使他们能够对减碳有深入的了解。在政府及社会各民间团体的长期宣传教育下，全国上下已经形成了保护生态环境人人有责的意识，培养了全民参与低碳生活形态的良好风尚，节能减碳成为英国的一种生活主流价值。目前，英国已初步形成了以市场为基础，以政府为主导，以全体企业、公共部门和居民为主体的互动体系，从低碳技术研发推广、政策法规建设到国民认知姿态等诸多方面，都处在世界领先位置。[②]

7. 引导社会向低碳生活方式转变

建设低碳经济面临的一个主要障碍，就是个人不愿意改变浪费能源的生活方式和习惯。在积极倡导低碳行为方面，不但英国官方身体力行，一

---

① 王昊、刘洁净：《上海发展低碳城市的思考》，http://www.zdpri.cn/newsite/sanji.asp? id = 222440。

② 陈柳钦：《新世纪低碳经济发展的国际动向》，《郑州航空工业管理学院学报》2010 年第 3 期，第 1～12 页。

些非政府绿色组织（NGO）也发挥了重要作用。他们以多种方式提供和传播低碳经济的信息和知识，引导人们改变以往的生活方式。英国有不少的公益广告都是关于低碳经济的，如"充电器不用时拔下插头每年能节约 30 镑，换个节能灯每年能省 60 镑"等。英国政府在潜移默化中引导民众逐渐改变传统的生活方式，使低碳消费观念日益深入人心，成为一种社会习惯。① 同时英国也通过政策引导人们转变消费观念，伦敦政府引进了碳价格制度，根据二氧化碳的排放水平，向进入市中心的车辆征收费用，以减少私人汽车的运行量。与此同时，政府不断在市场上投放电动汽车，通过"电动车之都"行动计划，到 2010 年已在市场上投放 10 万辆电动汽车。②

（二）美国模式——绿色能源行动计划

美国既是世界上最大的能源生产国，又是最大的能源消费国和能源进口国。2009 年，美国能源消费量约为 27 亿吨石油当量，其中石油占 40%，煤炭占 21%，天然气占 21%，核电占 10%，水电和其他能源占 8%。1990～2010 年的 20 年间，美国石油消费量年均增长 1.35%，石油产量年均下降 3.05%。石油对外依存度由 1990 年的 46% 上升到 2009 年的 57%，其中约 50% 的石油进口自 OPEC 国家。近年由于油价高涨，煤炭、天然气、核能和可再生能源有所增加，但国内石油产量下降把上述增加部分抵消了。于是过去 20 年美国几乎依赖进口来解决能源短缺问题。目前，美国能源消费总量中的 24.5% 依赖进口，其中石油占 89%。

美国能源机构认为，今后 10 年内，全球能源需求估计会增长 50% 以上，其中工业化国家的需求将增长 23%，发展中国家因起点低，能源需求量将增长一倍以上，特别是中国的能源需求量增长将非常突出，必然影响全球能源市场，发达国家与发展中国家之间，以及美国与欧洲国家之间争夺能源资源的局面可能加剧。据研究，到 2020 年美国石油消费量还将增加

---

① 李芙蓉：《低碳消费引导的国际经验及我国政府的现实选择》，《经济论坛》2011 年第 10 期，第 95～98 页。

② 徐政华：《英国低碳经济建设经验及借鉴》，《人民论坛》2011 年第 11 期，第 106～107 页。

33%，天然气增加 50% 以上，电力需求增加 45%。如果美国的石油产量维持在 20 世纪 90 年代的水平，美国将面临更加严重的能源危机。如果不改变现有的能源政策，到 2020 年美国的石油产量将减少到 510 万桶/日，而石油需求量将增加到 2580 万桶/日，进口石油在石油消费总量中所占的比重将提高到 64% 以上。同时，天然气产量也将供不应求。

根据对世界和本国未来能源形势的分析，美国认为其在有效地利用能源、建设能源基础设施和增加能源供应与保护环境三方面面临着严峻的挑战。美国新能源政策报告强调美国的能源形势非常严峻，因此必须谋求美国能源的独立自主。[①] 美国认为信息革命之后的又一轮的技术储备主要有两个方向：一个是生物技术；一个是绿色能源技术。而绿色能源技术的突破必将是美国向发展中国家提款的一张"王牌"，也是美国引领世界发展的关键所在，因此美国提出了绿色能源发展计划，并从以下 6 个方面强化对规划的执行。[②]

1. 遴选推进新能源政策的有力领导者

为有效推行绿色能源发展计划，奥巴马政府任命在新能源发展方面具有丰富经验的人员担任要职，从而更好地制定和实施新能源政策。例如，奥巴马政府任命推崇可再生能源的朱棣文（Steven Chu）为能源部部长，任命提倡保护环境的杰克逊（Lisa P. Jackson）为环保署署长，并重新起用克林顿政府时期的环保官员掌管新政府中的重要机构，如原环保署署长卡洛尔·布朗内（Carol Browner）担任白宫能源和环境政策协调官等。由于这些重要领导者具有强烈的新能源发展愿望，他们在美国大力推行新能源政策，并在国内各州和地方政府的气候和能源政策、立法方面取得了不少进展。目前，美国有 40 个州建立了统一的温室气体报告制度，30 多个州设定了可再生能源目标，30 多个州已经或正在制订气

---

① 覃一宁：《美国发展新能源的政策思路、技术路径分析及对中国的借鉴启示》，http://wenku.baidu.com/link? url = ES9YTGHIMDhexKfKr3zqJDXAEVB8G3OxHe2d8KO1b2by5CoDeyWKCdQl_ URRqGA0Iw_ Xwoh1NtwIxH5CR4NMNF38CRLhQU - XNXh5jp4iqcO。

② 余海永：《试论低碳经济时代中国如何实现低碳经济》，《社科纵横》2010 年第 9 期，第 27~28 页。

候行动计划，23 个州已经实施了排放贸易，另有 7 个州正在考虑实施该机制。①

2. 减少对石油的依赖

目前，美国能源消费中石油占 40%，其储量、产量、消耗量分别占世界的 3%、10% 和 20.5%，每年进口石油需支付 3000 亿美元，占美贸易逆差的 40%。1973 年石油危机后，各届政府虽誓言降低对海外的依赖，但进口依存度却由 33% 增至 60%。② 因此，美国绿色能源发展计划要大力减少经济社会发展对石油的依赖，到 2030 年将石油消费降低一半，或者至少减少 35%，从而每年节省因进口石油而支付的数千亿美元；帮助汽车产业转型；给每位纳税人紧急退税 1000 美元，以补贴国民因油价上涨造成的损失。

3. 支持新能源发展

未来 10 年投资 1500 亿美元建立 "清洁能源研发基金"，用于太阳能、风能、生物燃料和其他清洁可替代能源项目的研发和推广，为使用此类能源的企业提供 250 亿到 450 亿美元的税收优惠，有助于增加 500 万就业岗位；未来 3 年内增加可再生能源产量 1 倍，2012 年占发电比例由目前的 8% 提高到 10%，2025 年增至 25%。③

4. 发展能效技术

一是提高燃料使用效率。未来 18 年，燃料利用效率至少要提高 1 倍。二是提高汽车能效。动用 40 亿美元政府资金，支持汽车制造商重组和改造，引进新材料、新引擎、新技术，生产更节能更高效的混合动力车，到 2015 年节能车销量达到 100 万辆。三是提高建筑物能效。未来 3 年内将对大部分联邦政府建筑进行改造，10 年内将现有建筑物能效提高 25%，2030 年提高 50%。面对世界能源危机和气候变化，推动 "新能源计划" 将成为

---

① 赵行姝：《美国为何倡导绿色能源政策》，《中国社会科学院报》2009 年 5 月 19 日 (5)。

② 金名：《奥巴马启动美国新能源战略》，《生态经济》2009 年第 9 期，第 12 ~ 15 页。

③ 覃一宁：《美国发展新能源的政策思路、技术路径分析及对中国的借鉴启示》，http：//wenku. baidu. com/link？ url = ES9YTGHIMDhexKfKr3zqJDXAEVB8G3 OxHe2 d8KO1b2by5CoDeyWKCdQl_ URRqGA0Iw_ Xwoh1NtwIxH5CR4NMNF38 CRLhQU - XNXh5jp4iqcO。

美国政府摆脱经济衰退，抢占新能源技术和政策制高点，巩固美国霸主地位的重要途径。[1]

5. 构建全世界最大的统一智能电网体系

以智能电网和超导电网为基础，跨越美国四大密集区，接入包括风能、潮汐能、地热能、太阳能在内的各种各样的新能源，并通过双向调控用户端的需求，达到信息共享、智能调度的目的。目前，美国科罗拉多州的波尔得（Boulder）已经成为全美第一个智能电网试点城市，美国多个州已经开始设计智能电网系统，GE、IBM、西门子、谷歌、英特尔等信息产业龙头都已经投入到智能电网业务中，其中谷歌已宣布开始与太平洋煤气和电力公司（Pacific Gas & Electric）的测试合作。[2]

6. 通过新能源产业发展解决失业问题

新能源发展战略是解决美国金融危机以来产业空心化的重要举措，通过新能源产业的发展，可以解决金融危机后的失业问题。此次美国绿色能源计划提出要以创新来建设新能源制造产业集群，为美国经济重塑新的增长点，为未来发展奠定基石。美国总统首席经济顾问萨默斯也提出美国经济增长模式的四个转向当中，首要一点就是要变依赖消费为依赖出口，而主要的出口来源在于高科技产品的制造，金融危机让人们认清了经济过度脱离制造业实体的危险。奥巴马执政后，美国政府正在汲取金融危机的种种教训，并竭力推动美国经济向实体产业回归，即强调"实业是立国之本，创新乃强国之路"。

通过对美国绿色能源行动计划的分析可知，美国实施这一战略的根本目的就是在能源危机和气候变化的关键时刻，发展新能源来为化"危"为"机"，振兴美国经济的主要政策手段。绿色能源行动计划实施后，美国在新能源方面的投入将超过过去所有时期的投入，其能源政策的短期目标是

---

① 姚瀚：《低碳美元：资本市场与拉动美国经济的第二驾马车》，http：//www.360doc.com/content/11/1209/09/6692566_ 170841746. shtml。

② 覃一宁：《美国发展新能源的政策思路、技术路径分析及对中国的借鉴启示》，http：//wenku. baidu. com/link? url = ES9YTGHIMDhexKfKr3zqJDXAEVB8G3 OxHe2 d8KO1b2by5CoDeyWKCdQl_ URRqGA0Iw_ Xwoh1NtwIxH5CR4NMNF38 CRLhQU - XNXh5jp4iqcO。

利用新能源政策打击政治、经济对手，建立新的经济增长点，并通过发展实业，扩大就业来解决国内的重重矛盾，拉动经济复苏；长期目标是摆脱美国对外国石油的依赖，在新能源领域占领制高点，继续使美国充当世界经济的"领头羊"。①

二 日韩模式

（一）日本模式——低碳社会行动

作为《京都议定书》的发起国和倡导国，日本提出打造低碳社会的构想并制定相应的行动计划。日本是一个能源资源极度短缺的国家，石油、煤炭、天然气等一次性能源几乎全部依靠进口，迫使日本极为重视新能源开发，寻求经济增长、环境保护和能源安全共同发展是日本经济发展的基本目标。日本提出低碳经济发展战略，就是一种绿色能源战略，与此同时，受地理环境等自然条件制约，全球气候变化对日本的影响远大于世界其他发达国家。面对气候变暖可能给本国农业、渔业、环境和国民健康带来的不良影响，日本政府积极应对气候变化，主导创建低碳社会。日本提出"低碳社会"理念，认为没有"低碳社会"就无法发展"低碳经济"。低碳社会遵循的原则是：减少碳排放，提倡节俭精神，通过更简单的生活方式达到高质量的生活，从高消费社会向高质量社会转变，与大自然和谐相处，保持和维护自然环境成为人类社会的本质追求。② 在创建低碳社会的过程中，日本政府主要的经验有以下 6 个方面。

1. 突出政府的主导地位

在低碳社会行动的推进过程中，日本政府主要在以下三个方面发挥了主导作用：第一，制定了低碳社会行动的规划与目标。日本政府对低碳社

---

① 覃一宁：《美国发展新能源的政策思路、技术路径分析及对中国的借鉴启示》，http://wenku.baidu.com/link? url = ES9YTGHIMDhexKfKr3zqJDXAEVB8G3 OxHe2 d8KO1b2by5CoDeyWKCdQl_ URRqGA0Iw_ Xwoh1NtwIxH5CR4NMNF38 CRLhQU - XNXh5jp4iqcO。

② 陈柳钦：《低碳城市发展的国内外实践》，http://www.chinacity.org.cn/cstj/zjwz/60592.html。

会行动的发展尤为重视，从福田首相的"福田蓝图"到麻生首相的"重启太阳能鼓励政策"，都由政府首相亲自领导和推动。[①] 2008 年 7 月 26 日通过的"实现低碳社会行动计划"，将日本低碳社会行动这一国家发展战略细化，并提出了具体的目标和措施。第二，政府对低碳社会行动进行有效的监督管理。日本建立了多层次的节能监督管理体系，第一层为以首相领导的国家节能领导小组，负责宏观节能政策的制定。第二层为以经济产业省及地方经济产业局为主干的节能领导机关，主要负责节能和新能源开发等工作，并起草和制定涉及节能的详细法规。第三层为节能专业机构，如日本节能中心和新能源产业技术开发机构等，负责组织、管理和推广实施。[②] 第三，制定了引导性的财税政策。为促进节能减排政策的落实，日本政府出台了特别折旧制度、补助金制度、特别会计制度等多项财税优惠措施加以引导，鼓励企业开发节能技术、使用节能设备。[③] 据报道，2009年 4 月起，日本已开始实施减免混合动力车等环保车辆的购置税和重量税的优惠政策。同时，政府还在研究推行一项环保车辆补助金制度，对混合动力车、电动汽车以及满足一定排放标准的汽油车和柴油车的消费者支付10 万日元（微型车）至 20 万日元（其他车型）的补贴。此外，如果用 13年以上的旧车更换环保车型，还将得到 10 万日元的额外补助。[④]

2. 大力推进低碳创新科技

为有效推进低碳社会行动，日本政府设计出一套低碳技术的路线图：首先，在强调政府在基础研究中的作用和责任的同时，鼓励私有资本对科技研发的投入，保证技术创新的资金投入。内阁综合科技会议制定每年的资源分配政策，环境省等政府机构依此进行资金分配。在这一框架内，今后 5 年将在低碳技术创新方面投入 300 亿美元，开发快中子增殖

---

① 石莹莹：《日本发展低碳产品出口的贸易经验与启示》，内蒙古财经大学本科毕业论文，2012。

② 董彦：《日本的"绿色增长"》，http：//theory. people. com. cn/GB/11521994. html。

③ 陈柳钦：《低碳经济演进：国际动向与中国行动》，《科学决策》2010 年第 4期，第 1～6 页。

④ 杨志、张洪国：《气候变化与低碳经济、绿色经济、循环经济之辨析》，《广东社会科学》2009 年第 6 期，第 34～42 页。

反应堆循环技术、生物质能应用技术、低化石燃料消耗直升机、高效能船只、气温变化监测与影响评估技术、智能运输系统等。其次，建立官、产、学密切合作的国家研发体系，以便充分发挥各部门科研机构的合力，集中管理，提高技术研发水平和效率。通过低碳创新技术的发展，日本目前的节能环保技术遥遥领先，已经成为全球最大的光伏设备出口国，仅夏普公司的光伏发电设备就占到世界的1/3。[1]

3. 积极推进节能减排和新能源开发

2006年5月，日本经济产业省编制了《新国家能源战略》[2]，提出从发展节能技术、降低石油依存度、实施能源消费多样化等6个方面推行新能源战略；发展太阳能、风能、燃料电池以及植物燃料等可再生能源，降低对石油的依赖；推进可再生能源发电等能源项目的国际合作。为了提高能源的利用率，日本制定了四大能源计划，其中之一就是节能领先计划，目标是到2030年，能耗效率通过技术创新和社会系统的改善，至少提高30%。为达到此目标，其具体措施是大力推进节能技术战略，制定不同部门的节能标准并实施评价管理体制。针对低碳社会建设，日本政府提出了非常详细的目标，即将温室气体减排中期目标定为2020年与2005年相比减少15%，长期目标定为2050年比现阶段减少60%~80%；2020年70%以上的新建住宅要安装太阳能电池板，太阳能发电量提高到目前水平的10倍，到2030年要提高到目前水平的40倍。[3]

4. 大力推行制度革新

为有效推进日本低碳社会行动，日本政府推行了一系列的制度革新政策：第一，试行碳排放权交易制度。该制度规定，国内企业可以按照自愿制定减排目标的原则，自行设定排放总量。如果企业减排至排放上限以下，可将剩余部分作为排放权出售，而对于没有达到减排目标的企业，可以从其他企业那里购买排放权进行弥补。当然，企业设定的减排

---

① 陈柳钦：《日本的低碳发展路径》，《环境经济》2010年第3期，第37~41页。

② 日本经济产业省：《新国家能源战略》，http://info.cec-ceda.org.cn/hqzx/pa-ges/20060602_2277_0_.html。

③ 陈柳钦：《日本是如何着力建设低碳社会的》，http://hk.crntt.com/crn-we-bapp/mag/docDetail.jsp? coluid=0&docid=101257147。

目标要向政府申请，由政府认证审查。随着更多企业的参与，该制度将最终实现总量控制的交易机制。第二，实行节能产品"领跑者"制度。该制度是将同类产品中耗能最低的产品作为领跑者，然后以此产品为规范树立参考标准，并要求所有同类产品在指定的时期内必须达到该水准。目前，日本已在汽车、空调、冰箱、热水器等21种产品上实行了节能产品领跑者制度。第三，推行节能标识制度。即按能耗级别在产品上加贴标识，以给消费者提供能源消耗信息。从节能标识标签上，消费者可以了解到能效等级、每年的能源消费量、节能标准达标率、能源运行费用、生产厂商、产品名称和型号等内容。第四，推广"碳足迹"制度。碳足迹制度是指计算和标注出一项服务或一个产品从生产、运输，到使用后丢弃整个生命周期的温室气体排放数值。为使消费者更加直观了解碳排放量，鼓励企业和消费者减少制造温室气体，日本经济产业省于2009年试行"碳足迹"制度，主要在食品、饮料和洗涤剂等商品上标识从原料调配、制造、流通（销售）、使用、废弃（回收）5个阶段排出的碳总量。①

5. 积极创建低碳行动示范试点

日本政府十分重视环保理念的宣传示范工作，在推行"碳足迹"、碳排放权交易等各项政策措施过程中，都进行了相应的示范试点建设，以求稳步推进。例如，为在全国宣传减排理念，改变城市与交通、能源、生活、商务模式等社会结构，日本政府在国内挑选了10座"环境示范城市"，在入选城市中通过推动节能住宅的普及、充分利用生物资源、完善轨道交通网络、建立便捷的公共交通体系，尽可能减少人流和物流产生的碳排放。为评价示范试点建设的效果，2008年7月，日本政府根据提案内容的先进性和地区性等标准对参选城市进行了评定。被选入的6个市町将在本年度内制定今后5年的减排行动计划，政府则将在财政方面给予支持。对于执行结果，国家将进行评估，效果突出的城市将作为范例在全国推介。②

---

① 陈志恒：《日本构建低碳社会行动》，《现代日本经济》2009年第6期，第1～5页。

② 同上。

6. 积极加强国际合作

国际合作对于解决国家和地区经济社会发展问题至关重要，因此日本政府在推行低碳社会行动计划过程中，与世界上的许多国家和组织展开了积极的合作，主要有：第一，充分利用国际能源署、亚太清洁发展与气候新伙伴计划等国际与区域组织平台，通过承办 G8 环境峰会、全球交通运输环境与能源部长级会议以及东京非洲发展国际会议等，开展双边与多边的磋商与合作，促进与相关国家的技术合作和经验分享。第二，推出"清洁亚洲""清凉地球伙伴计划"等环保合作倡议，把合作的地域范围从亚洲国家扩展到非洲国家。2008 年 5 月，在第四届东京非洲发展国际会议上，日本已与开发署达成了"构建在非洲应对气候变化伙伴关系联合框架"协议，承诺出资支持非洲国家政府应对气候变化。第三，加大环境保护资金国际援助力度。一方面，日本增加政府开发援助贷款中用于应对环境与气候变化贷款的比例，通过 ODA 的战略扩展，实现政府开发援助的转型。2008 年 12 月，日本政府宣布将为 21 个非洲国家提供总额为 9210 万美元的资金支持，用于帮助这些国家应对气候变化所带来的影响。另一方面，倡导建立多边基金促进节能减排。①

（二）韩国模式——绿色增长战略

韩国是经合组织国家中碳排放速度增长最快的国家，是世界第十大能源消耗国，97% 的能源依靠进口，石油、天然气和煤炭几乎全部依靠进口。尽管现在韩国并不在《京都议定书》规定的负有强制减排义务的国家之列，但伴随着国际社会对生态环境问题的重视以及韩国经济社会的发展，在不久的将来韩国也必将负有减排的义务。为此，李明博政府在纪念韩国光复 63 周年和韩国建国 60 周年的大会讲演中提出了"低碳绿色增长"的经济振兴战略，指明要依靠发展绿色环保技术和新再生能源，实现节能减排、增加就业、创造经济发展新动力三大目标。绿色增长计划被李明博称之为继韩国 20 世纪 70 年代后"汉江奇迹"之后又一次创造韩半岛奇迹的未来战略，并称其为"韩国未来发展的基轴"。2009 年 7 月，韩国

---

① 陈志恒：《日本构建低碳社会行动》，《现代日本经济》2009 年第 6 期，第 1～5 页。

政府公布了《绿色增长国家战略及五年计划》，明确指出只有不断实施大力发展绿色产业、积极应对气候变化、强化能源自立等战略，走绿色增长的发展道路，才能在国际竞争中最终胜出。[①] 为了进一步推动与落实绿色增长战略，韩国推出了诸多具体举措，包括以下六点。

1. 推行组织机构建设，强化领导和管理

为推进绿色增长计划，韩国政府专门成立了推进和落实绿色增长战略的组织机构，即直属于总统的"绿色增长委员会"，由其统率相关事项。绿色增长委员会牵头制订了《绿色增长国家战略及5年计划》，不定期召开"绿色增长委员会会议"，并在会上发布相关报告。2010年4月《低碳绿色增长基本法》生效后，韩国环境部新设了"温室气体综合信息中心"，由其负责推行在2012年前将能源消耗量平均每年减少1%～6%的有关计划。[②] 民间各界人士则成立了"绿色增长总协作团体"，下设5个分团体：产业协商体、金融协商体、科研协商体、消费者市民协商体和地方政府协商体。[③]

2. 制定绿色战略规划，确定战略的发展路径与重点领域

2009年，韩国政府公布了《新增长动力规划及发展战略》，将绿色技术产业列为重点发展的三大领域之一，并为17个新增长动力中与绿色技术相关的6个设计了具体的推进措施，这6个绿色技术产业包括新再生能源、低碳能源、LED应用、高质量水处理、绿色交通系统和高科技绿色城市。同年，韩国政府又公布了由政府以及三星、现代汽车等73家韩国大、中、小企业共同参与研发制定的《绿色能源技术开发战略路线图》，它是韩国在绿色能源方面制定的第一份具体的系统性实施计划，也是第一份绿色增长战略文件。该文件以需求者为中心，基于国内企业的投资方向，划分出15个未来需重点发展的"朝阳产业"，它们分别是太阳能、风力、氢燃料

---

① 吴可亮：《简析韩国"低碳绿色增长"经济振兴战略及其启示》，《经济视角（下）》2010年第12期，第97～99页。

② 庄贵阳、朱守先：《韩国的低碳绿色增长战略》，《中国党政干部论坛》2013年第2期，第92～93页。

③ 詹小洪：《韩国力拼"绿色增长"》，http：//news. sina. com. cn/w/2009 - 05 - 05/120317748604. shtml。

电池、IGCC（整体煤气化联合循环）、原子能、清洁燃料、CCS（二氧化碳的捕捉和储存）、电力 IT、能源储存、小型热电联供、热泵、超导、车载蓄电池、能源建筑、LED 照明。在这 15 个朝阳产业中，按每个朝阳技术的特点，又细分为适合于短期（到 2012 年）、长期（到 2030 年）发展的战略品种和核心技术，加以重点扶持。①

3. 鼓励和吸引民间资本参与，推动产业结构调整与企业转型

为了有效实施"绿色增长战略"，韩国政府鼓励中小企业与大企业建立绿色伙伴关系，推进大企业的绿色转型和规模化，以打造"绿色王国"。并计划到 2012 年前，政府将投入 1.8 万亿韩元，企业投入 4.2 万亿韩元，将年出口额 1 亿美元以上的绿色企业由目前的 4 个增加到 15 个，打造一批世界一流的、具有国际竞争力的绿色企业集团。② 同时，政府不断加强对现有主力产业的绿色技术改造，积极培育资源循环型新兴绿色产业，发展尖端技术交叉融合型产业，培育医疗、教育等高附加值服务产业，改变能源依赖型的产业结构。这些产业集中于知识、绿色和高附加价值领域，未来将取代半导体、造船和汽车等。③

4. 促进财税、金融等领域的支持与创新，加大对绿色产业的投入

韩国政府积极为绿色中小企业建立资金"输血"管道，如设立 1.1 万亿韩元的绿色中小企业专用基金，并以产业银行为主成立规模为 3000 亿韩元的研发及产业化专项支援基金；对绿色存款免征利息所得税，并发行 3 年期或 5 年期的绿色债券，对投资绿色产业比例超过 60% 的基金给予分红所得收入免税等税制优惠；对于节能领域企业，政府加大融资力度，2012 年计划融资规模为 1350 亿韩元，到 2013 年增加到 2000 亿韩元。④ 此外，韩国政府还力图通过金融市场创新促进绿色产业发展，并

---

① 汪逸丰、党情娜：《韩国绿色增长战略的解读与启示》，http：//www. istis. sh. cn/list/list. aspx？id = 6928。

② 新华网：《韩国欲借绿色增长战略再创"汉江奇迹"》，http：//news. xinhua-net. com/fortune/2009－08/17/content＿11895581＿1. htm。

③ 顾金俊：《韩国确立绿色发展战略目标》，《经济日报》2009 年 7 月 15 日。

④ 徐朋：《韩国欲借绿色增长战略再创"汉江奇迹"》，http：//news. xinhuanet. com/fortune/2009－08/17/content＿11895581＿1. htm。

将绿色金融划为高附加值服务业进行重点扶持，借以为绿色技术产业的发展提供服务保障，包括：设立碳排放权交易所；使绿色产业专用基金制度化；开发绿色产业股价指数和帮助绿色公募基金成长；开发绿色股份专用交易市场等。①

5. 实施标识警告制度，规制能耗产品的使用与排放

为促进节能减排，韩国政府推行了待机能耗警告标识制度，要求在电视机、电脑、显示器、打印机、多功能一体机、机顶盒、微波炉7类产品中，对待机能耗超准的型号加贴强制性"警告"标志。该制度的实施得到了显著的效果，使待机能耗低的产品大幅增长。韩国7类产品中的低待机能耗型号由2008年底的2418个达到了2009年7月31日的4580个，在短短的7个月里增长了89.4%。同时，韩国实施"燃料消耗率与二氧化碳排放量"注明制度，标识对象从交通用车，扩大到了新款冰箱、空调、洗衣机、照明产品等17类家用电器商品。②

6. 出台国家温室气体减排规划，明确绿色战略的目标与抓手

韩国知识经济部于2009年11月5日在第六次总统直属绿色增长委员会发布国家温室气体减排规划。规划实施的主要措施包括：第一，实施《能源使用量目标管理制》，要求高耗能企业和大型建筑物应通过与政府部门协商的方式制定能源使用量目标，并按目标履行情况，进行优惠或罚款。第二，扩大核电比重。韩国政府将修改《发电站周边地区支援法》，到2012年最终选定2~3个新核电站厂址，扩大核电在能源消费中的比例。第三，推广可再生能源。政府修改《可再生能源开发、利用、普及促进法》，将"可再生能源电力强制收购电价补助制"转为"可再生能源配额制"，并实施可再生燃料标准（RFS）制度。第四，建设智能电网。韩国将引进智能电网产品认证制度，并通过济州岛智能电网示范园区挖掘商务模式。③

---

① 汪逸丰、党倩娜：《韩国绿色增长战略的解读与启示》，http：//www. istis. sh. cn/list/list. aspx？id = 6928。

② 同上。

③ 同上。

三 新兴国家和发展中国家模式

(一) 印度模式——八大计划推进低碳发展

印度是世界上第二人口大国,随着制造业的大规模发展和人们生活需求的不断提高,以及城市化建设、基础设施的推进,印度未来的温室气体排放量必然大幅度增加。国际社会预测到 2050 年,印度将成为世界第四温室气体排放大国。在这种背景下,发达国家要求印度承担减排义务的压力日益增大。为此,印度政府于 2007 年 6 月 6 日成立了由总理任主席,由内阁部长、气候变化专家、工业界和民间学术团体人员为主要成员的"总理气候变化委员会",应对气候变化给印度带来的挑战。[①] 为更好地促进印度经济社会发展向低碳化方向转型,印度政府主张在发展优先的前提下,采取积极措施,努力降低温室气体排放。为有效推进这一发展转型,2007年,印度政府根据印度经济社会发展的实际情况,由"总理气候变化委员会"责成有关部门制订了应对气候变化的国家行动计划,该行动主要包括8 个方面。

1. 实施新能源发展战略,大力发展太阳能

2008 年 4 月,印度召开了第十一届新能源和可再生能源五年计划会议,确立了新能源的基本目标、新能源激励政策、新能源管理部门、新能源技术开发政策、新能源国际合作与国家安全等方面的内容。根据会议精神,印度政府已经将发展太阳能产业作为其应对气候变化政策的一个中心,同时公布了太阳能发展计划,预计太阳能发电量到 2030 年将达到1000 亿瓦,到 2050 年,发电量将达到 2000 亿瓦。为更好地推进新能源发展,印度计划由国家投资 150 亿美元,建立国家能源基金来资助新能源技术开发,包括太阳能技术、生物燃料技术、生物柴油、生物乙醇、生物质材种植技术、核能综合利用技术、混合燃料汽车技术、高能电池技术等。[②]

---

① 曹建如:《浅析印度气候变化国家行动计划》,《全球科技经济瞭望》2009 年第 3 期,第 5~10 页。

② 张庆阳:《印度努力创建低碳经济大国》,http://2011.cma.gov.cn/qhbh/newsbobao/201006/t20100607_ 70111.html。

2. 推动企业节能，实施提高能源使用效率计划

工业是印度最大的能源消耗部门。近年来，由于政策的引导以及企业积极参与节能技术改造，水泥、钢铁、造纸、化肥等能源密集型企业的能源效率得到很大改进，个别行业如水泥行业的能源效率接近世界先进水平。因此，印度希望通过提高工业的能源使用效率达到节能减排的目的，故而提出了提高能源使用效率行动计划。该计划指出通过三个途径实现工业节能：一是行业节能技术改造与升级；二是行业企业管理技术的提高；三是转变燃料使用类型，变煤炭为天然气，提高能源使用效率。节约能源是提高能源效率计划的重要内容，行动计划提出，要通过建立市场机制、制定优惠政策等措施，引导工业、制造业发展低碳经济。为有效实施该计划，政府制定了相关的控制政策。例如，从 2007 年开始，政府对电厂、铝、水泥、钢铁等高耗能产业单位实行强制能源审计政策，要求这些单位每年汇报能耗数据。同时，政府还推行了节能证政策，规定能源使用效率高于标准的企业将在能源审计后获得节能证，该证可以向任何行业部门出售，未达标企业须整改或购买节能证，否则将处以高额的罚金。①

3. 注重生活节能，推行可持续生活环境计划

该计划的主要目的是建设人类可持续住所，旨在通过提高建筑物能源利用效率、加强废物管理以及转变公共交通方式，建立可持续的生活环境，实现节能减排。计划包括四部分内容：民用和商业建筑节能、城市固体废物管理、优化城市管理、发展大规模公共交通运输。②

4. 注重水资源的利用，实施水资源计划

印度水资源十分短缺，其年人均水资源只有 $1000m^3$，是世界工业化国家的 $1/5 \sim 1/10$。受气候变化的影响，印度水资源短缺问题将更为严峻。为此，印度十分重视水资源利用问题，提出了水资源计划，其总目标是通过水资源综合管理，保护水资源，最大限度地减少浪费，确保水资源在各邦均衡分配。主要内容包括：实行差别水价和差别授权管理机制，优化水资源利用率，将

① 张庆阳：《印度努力创建低碳经济大国》，http：//2011.cma.gov.cn/qhbh/newsbobao/201006/t20100607_ 70111.html。

② 曹建如：《浅析印度气候变化国家行动计划》，《全球科技经济瞭望》2009 年第 3 期，第 5～10 页。

其提高 20%；提高城市用水循环利用的比例；在沿海缺水地区，推广低温海水淡化技术，保证淡水供应；修改现有的国家水资源政策，在水资源短缺情况下，保证流域内不同地区水资源的均衡分配；加强地上与地下水资源的储存，发展雨水截蓄技术和设备；在农业灌溉上，制订新的价格激励体系，提高现有灌溉系统的效率，大力发展喷灌、滴灌、沟灌等节水灌溉技术。

5. 重视生态环境建设，实施喜马拉雅山生态系统保护计划

喜马拉雅山生态系统的稳定性，对印度全国地理环境的影响尤为重要。研究表明，喜马拉雅冰川退化将会使恒河水量大大减少，影响恒河平原近 5 亿人的生活和农业灌溉用水。因此，印度政府十分重视喜马拉雅的生态环境保护，其提出的喜马拉雅生态保护计划就是要采取生态保护措施，维持喜马拉雅冰川和山地生态系统。该计划的主要内容包括：观察、检测喜马拉雅冰川是否退缩以及退缩程度，提出应对措施；与周边国家合作，建立喜马拉雅环境检测网络，对喜马拉雅淡水资源以及生态系统进行评估；以社区管理为基础，制订政策激励机制；为减少水土流失，防止土地退化，确保生态环境的稳定；行动计划提出，在喜马拉雅山区，森林覆盖率要达到 2/3。[①]

6. 大力推行植树造林，实施绿色印度计划

除了在经济上改变能源消费结构，从源头上减少 CO_2 排放量，印度非常重视森林在吸收 CO_2 方面的作用。因此，印度政府提出了绿色印度计划，其总体目标是：增强森林的生态服务功能，发挥森林的"碳汇"作用。计划内容包括两部分：第一，增加森林面积和林分密度。这一部分工作主要由印度环境与林业部负责实施，计划总投资 600 亿卢比，其目的是将印度的森林覆盖率提高 10 个百分点，即由目前的 23% 提高到 33%。第二，提高森林系统的生物多样性。该部分内容包括对濒危动植物遗传资源实行原位和非原位保护；在国家、县和当地农村三个层面，开展生物多样性注册，建立遗传多样性和传统知识档案；在野生动植物保护区严格执行《野生动植物保护法》；严格执行《国家生物多样性保护法》。[②]

---

① 曹建如：《浅析印度气候变化国家行动计划》，《全球科技经济瞭望》2009 年第 3 期，第 5~10 页。

② 同上。

7. 重视农业发展，大力实施可持续农业战略

印度是世界上第二人口大国，农业对于印度的发展尤为重要。随着全球气候变化，以及印度本身经济社会的发展，农业发展面临着水土资源减少、环境污染问题不断突出、生态承载力下降等一系列问题。为此，印度政府十分关注农业的发展，并出台一系列支持农业发展的政策，加快实施农业可持续发展计划。该计划的主要内容包括：加快推进旱地农业的研究和发展，推进农业灾害管理系统建设，加强信息技术、生物技术和其他新技术在农业生产中的应用等。与此同时，印度政府还出台各种政策，鼓励开发新的农产品，进行新的农作物播种方式的改革。①

8. 密切关注气候变化，实施气候变化战略研究计划

IPCC 第四份报告认为，气候变化将对全球造成巨大危害印度首当其冲。其主要原因在于，与世界上其他地区相比，印度所处的热带和亚热带地区更为脆弱，气候变化可能改变印度自然资源的布局和质量，对印度人民的生活产生严重的负面影响。因此，政府对于气候变化的研究高度重视，推出了气候变化战略研究计划，其目的在于建立一个开放的平台，开展气候变化挑战以及应对措施战略研究。为有效推动这一计划开展，印度政府专门开辟了有关气候变化的高质量的专题研究，并进行重点资助。与此同时，印度政府还支持成立了专门的气候变化部门和相关的专业部门，负责对气候变化的研究结果进行传播。②

（二）巴西模式——生物质能源发展战略

巴西是世界上最早推行生物燃料政策的国家之一，早在 70 多年前就已在全国范围内推广乙醇作为燃料。巴西"国家乙醇燃料计划（PROAL - COOL）"的推行，有着特定的历史背景。该"计划"始于 20 世纪 70 年代初。缘起于当时的石油危机，政府意图减少对进口石油的依赖，并着手解

---

① 曹建如：《浅析印度气候变化国家行动计划》，《全球科技经济瞭望》2009 年第 3 期，第 5 ~ 10 页。

② 张庆阳：《印度努力创建低碳经济大国》，http：//2011. cma. gov. cn/qhbh/newsbobao/201006/t20100607_ 70111. html。

决国际市场上食用糖价波动的问题。在过去的 30 年里，该计划使巴西成为世界上第二大乙醇生产国和最大的乙醇出口国，每年节省了大量外汇，取得了巨大的社会经济效益。[①] 30 年来，巴西政府为推进乙醇的发展所采取的国内措施可以归结为以下几点。

1. 鼓励发展生物燃料产业，不断提高资源利用效率

政府和私营业主共同投资扩大甘蔗种植面积，甘蔗年产量在 4 亿吨左右，为生产乙醇燃料提供充足的原料保障。在大力发展甘蔗种植的同时，巴西重视培育和推广甘蔗优良品种，甘蔗平均单产为 78 吨/公顷 ~ 85 吨/公顷，高于国际平均水平 15% ~ 20%，甘蔗含糖率为 14% ~ 15.5%，高于国际水平 1.5% ~ 3%。此外，巴西鼓励企业大批兴建乙醇燃料生产厂，目前全国已有乙醇燃料加工厂企业 500 多家，生产工艺和加工装置的技术水平位于世界前列，年产乙醇可达 180 亿升。巴西最大 5 家蔗糖与酒精企业产值占行业总产值的 17.4%。巴西在乙醇生产过程中注重降低能耗，蔗能利用率高达 71%。乙醇生产企业多采用蔗糖 – 乙醇 – 热电联产方式，蔗汁生产蔗糖，蔗渣和蔗叶均被综合利用转化为机械能、热能和电能。[②]

2. 制定有关的法律法规，推广燃料乙醇的使用

巴西政府强制推行在汽油中添加乙醇的法律，1975 年，巴西颁布法令并授权巴西石油公司在汽油中按一定比例添加乙醇，1991 年再次颁布法令，规定在全国加油站的汽油中添加 20% ~ 30% 的乙醇，并下令在人口超过 1500 人的城镇加油站都必须安装乙醇加油泵。巴西联邦法律明确规定，联邦一级的单位购、换轻型公用车时，必须使用包括乙醇燃料在内的可再生燃料车。"国家生物柴油生产与应用计划"规定必须在矿物柴油中掺入 2% 的生物柴油，2013 年以后，该比例要强制提高到 5%。[③]

3. 制定生物燃料标准、建立认证体系

巴西建立了严格的生物燃料标准以确保燃料乙醇和生物柴油在市场上

---

① 夏芸、徐萍、江洪波、陈大明、张洁、于建荣：《巴西生物燃料政策及对我国的启示》，《生命科学》2007 年第 5 期，第 482 ~ 485 页。

② 同上。

③ 《巴西：酒精能源首屈一指》，经济日报，http://www.biodiscover.com/news/research/18165.html。

的规范化使用。同时参考发达国家和国际组织对生物燃料可持续性的认识建立认证制度，保证生物燃料以可持续的方式生产并且满足减排温室气体的需要，为乙醇进入国际市场、向工业化国家出售奠定了基础。[1]

4. 运用价格手段，强化财税和金融政策支持

从 1982 年开始，巴西对乙醇燃料汽车减征 5% 的工业产品税，使用乙醇燃料的残疾人交通工具和出租车免征工业产品税，部分州政府对乙醇燃料汽车减征 1% 的增值税，在乙醇燃料汽车销售不旺时曾全部免征增值税，用来冲减灵活燃料汽车需要添加用于识别乙醇和汽油配比装置而增加的成本。为加快推动"国家生物柴油生产与应用计划"的实施，巴西社会发展银行向生产厂家提供项目资金 90% 的融资计划。2005 年，通过加强"家庭农业计划"对种植生物柴油原料的农户提供 1 亿雷亚尔（约 3400 万美元）的融资贷款。巴西还通过补贴、设置配额、统购生物燃料等手段干预乙醇燃料价格。例如，巴西政府实施对种植甘蔗和生产乙醇的个人和单位提供低息贷款，并由国有石油公司收购燃料乙醇，以调动农民和乙醇生产商的积极性，同时对生物燃料实行低税率政策（如圣保罗州的乙醇税率为 12%，而汽油税为 25%）。[2]

5. 支持应用技术研发，不断提高技术水平

从 20 世纪 70 年代起，巴西政府就开始组织科研机构、高等院校和企业开展生物燃料汽车的研发工作。例如，南共市最大的柴油发动机出口生产厂 International Engines South America 与巴西许多科研机构和高校建立了合作关系，积极配合这些研究机构在其生产线上进行使用生物柴油的实验和科研。许多大学也正在对汽车使用以豆油为基础的生物柴油进行实验，其中巴拉那大学正在使用由大众、奥迪提供的排量 1.9 升的 Golf 型柴油车进行实验。自 1979 年首辆乙醇燃料汽车研制并试验成功，经过近 30 年的不断改进和完善，2003 年 3 月，德国大众汽车开始销售灵活燃料汽车，目前几乎所有的汽车巨头都在巴西兴建了灵活燃料汽车生产线。经过 30 多年的发展，巴西乙醇燃料汽车的整体技术已相当成熟，汽车在动力、加速性

---

[1]　胡少雄：《巴西制定生物燃料标准，为寻能源市场加强国际合作》，http://cn. chinagate. cn/news/2014 - 08/12/content_ 33216082. htm。

[2]　王晶晶：《再生能源战略的成功典范：巴西乙醇发展战略》，http://www. ah. xinhuanet. com/swcl2006/2007 - 12/26/content_ 12052746. htm。

能、续驶里程等方面基本达到同类汽油车水平。①

6. 大力开展招商引资，解决国内资金短缺难题

巴西是发展中国家，在发展生物能源过程中面临资金短缺问题。因此，巴西政府采取各种有效政策，向发达国家和地区招商引资。由于生物能源具有良好的经济社会效益，再加上巴西的各种优惠政策，不少国外企业也看好巴西的乙醇市场潜力，通过收购股份、合作经营、新设厂房等方式不断增加对巴西的投资。目前，世界主要的发达国家和地区都对巴西的生物燃料项目进行了大规模投资。著名的投资企业有：法国的食糖及乙醇生产企业 TEREOS 集团和 LOUIS DREYFUS 公司、美国最大的农产品流通企业 CARGILL 公司和 ADECO 公司、欧洲投资者基金成立的 INFINITY BIO - ENERGY 公司、日本的三井、三菱、丸红等综合商社以及新加坡的NOBLE 集团等。据估计，巴西引进的外商投资从 2000～2006 年的 22 亿美元，增长到了 2007～2010 年的 90 亿美元。外国企业生产的乙醇比重也由2007 年的 6% 增至 2010 年的 10%。②

7. 不断加大国际贸易，促进生物能源出口

随着巴西生物能源市场的日益饱和，扩大出口成为巴西进一步发展乙醇计划的重要一环。然而，许多国家对乙醇的需求不大，美国也为保护本国的乙醇产业而对巴西的生物能源征收高额关税。为主导乙醇国际市场、扩大巴西在能源领域的影响力，巴西积极采取措施，以促进生物能源出口。首先，巴西与美国合作设立了美洲乙醇委员会，通过美洲开发银行等美洲机构鼓励在中美及加勒比海地区使用乙醇；2007 年，与中国、印度、南非、美国、欧盟等共同设立了国际乙醇论坛，就乙醇国际市场的形成达成合作协议。其次，通过双边合作，强化乙醇的研究开发。2006 年和 2007年，巴西分别与日本国际合作银行和美国缔结了乙醇同盟，探索乙醇的技术开发及扩散的多层面的合作方案。③

---

① 夏芸、徐萍、江洪波、陈大明、张洁、于建荣：《巴西生物燃料政策及对我国的启示》，《生命科学》2007 年第 5 期，第 482～485 页。

② 韩春花、李明权：《巴西发展生物质能源的历程、政策措施及展望》，《世界农业》2010 年第 6 期，第 39～42 页。

③ 同上。

巴西的生物质能源发展虽然已处于世界领先水平，但在今后发展的过程中，仍面临以下三个方面的问题。

第一，生物能源、粮食安全与生态环境保护问题。一方面，由于土地资源有限，为发展生物质能源，巴西已将很大一部分耕地用于生产甘蔗，因而产生了生物质能源与粮食生产争地的现象。另一方面，为增大土地供给，扩大生物质能源原料的种植面积，近年来不少人认为巴西大力扩张生物质能已使亚马孙热带雨林大幅减少。因此，巴西生物质能发展危及国家的粮食安全和生态环境。

第二，研发费用和基础设施不足问题。巴西的甘蔗年研究费用是0.25亿美元，而美国用于玉米的研究费用高达3.5亿万美元，两者相差甚远。落后的基础设施主要体现在运输上。目前，巴西主要用卡车运送生物质燃料，但由于道路状况的问题，运输成本较高。加上港口也较缺乏，进口商从下订单到收货，最少需要3个月。

第三，生物质能源原料稳定供应问题。巴西乙醇主要来源于甘蔗，而甘蔗生产很大程度上受到天气等客观因素和农户的种植意愿等主观因素的影响。例如，2010年，巴西中南部地区全球最大的甘蔗产区因大雨同比减产8.3%，因此，巴西宣布2010年2月1日至4月30日期间将乙醇汽油燃料中的乙醇添加比例标准从25%降低到20%。另外，随着国际蔗糖价格的大幅度上涨，也促使农户和加工商将更多的甘蔗加工成食糖，因而导致生物能源发展原料供应紧缺。[①]

四　国外经验启示

（一）强化公共产品的管理与政策制定是根本出发点

实践表明，任何经济社会发展，都必须有强有力的组织和领导。例如，韩国在推进绿色增长计划时，政府专门成立了推进和落实绿色增长战略的组织机构，即直属于总统的"绿色增长委员会"，由其统率相关事项。[②] 印度

---

① 韩春花、李明权：《巴西发展生物质能源的历程、政策措施及展望》，《世界农业》2010年第6期，第39~42页。

② 詹小洪：《韩国力拼"绿色增长"》，http：//news. sina. com. cn/w/2009 - 05 - 05/120317748604. shtml。

政府于 2007 年 6 月 6 日成立了由总理任主席，由内阁部长、气候变化专家、工业界和民间学术团体人员为主要成员的"总理气候变化委员会"，以应对气候变化给印度带来的挑战。① 奥巴马政府则将朱棣文（Steven Chu）、杰克逊（Lisa P. Jackson）、卡洛尔·布朗内（Carol Browner）等重要人员安排在能源部、环保部及其他重要机构，以更好地推行绿色能源发展计划。② 与此同时，在推行各种发展计划过程中，必须有强有力的促进政策，才能更好地实现经济社会与生态环境的协调发展。例如，韩国政府为推行绿色行政，积极为绿色中小企业建立资金"输血"管道，对投资绿色产业比例超过 60% 的基金给予分红所得收入免税等税制优惠。③ 日本政府为推进低碳社会行动，出台了特别折旧制度、补助金制度、特别会计制度等多项财税优惠措施加以引导，鼓励企业开发节能技术、使用节能设备。④ 巴西政府则强制性的制定了相应的法律法规，规定在汽油中必须添加乙醇，以促进巴西新能源的更好发展。⑤ 因此，发展中国家和地区在推进生态文明建设过程中，必须始终站在国家和世界的战略层面，从全国乃至世界的角度进行统筹规划，加强对全社会的组织领导，并针对发展过程中可能存在的各种问题，制定好发展方向和各种优惠政策。

（二）发展高新技术，推进资源集约、节约利用和环境保护是重要抓手

资源与环境经济学理论告诉我们，所谓资源就是在一定的经济和生产技术条件下，能够被人们所利用，并提高人类福祉的各种自然要素的总

---

① 曹建如：《浅析印度气候变化国家行动计划》，《全球科技经济瞭望》2009 年第 3 期，第 5~10 页。

② 赵行姝：《美国为何倡导绿色能源政策》，《中国社会科学院报》2009 年 5 月 19 日。

③ 徐朋：《韩国欲借绿色增长战略再创"汉江奇迹"》，http://news.xinhuanet.com/fortune/2009-08/17/content_11895581_1.htm。

④ 陈柳钦：《低碳经济演进：国际动向与中国行动》，《科学决策》2010 年第 4 期，第 1~6 页。

⑤ 《巴西：酒精能源首屈一指》，《经济日报》，http://www.biodiscover.com/news/research/18165.html。

称。因此，在技术不断进步的条件下，原来不可用的自然要素将逐渐为人们所利用。与此同时，人们还可以利用技术不断创造和发明各种替代资源，所以资源的范围始终在不断扩大。[①] 环境污染则是因为人们受各种经济和技术水平的限制，无法对人类经济活动所产生的各种污染物进行有效处理，进而使环境质量不断下降。因此，随着技术水平的提高，只要人们能够经济、有效地处理各种污染物，环境质量必然会逐步改善。[②] 在实践的过程中，邓小平同志较早地注意到科学技术对于协调人与自然的作用，并从理论层面提出了"科学技术是第一生产力"的著名论断。因此，要有效协调经济发展与资源短缺、环境污染问题，最重要就是大力发展高新科学技术。因为只有技术的发展，才能有效提高资源的集约、节约利用水平，并不断发现或创造各种新的替代资源；才能提高对污染物的处理和对环境的维护水平，从而经济、有效地解决环境污染问题。而从实践层面看，为有效解决经济发展和资源、环境的矛盾，当前世界各主要国家无一不把发展高新科学技术放在首要位置。例如，英国、美国、日本、韩国、印度等国家都在大力发展各种新能源技术，努力开发利用太阳能、风能等各种新能源，巴西也大力发展生物能源技术，推行生物质能源发展计划。[③] 英国和美国在推行新能源行动计划时，就提出从提高燃料使用效率、提高汽车能效和提高建筑物能效三个方面出发，大力发展能效技术；日本提出大力推进低碳科技创新[④]；巴西则大力支持技术研发，不断引进先进技术[⑤]。因此，在推进生态文明过程中，必须始终以发展各种高新技术为抓手，不断提高资源集约和节约利用以及生态环境保护水平，才能有效协调经济、资源和环境之间的关系。

---

① 《资源和资源循环》，http：//www. bdllog. com/html/0743924742. html。

② 《环境污染物与环境效应》，http：//hky. njnu. edu. cn/newszw/2011 - 5/195716_585506. html。

③ 夏芸、徐萍、江洪波、陈大明、张洁、于建荣：《巴西生物燃料政策及对我国的启示》，《生命科学》2007 年第 5 期，第 482 ~ 485 页。

④ 陈志恒：《日本构建低碳社会行动》，《现代日本经济》2009 年第 6 期，第 1 ~ 5 页。

⑤ 夏芸、徐萍、江洪波、陈大明、张洁、于建荣：《巴西生物燃料政策及对我国的启示》，《生命科学》2007 年第 5 期，第 482 ~ 485 页。

(三) 有序推进经济结构转型是关键所在

产业演进的原理告诉我们，一个国家和地区的经济社会发展，其国民经济的主导产业部门都经历了由第一产业向第二产业转移，再由第二产业向第三产业转移的发展过程。[①] 经济成长阶段理论也告诉我们，在一个国家和地区经济发展的起飞阶段和向成熟推进阶段中，工业是国民经济发展的主导部门，而迈入追求消费和生活质量阶段时，服务业才会成为国民经济增长的主导部门。然而，发达国家发展的实践又表明，在国民经济以各种重化工业为主导的发展过程中，工业的发展对资源的消耗和环境的破坏是较为强烈的，世界上大多数发达国家在这一发展阶段，都遭受过较为严重的环境污染问题。从理论上看，当前发展中国家和地区在推进生态文明建设过程中，发展各种重化工业是其经济社会发展不可逾越的阶段。然而，如何解决工业发展阶段的资源和环境问题，是摆在发展中国家和地区的一个重大问题。纵观当今世界主要国家发展的实际情况可以看出，无论是发达国家还是发展中国家，工业都是其民经济的重要组成部分，在推进工业持续发展的过程中，各国始终都在不断加快技术进步，推进产业结构优化升级，以达到发展经济、节约资源和保护环境的发展目标。例如，美国正大力推行技术创新，支持汽车制造商重组和改造，引进新型材料、新引擎、新技术，生产更节能、更高效的混合动力车，推进汽车产业转型和升级。[②] 韩国政府则不断加强对现有主力产业的绿色技术改造，积极培育资源循环型新兴绿色产业，发展尖端技术交叉融合型产业，以在未来取代半导体、造船和汽车等工业。[③] 因此，发展中国家和地区在推进生态文明建设过程中，必须根据其发展的实际情况强化工业的主导地位，必须积极发展第三产业，加快推进产业结构的优化升级。与此同时，在以工业为主导部门的发展过程中，必须加强技术创新以及与发达国家和地区的技术交流和合作，将先进的技术应用于工业生产和环境保护领域当中，以

[①] 奚洁人：《科学发展观百科辞典》，上海辞书出版社，2007。

[②] 姚瀚：《低碳美元：资本市场与拉动美国经济的第二驾马车》，http://www.360doc.com/content/11/1209/09/6692566_170841746.shtml。

[③] 顾金俊：《韩国确立绿色发展战略目标》，《经济日报》2009 年 7 月 15 日。

有效协调经济发展、资源利用和环境保护之间的关系，这是生态文明建设的关键所在。

（四）培养全社会生态文明理念是根本途径

实践表明，推进生态文明建设不只取决于技术的开发和应用，管理模式、社会选择、生产方式以及生活和消费方式的转变同样可以对温室气体排放产生重大的影响。从当前世界各国发展的态势可以看出，发展低碳经济、建设低碳城市、实施新能源开发战略、推行绿色新政等政策是实现经济和环境协调发展的根本途径。然而，不论实施何种政策，最终都要落实到每一个管理者、生产者和消费者身上。只有全社会积极参与，才能有效贯彻各种政策，从而最大限度地发挥政策的有效性，使人们由工业文明不断迈向生态文明。无论是发展低碳经济抑或是其他发展战略，都涉及全社会每一个人的方方面面，因此，建设低碳经济面临的一个主要障碍，就是社会不愿意改变原有的管理理念、生产理念以及各种生活和消费理念。为此，必须采取各种有效措施，例如通过政府和非政府组织的组织与动员，大力培育全社会的生态文明理念；通过各种报纸、杂志、网络等多渠道、全方位的宣传，不断引导人们改变以往的生产和生活方式。① 因此，在推进生态文明建设过程中，必须始终把树立人们的生态文明理念作为重点工作内容，只有这样才能使政府管理者在决策过程中，充分考虑经济发展和生态环境保护的重要性，进而进行有效协调；才能使企业的生产者在生产过程中，尽可能采取各种新技术、新方法，推行各种新的管理方式和理念，实现集约和节约生产；才能使消费者在衣、食、住、行等各个方面，推进生活和消费模式的低碳化。

（五）提高民生质量是生态文明建设的最终目的

马克思关于人的全面发展理论指出，社会生产和社会关系的发展，归根到底是为了全面地拓展、张扬、提升人的一切能力，如人的体力、智力、自然力、道德力、现实能力和内在潜力等，也就是说发展的最终目标就是促进

---

① 陈柳钦：《新世纪低碳经济发展的国际动向》，《郑州航空工业管理学院学报》2010 年第 3 期，第 1～12 页。

人的全面发展。[①] 然而，要实现人的全面发展既要有一定的经济实力为人们提供良好的物质条件，又要有良好的社会制度为人们实现公平、公正竞争提供保障；前者是人们得以生存和发展的基础，因为只有拥有坚实的物质基础做支撑，才能使人们全身心地投入各种经济社会生产活动和创造当中；后者则是创建和谐社会的必要条件，因为只有公平、公正的社会竞争环境，才能激发人们的主人翁意识，激发人们的积极性和创造性，为创建和谐社会提供保障。当前，国外的发展实践也证明，提高民生质量始终是各国发展的最终目标。例如，美国的新能源发展战略，其最终目标就是要全力解决美国的失业问题，提高国民的经济收入[②]；英国、日本等国家的低碳社会建设出台的各种政策和措施，其根本目的就是通过低碳经济的发展，增强本国的经济实力，为人们创建更好的生存环境和更为公平、公正的社会制度。因此，发展中国家和地区在建设生态文明过程中，必须始终把提高民生质量放在优先发展的战略地位，把发展 GDP 作为推进生态文明建设的重点内容。

第三节　国内实践经验

一　福建省实践经验

福建省为贯彻落实中央提出的新要求，加快推进生态文明建设。福建具有加快推进生态文明建设的扎实基础。

（一）福建省的生态环境概况

福建"八山一水一分田"，山清水秀，生物多样性丰富。"双世遗"武夷山具有世界同纬度带最典型、面积最大、保存最完整的亚热带原生性森林系统，以"世界生物之窗"闻名于世。武夷山国家级自然保护区是经国务院批准成立

---

① 景中强：《论马克思"人的全面而自由的发展"理论及其实现途径》，《兰州学刊》2006 年第 10 期，第 1～5 页。

② 覃一宁：《美国发展新能源的政策思路、技术路径分析及对中国的借鉴启示》，http://wenku.baidu.com/link? url = ES9YTGHIMDhexKfKr3zqJDXAEVB8G3 Ox-He2d8KO1b2by5CoDeyWKCdQl_ URRqGA0Iw_ Xwoh1NtwIxH5CR4NMNF38 CRLhQU－XNXh5jp4iqcO。

的我国第一个国家级自然保护区。30 多年来，保护区走出了一条"用 10% 面积的特色产业换取了 90% 面积的生物多样性保护"的可持续发展道路，成为妥善处理保护与发展关系的典范。目前，福建已划定省级以上重点生态公益林 4290 万亩，占全省森林面积的 31.3%；建立自然保护区 85 处，其中国家级 11 处、省级 21 处，保护小区 3300 多处，保护面积占陆域面积 6.8%。[1]

2010 年，福建省化学需氧量、二氧化硫排放总量分别比 2005 年减排 5.44% 和 11.2%，超额实现"十一五"减排 4.8% 和 8% 的目标。《2011 年福建省环境状况公报》[2] 显示，在经济社会持续较快发展的形势下，2011 年福建水、大气和生态环境质量优良，全省生态环境质量继续保持优良水平，森林面积 766.67 万公顷，森林覆盖率达 63.1%，继续位居中国首位。2011 年，福建省 12 条主要水系达到和优于 Ⅲ 类水质的比例为 95.6%，比 2005 年提高 6.3 个百分点，比全国 7 大水系水质达标率高 36 个百分点；23 个城市空气质量均达到或优于二级标准，达标城市比例比全国平均水平高 26.5 个百分点。[3]

2002 年，福建成为全国第四个生态建设试点省份，从此拉开了福建生态省建设的大幕，使福建经济社会进入了绿色发展的时代。10 年来，福建省深入贯彻科学发展观，在推进经济发展方式转变上取得了积极成效，在生态文明建设方面的成效更为明显，已奠定了较扎实的生态建设和环境保护优势。一是福建是全国较早开展生态省建设的省份，具有进一步提升生态文明建设的扎实工作基础；二是近年来福建高度重视环境保护工作，既为加强生态文明建设提供新的发展起点，也构建了福建较强的生态环境竞争优势。同时，海西经济区作为国家战略的重要组成部分森林覆盖率全国第一，"绿色优势"丰厚；海岸线全国第二，"蓝色机遇"诱人。[4]，发展前景广阔。

---

① 苑铁军：《生态文明建设路上福建继续领跑——福建林业生态建设之生态安全篇》，《中国绿色时报》2012 年 11 月 26 日。

② 《福建发布 2010 年环境状况公报》，http：//www.chinadaily.com.cn/dfpd/fj/bwzg/2011 – 06/07/content_ 12649314.htm。

③ 潘园园：《我省发布 2011 年环境状况公报，水、大气和生态环境均为优良》，《福建日报》2012 年 6 月 5 日。

④ 《福建省推进生态文明建设的思路》，http：//www.chinadaily.com.cn/hqgj/jryw/2013 – 01 –08/content_ 7978596.html。

（二）福建省生态环境保护的主要措施

2012 年，福建省财政将进一步通过创新投入方式，加大投入力度，重点支持做好 8 个方面的工作，全面推进生态省建设。[①]

1. 加强水土流失治理

在全面推广长汀经验的基础上，大幅度提高水土流失的治理投入，2012 年省级财政用于水土流失治理专项补助资金将增加到 3.3 亿元，通过带动和整合相关部门资金，全年累计投入约 12 亿元，重点用于加快对水土流失严重地区的治理步伐、加强对开发建设项目水土保护、推进对主要江河水源地和生态脆弱区综合治理与生态修复，以及自然保护区和重要湿地等生态功能区建设。[②]

2. 完善流域生态补偿机制

继续加大省级财政对上游欠发达市、县转移支付及补助的力度，积极引导下游受益地区向上游保护地区提供经济补偿。在认真总结和继续做好闽江、九龙江、晋江等重点流域生态补偿机制的基础上，推动建立汀江流域水环境生态补偿机制，将补偿资金集中用于流域生态恢复、小流域环境治理、饮用水源保护、生活污水处理、畜禽养殖污染治理、农业面源污染和土壤污染防治等。[③]

3. 加大实施"四绿"工程力度

实施生态公益林管护和补偿机制，继续对 4280 万亩重点公益林给予每亩 12 元补偿，其中省级以上自然保护区给予每亩 15 元补偿。加快建立市、县两级森林生态效益补偿基金制度，积极推动建立"受益者合理负担"补偿途径。进一步落实造林绿化扶持政策，对符合条件的人工造林、良种基地建设、森林抚育等给予补贴。[④]

4. 推进农村环境整治

利用好福建省被列为全国 8 个中央农村环境连片整治示范省份之一的

---

① 王永珍、赖文忠：《创新投入方式，建设优美福建——今年我省财政将从八方面重点支持生态建设》，《福建日报》2012 年 3 月 13 日。

② 同上。

③ 同上。

④ 同上。

优势，进一步整合饮用水源保护、家园清洁行动、农村沼气、农村饮水安全、库区移民搬迁等专项资金，并通过"中央引导、省级补助、市县配套、镇村自筹"的模式，多渠道筹措资金，加快实施农村集中式饮用水源保护、农村生活垃圾清理、畜禽粪便综合利用和处理等。采取"以奖代补"扶持政策，推进农村家园清洁行动。①

5. 推进污水处理设施配套管网建设

继续捆绑整合中央和省级城镇污水处理设施配套管网建设资金，建立"以奖代补"机制，将资金分配与项目实施目标、效果挂钩，带动地方投入。建立"因素分配"机制，以新增管网长度、实际污水处理量和 COD 消减量为资金分配主要因素，促进污水处理设施配套管网建设。②

6. 支持减排和环境风险防范能力建设

省级财政除继续安排监测监察标准化建设专项资金外，从今年起设立省级减排"三大体系"能力建设专项资金，用于减排统计、监测、考核能力建设。积极落实《福建省场外核应急准备专项收入管理办法》，组织征收场外核应急专项收入，并多渠道筹措资金支持核应急指挥中心、省级辐射环境监测和实验室分析系统以及环境监管指挥决策系统等建设。③

7. 促进企业节能降耗

统筹中央和省级财政节能资金，支持十大重点节能工程、节能监督能力建设、循环经济等。实施合同能源管理财政奖励政策，引导服务机构采取合同能源管理方式开展节能项目建设。在争取中央财政淘汰落后产能奖励资金的同时，省级财政加大淘汰落后产能资金投入和实施差别电价征收政策，加快建立落后产能退出机制。④

8. 推进资源合理开发和节约利用

采用以奖代补、财政补助等措施促进土地矿产资源合理开发和节约利

---

① 王永珍、赖文忠：《创新投入方式，建设优美福建——今年我省财政将从八方面重点支持生态建设》，《福建日报》2012 年 3 月 13 日。

② 同上。

③ 同上。

④ 同上。

用。完善耕地保护责任与资金安排挂钩的土地开发整理新机制，探索建立补充耕地激励机制。继续推进资源节约优先战略，实施低丘缓坡地"以奖代补"财政扶持政策，促进土地节约集约利用；加大政策支持力度，支持一批优势矿山企业采用先进技术，提高开采回采率、选矿回收率、促进低品位矿、尾矿综合利用。加大地质灾害防治支持，全面实行矿山生态环境恢复治理保证金制度，保护矿山生态环境。①

（三）福建省生态文明建设的实施方向

在思路上，福建省加强生态文明建设，认真贯彻落实科学发展观，按照建设资源节约型和环境友好型社会的要求，坚持以人为本和城乡统筹，充分发挥福建生态环境优势，加快生态省建设步伐，全面推进节能减排，实施绿色发展、循环发展和低碳发展，强化环境综合整治，加强生态建设和保护，促进自然资源合理开发利用与保护，进一步改善生态环境质量，实现经济、社会、生态效益的统一。②

1. 大力推进节能减排，加快发展环保产业

推进节能减排和环保产业发展是加强生态文明建设的关键环节。要严格执行环境准入制度，严格落实目标责任制，严格控制主要污染物排放总量，严格管理节能减排重点项目，严禁高耗能、高耗水、高排放和产能过剩行业发展，加大淘汰高耗能、高耗水、高排放和落后产能的力度。要完善节能减排的指标、监测和考核体系，强化固定资产投资项目节能评估审查和环境影响评价，严把源头增长关，对新上项目严把产业政策关、资源消耗关、环境保护关。要健全节能环保奖惩机制，完善差别电价、替代发电、以奖代补、区域限批等相关政策，坚决淘汰落后产能和工艺。要加快重点节能工程和污染减排项目建设，逐步提高清洁能源和可再生能源的比重。要加快节能减排新技术、新产品、新装备推广应用，做到污染物达标

---

① 王永珍、赖文忠：《创新投入方式，建设优美福建——今年我省财政将从八方面重点支持生态建设》，《福建日报》2012 年 3 月 13 日。

② 福建省政府发展研究中心：《学习贯彻胡锦涛总书记重要讲话精神　加快推进福建发展海西建设步伐——加强生态文明建设　推进经济发展方式转变》，《福建日报》2010 年 3 月 16 日。

排放。要认真贯彻落实促进循环经济发展的相关法规，大力推进循环型产业和环保产业发展，发展壮大环保产业，构建高效、持续、良性循环发展的循环型经济体系。[①]

2. 发展低碳经济，着手开展碳汇建设

构建低碳经济体系，加强生态文明建设是促进经济发展方式转变的重要战略选择。要明确将构建低碳或近乎"无碳"经济体系作为科学发展、跨越发展的重要内容。要实施应对气候变化国家方案和福建省行动计划，统筹经济发展和气候保护，积极发展绿色经济，培育以低碳为特征的新经济增长点，建设以低碳排放为特征的工业、建筑和交通体系，发展低碳农业和碳汇林业，建立"资源节约型、环境友好型"产业技术体系，推进产业技术、方式向生态化、低碳化转变。要紧抓技术创新，深入推进碳减排工作。要切实转变能源资源开发利用方式，优化能源结构，大力发展可再生能源和核能。要积极同大陆地区有关部门接触，申请报批成为"低碳经济发展区"，进行试验试点，寻求低碳经济发展之路。福建具有开展碳汇建设的良好自然生态条件，要加紧碳汇建设研究，全面启动森林碳汇、湿地碳汇、土壤碳汇和水生生物碳汇测度和建设工作，进一步增强碳汇能力，为碳汇交易奠定扎实基础。[②]

3. 加快环境综合整治，开拓环保新领域

保持优良的环境质量是加强生态文明建设的基本要求。要坚持"谁污染、谁治理"，加强污染治理、监测和监管，从源头上控制环境污染。要努力加强区域污染防控，加快整治重点流域、主要海湾和近岸海域。要切实推进农村生活污染治理、畜禽及水产养殖污染治理，抓好农村环境污染连片整治。要强化台湾海峡海域水环境整治，实施陆源排海溯源追究，严格规范入河、入海排污口监管，治理海漂垃圾污染。要进一步加大力度整治城市内河、噪音和机动车污染，持续提高城市环境质量。要加快治理重点矿业开采区、重点水土流失区等生态脆弱区，推动区域生态整治与修复。要强化企业主体责任，研究实施企业环境污染责任险、绿色信贷等政

---

① 《福建省推进生态文明建设的思路》，人民网，http：//news.163.com/13/0108/20/8KNMN0AN00014JB6.html。

② 同上。

策措施，推进治理项目建设。要加强区域环境安全危机防范，提高对环境安全突发事件的处置和应对能力。①

4. 强化生态建设和保护，合理开发利用自然资源

加强生态建设和保护，维护生态平衡，保障生态安全是推进生态文明建设的重要基础。要强化生态功能区划的实施和管理，促进地区经济与环境协调发展。要积极推进重点生态功能保护区建设，加强生态保护和修复，确保生态功能基本稳定。要持续推进林业发展，提高林地保护和管理能力，提高森林资源质量，强化森林资源的生态功能。要加强水资源管理，完善取水许可和水资源有偿使用制度，健全流域管理和区域管理相结合的管理体制，强化江、河、湖、库等饮用水源地保护。要完善流域生态补偿具体实施办法，推进生态环境跨流域、跨行政区域的协同保护。要加强湿地和自然保护区管理，强化生物多样性保护工程建设，实施对重要生态功能区的抢救性保护、重点资源开发区生态环境强制性保护、生态环境良好区和农村生态环境积极性保护、风景名胜资源和历史文化街区严格保护，促进环境质量继续保持在全国前列，使海峡西岸青山常在、绿水长流。要以提高资源保障能力为目标，实行资源的有限开发、有序开发、有偿利用，构建供需平衡、结构优化、集约高效的资源保护与合理利用新格局。②

5. 大力发展生态文化，提高生态文明建设意识

大力发展生态文化，使生态文明意识在全社会牢固树立，是加强生态文明建设的重要保障。要在生态文明建设中坚持面向广大基层的宣传形式，组织开展以提高人的素质和全社会文明程度为主要内容的宣传活动，强化全社会生态文明意识。要加强生态文明建设的基础教育，弘扬生态文化。要加强"消费要对环境负责"的思想教育，倡导节俭文明的生活方式，减少消费过程产生的废物和污染物。要推进生态文明建设中生态环境的信息公开化，调动全社会的力量开展环境保护活动。要建立社会公众参与生态文明建设的有效机制，扩大和保护社会公众享有的生态环境权益，

---

① 《福建省推进生态文明建设的思路》，人民网，http://news.163.com/13/0108/20/8KMMN0AN00014JB6.html.

② 同上。

使公众成为福建生态文明建设的重要力量。要引导和规范民间环保组织的发展，使其成为推动环境保护和生态文明建设的重要力量。[①]

6. 构建评价指标体系，实现生态文明建设的制度化

要把资源消耗、环境损害、生态效益纳入经济社会发展评价体系，建立体现生态文明要求的目标体系、考核办法、奖惩机制。加强环境监管，健全生态环境保护责任追究制度和环境损害赔偿制度。要加强对领导干部生态文明建设的考核，让其树立起正确的政绩观。要努力提高企业法人的生态环境保护意识，逐步提高企业法人保护生态环境的责任感和使命感，开创环境友好型企业工作的新局面。[②]

二　广东省实践经验

（一）广东省生态文明建设历程

改革开放以来，广东省生态环境建设不断取得进展。一是造林绿化事业蓬勃发展，为生态环境建设奠定了基础。1985 年，省委、省政府提出"五年种上树，十年绿化广东"的目标，并于 1993 年提前两年基本实现绿化目标。20 世纪 90 年代以来，为巩固和发展绿化成果，林业建设实施森林分类经营。1998 年，省委、省政府做出了《关于组织林业第二次创业，优化生态环境，加快林业产业化进程的决定》，全省各地在加快林业产业体系建设的同时，狠抓林业生态体系建设，以水源涵养林、水土保持林、沿海防护林、农田防护林、自然保护区、森林公园、城市环境风景林为主体的生态公益林骨干工程取得了很大的进展，形成了江西省林业生态工程建设的基本框架。截至 1999 年，全省林地面积 924.4 万公顷，森林覆盖率为 56.8%，划定生态公益林 340.13 万公顷。二是水土流失治理取得一定成效。1986 年以来，通过实施韩江上游、北江上游、东江中上游、江河整治四个有关水土保持的议案，将流失区划分为 533 个小流域进行治理和开发，采用生物、工程与农艺措施相结合的综合治理方式，全省水土保持工

---

① 《福建省推进生态文明建设的思路》，人民网，http://news.163.com/13/0108/20/8KNMN0AN00014JB6.html。

② 同上。

作取得明显进展，初步治理水土流失面积累计7150平方公里，年均拦截泥沙13373立方米，减少流入河流水库泥沙334万吨，治理区河床有所下降。三是农业生态环境建设成效显著。通过建立东莞、潮安、湛江等国家级和省级生态农业示范区，以及不同类型的区域性生态农业示范点，推广了多种生态农业和旱作节水农业发展模式，促进了农业资源的优化利用，取得了较好的社会经济和生态效益。四是海洋生态环境建设取得较好的成绩。省委、省政府重视海洋的综合管理，完善了海洋与渔业管理机构，制定并实施《广东省海域使用管理规定》等法规，加大依法治海力度，加强海洋资源保护，建立海洋类型保护区11个，面积达13.52万公顷，并从1999年起实行南海伏季休渔制度；国家有关部门在江西省开展沿海及海区资源调查，为进一步合理开发海洋资源、保护海洋生态环境提供科学依据。[1]

（二）广东省存在的生态环境问题

广东省与江西省、福建省相比，其生态环境基础并没有优势，反而属于生态环境破坏严重的省份，并且存在恶化的趋势，与生态文明建设产生了矛盾。[2]

1. 部分地区水质性缺水与水源性缺水问题并存

水质性缺水已成为广东省部分地区水资源供需的主要矛盾，并呈逐步蔓延的趋势。在珠江三角洲地区，随着经济发展和人口的迅速增长，工业废水和城市生活污水排放量剧增，水体污染加重。加之河川径流调节功能不强，导致枯水季节部分河段流量大大减少，河水自净能力减弱，饮用水源受污染，部分水厂无法正常供水，从而发生严重的水质性缺水。据环保部门公布的1999年环境状况公报，全省59个江段中，水质属Ⅰ、Ⅱ、Ⅲ类的占49.2%，属Ⅳ、Ⅴ类的占44%，还有6.8%的江段水质劣于Ⅴ类。另外，由于省内水资源时空分布不均和受地形、植被、河流等自然地理条件的限制，粤北石灰岩地区和雷州半岛地表水源严重不足，水源性缺水严重。[3]

---

① 广东省人民政府办公厅：《广东省生态环境建设规划》，http://www.gd.gov.cn/govpub/fzgh/zdzx/0200606140093.htm。

② 同上。

③ 同上。

2. 森林生态系统效能低

广东省森林生态系统依然脆弱，林分质量较差，林种、树种结构不合理，易遭受森林火灾和病虫害威胁，保持水土、涵养水源、防风固沙、净化空气、保护生物多样性等生态效能低。①

3. 农业生态环境日益恶化

以城市为中心的环境污染急剧向农村蔓延，大量工业废水和生活污水排入江河，农业灌溉用水遭受严重污染。农业生产中的农药残留、化肥流失造成的面源污染、畜禽养殖废弃物造成的有机污染及农用地膜造成的白色污染日趋突出，农田污染日趋严重，农业生态系统遭到严重破坏。②

4. 水土流失未从根本上得到有效控制

由于广东省山地、丘陵多，大部分山地土层浅薄，易受侵蚀，加上降雨多，强度大，容易引发水土流失。同时，水土流失的预防监督制度不健全，执法力度不够，人为水土流失处于失控、半失控状态。每年治理的水土流失面积约被新增水土流失面积抵消一半。根据遥感调查统计，1999 年底，江西省共有水土流失面积 14217.47 平方公里，占全省陆地面积的比例高达 8%。③

5. 乱采乱挖情况严重

近年来，广东省各地出现了大量的采石场、取土场，这些采石场、取土场大部分开设在交通便利的林地上，由于缺乏统一的布局和必要的约束机制及监管手段，无序开采、随意毁林的现象比较普遍，泥石层大面积裸露，植被遭受破坏，水土流失严重。④

6. 近海生态环境不断恶化

沿岸海域尤其是河口区污染日益严重，污染范围不断扩大，红树林、珊瑚礁及河口湿地生态系统遭受严重破坏，局部海域功能加速退化，沿岸海域和河口区的海洋生物数量锐减，赤潮频发，近海海洋渔业资源严重衰退。⑤

---

① 广东省人民政府办公厅：《广东省生态环境建设规划》，http：//www.gd.gov.cn/govpub/fzgh/zdzx/0200606140093.htm。

② 同上。

③ 同上。

④ 同上。

⑤ 同上。

7. 生物多样性受到严重破坏

由于野生动植物赖以生存、繁衍的栖息地生态环境受到破坏，加之乱捕滥猎、乱采滥伐，目前广东省有 15% ~ 20% 的野生动植物的生存受到威胁，高于世界 10% ~ 15% 的水平。[①]

生态环境建设方面存在的一系列矛盾和问题，影响着广东省现代化建设进程和可持续发展。一是由于森林生态系统效能低，水土流失严重，海洋生态环境恶化，自然生态系统的抗灾能力降低，洪涝、干旱、赤潮等灾害频繁发生，对社会经济系统和人民生命财产造成严重损失。据统计，江西省较大的洪涝灾害每 10 年就出现一次，严重的洪涝灾害每 20 年出现一次，而且每年的成灾强度、影响范围、成灾比例及由此造成的经济损失呈上升趋势。1994 年，珠江流域暴发大洪水，受灾人口 192 万人，伤亡 5600 多人，直接经济损失 210 多亿元。二是加剧经济和社会的发展压力。广东省人多地少，土地后备资源缺乏，水土流失严重，生态系统脆弱，影响着广东省未来的可持续发展。三是延缓广东省贫困地区脱贫奔康的步伐。目前广东省农村贫困人口大部分居住在生态环境恶劣的地区，在贫困人口与生态环境之间正在形成一种"环境脆弱 – 贫困 – 掠夺资源 – 环境退化 – 进一步贫困"的恶性循环关系。[②]

针对自身的环境问题，广东省政府采取了有针对性的生态环境总布局，根据广东省的地形、气候、植被、土壤等自然特征，生态环境建设的薄弱环节及灾害类型，以及不同地区的经济特征，按不同的建设重点，将全省生态环境建设划分为珠江三角洲地区、粤东南沿海地区等 7 个类型区域，在地理空间上有针对性地实施生态整治措施。同时，生态环境建设坚持以重大项目为动力，综合治理生态环境问题。项目包括"四江"流域生态公益林建设工程、自然保护区建设工程、沿海防护林体系建设工程、平原绿化建设工程、"绿色通道"建设工程、红树林湿地生态系统保护和建设工程、水土流失治理工程、珠江出海口整治工程、水源建设工程、生态农业系统工程等。此外，广东省还建立了生态环境建设的组织协调机制、

---

① 广东省人民政府办公厅：《广东省生态环境建设规划》，http://www.gd.gov.cn/govpub/fzgh/zdzx/0200606140093.htm。

② 同上。

投入保障机制，通过加强法制建设，加大立法、普法、执法力度，加强生态环境建设的区域合作与国际交流，共同形成综合合力。①

（三）广东省生态文明建设基本措施

广东作为改革开放的排头兵，在经济发展领跑全国的同时，也深刻意识到生态文明建设的重要性和迫切性。省第十一次党代会报告首次提出了实施绿色发展战略、走生态立省道路，把绿色发展、生态立省作为加快转型升级的重要内容。党的十八大闭幕后，全省层面的生态文明计划亦随即出台：到 2017 年，消灭 500 万亩宜林荒山，改造 1000 万亩残次林及纯松林，基本建成万里生态景观林带，全省森林面积达到 1.62 亿亩、森林蓄积量达到 5.51 亿立方米、森林覆盖率达到 58.2%，林业总产值超过 5000 亿元，将珠三角打造为世界级森林生态城市群，将广东省打造成全国林业科技创新示范省和科学发展现代林业的先行示范区，重点推进生态景观林带、森林碳汇、森林进城围城三大重点生态工程建设，以期将广东打造成全国生态建设第一省、森林碳汇第一省和林业产业第一省。②

2009 年，广东省加大环境保护工作力度，推进生态文明建设，取得良好成效。一是开展全国生态文明建设试点工作，探索生态文明建设道路。二是推进生态示范创建工作，取得积极成效。三是加强对自然保护区建设工作的指导，规范自然保护区的建设管理。四是加强农村环境综合整治，推进农村生态环境建设。③

1. 开展全国生态文明建设试点工作

2009 年，深圳市、珠海市、韶关市、中山市成为全国生态文明建设试点。深圳市将生态文明建设作为推进新一轮改革开放的重要战略内容，在《深圳市关于〈珠江三角洲地区改革发展规划纲要（2008—2020 年）〉的

---

① 广东省人民政府办公厅：《广东省生态环境建设规划》，http：//www. gd. gov. cn/govpub/fzgh/zdzx/0200606140093. htm。

② 《把生态文明建设放在突出位置》，《南方日报》，http：//news. ifeng. com/gundong/detail_ 2012_ 12/19/20310195_ 0. shtml。

③ 《生态文明建设》，http：//www. gd. gov. cn/govinc/nj2010/01qsgk/0105. htm。

实施方案》、《深圳市综合配套改革总体方案》等纲领性文件中，均将推进生态文明建设作为重要组成部分。同时，深圳市完善党政领导环保实绩考核机制，首次将生态资源状况纳入环保实绩考核。2009年7月，深圳市人大常委会审议通过经修订的《深圳经济特区环境保护条例》，该条例更加明确了政府部门和企业的环境保护责任，并提高了环境违法行为的处罚力度。2009年9月，深圳市政府发布《关于加快深圳环保产业创新发展的若干意见》，明确鼓励环保产业创新发展的政策措施，探索生态文明建设指标体系，形成《深圳市生态文明指标体系》框架。深圳市继续开展生态示范创建，全市49个街道获得"深圳市生态街道"称号，305个社区获得"绿色社区"称号，2个园区获得"深圳市生态工业园区"称号；学校环境教育和社会环境教育的范围不断扩大，以"建生态城市、圆绿色梦想"为主题，包括"环保演出季"、"青少年环保节"、"2009深圳市民环保奖评选"等活动的世界环境日宣传活动反响热烈。珠海市以"建设生态文明新特区，争当科学发展示范市"为目标，贯彻生态优先的城市发展定位，发展绿色经济，落实园区整合，实现工业项目全部进园入区，促进经济发展和环境保护双赢。①

2. 生态示范创建工作

2009年，省环境保护厅不断推进生态示范创建活动，探索生态文明建设道路，组织开展各类生态示范创建工作。截至2009年底，全省已建成国家级生态示范区5个；建成环境优美乡镇84个，其中国家级环境优美乡镇25个，省级环境优美乡镇59个；建成生态村382个，其中国家级生态村2个，省级生态村380个；广东省生态示范村（镇、场、园）501个。全省已有深圳、珠海、中山、江门、潮州、湛江6个市开展国家级生态市创建活动；韶关市始兴县，深圳市盐田区、福田区、龙岗区等县（区）开展国家生态县（区）创建活动，其中，深圳市盐田区成为广东省首个通过环保部验收并命名的国家级生态区。中山市创建国家级生态市、深圳市福田区创建国家级生态区已通过环保部考核验收，中山市成为全国第一批通过国家考核验收的地级市；深圳市罗湖区、南山区建设国家级生态区通过省级考核；《湛江生态市建设规划》通过环保部组织的专家论证，市人大已批

---

① 《生态文明建设》，http://www.gd.gov.cn/govinc/nj2010/01qsgk/0105.htm。

准《湛江生态市建设规划》。省环保厅指导广州经济技术开发区等单位创建国家生态工业示范园区并得到环保部批准。[①]

推进环保示范创建。省环保厅加强对创建国家环境保护模范城市工作的协调与指导，将"创模"工作作为建设资源节约型、环境友好型社会的载体，对佛山、惠州、江门、东莞、河源、湛江、潮州等市"创模"和复检工作进行指导和协调。省环保厅组织佛山"创模"顺利通过环保部部务会审议；完成东莞市"创模"预验收工作，并通过环保部技术评估；协调河源市向环保部上报"创模"规划，协调湛江、潮州市的"创模"申请，组织完成湛江市"创模"规划的评审工作；配合环保部对广州、佛山、东莞市"创模"工作的调研。[②]

3. 广东省生物物种资源调查及保护利用规划项目

广东省自2006年起，开展全省生物物种资源调查和编目、生物物种资源保护利用规划的编制，监测预警体系的建立等工作。2006～2009年，由省政府办公厅、省环境保护厅等19个成员单位组成的广东省生物物种资源保护联席会议制度建成，落实项目经费360万元，由中山大学等高校研究单位完成生物物种资源调查编目工作，并建立广东省生物物种资源数据库，编制《广东省生物物种资源保护利用与监测规划》。2009年5月底，省环境保护厅组织专家对项目进行评审和验收。这是广东省首次对全省生物物种资源进行全面系统调查，通过调查基本摸清全省生物物种资源本底，同时整理发现一批新种和新记录种。[③]

4. 自然保护区建设

2009年，省环境保护厅履行自然保护区综合管理职责，依照自然保护区条例和省级自然保护区评审委员会工作制度，组织对申报的省级自然保护区进行评审，对自然保护区范围和功能区调整进行审查，促进自然保护区建设管理与经济建设协调发展。对翁源青云山、茂名林洲顶鳄蜥、陆河花鳗鲡、揭东桑浦山－双坑4个自然保护区晋升省级保护区进行评审；对英德石门台、南澎列岛海洋生态2个省级自然保护区申报国家级保护区，

---

① 《生态文明建设》，http：//www.gd.gov.cn/govinc/nj2010/01qsgk/0105.htm。

② 同上。

③ 同上。

以及江门台山中华白海豚、乐昌大瑶山、韶关北江特有鱼类、兴宁铁山渡田河、平远龙文－黄田5个省级自然保护区范围和功能区调整进行论证；对珠海市申请撤销荷包岛、大杧岛2个市级保护区进行审查。根据自然保护区评审委的评审、论证和审查结果提出审批建议报省政府，获得省政府的批准。争取国家财政专项资金支持，组织丹霞山和南岭国家级自然保护区申报2009年国家级自然保护区专项资金。截至2009年底，全省已建国家级自然保护区11个，省级自然保护区66个。配合环保部对广东石门国家森林公园、南澳海岛国家森林公园进行检查，被检的2个国家森林公园保护管理基础较好，基本处于待开发状态。根据环保部的要求，对被环保部初审为缓评的海丰鸟类、罗坑鳄蜥、石门台3个自然保护区进行核查，提出整改要求。省环境保护厅会同省旅游局，组织开展《生态旅游现状调查问卷》工作，并将调查情况上报环保部。①

5. 农村生态环境建设

2009年，广东省加强农村生态环境建设，取得积极成效。首先，实施农村"以奖促治"政策。自2008年开始，国家设立中央农村环保专项资金，作为"以奖促治"资金，重点用作农村饮用水源地保护、生活污水和垃圾处理、畜禽养殖污染和历史遗留农村工矿污染治理、农业面源污染和土壤污染防治等方面。2009年，中央财政安排10亿元"以奖促治"专项资金，当年广东省获得该项资金补助2097万元，其中15个农村环境综合整治项目获得补助1667万元，9个生态示范建设项目获得补助430万元。通过项目实施，项目村镇的村容村貌得到有效改善。②

第二，完善农村环境基础设施。广东省财政加大对欠发达地区农村环境基础设施建设的资金投入。省政府投入25亿元资金，各级财政配套资金，采取市场运作方式，解决粤东西北地区污水处理厂建设资金问题，并要求在2009年底前，珠江三角洲地区的中心镇、东西两翼和粤北山区的县城镇全部建成污水集中处理设施。经过努力，"一县一厂"项目建设如期完成。省环保专项资金加大在农村生活污水处理设施建设、畜禽养殖污染治理、村镇生态示范创建等方面的投入，仅2005～2009年间，

① 《生态文明建设》，http://www.gd.gov.cn/govinc/nj2010/01qsgk/0105.htm。
② 同上。

就安排 2000 多万元用于奖励 200 多个生态示范村镇的创建；省治污保洁专项资金支持村镇垃圾处理设施建设，农村环境卫生状况得到有效改善。①

第三，强化农村污染防治。省环保厅加大环境执法力度，严厉查处农村企业污染，严防污染向农村转移。全年全省共出动环境执法人员 64 万人次，检查企业 27 万家，查处环境违法案件 1.11 万宗，罚没金额 2.1 亿元，限期整改及治理企业 9713 家，关停违法企业 2255 家。同时，加强对重点环境问题挂牌督办，会同省监察厅召开 2009 年全省重点环境问题挂牌督办工作新闻通报会，继续对淡水河、广州西部水源、独水河流域污染整治进行挂牌督办。建立淡水河流域重点污染源月巡查制度，组织深圳、惠州、东莞三市环保部门，对淡水河和观澜河流域重污染行业进行"地毯式"核查，查处深圳市东部电镀工业基地管理有限公司环境违法行为。召开广州、佛山、清远三地跨界污染整治工作协调会，督促、指导四会市政府出台独水河污染整治实施方案，会同省监察厅对南水水库、独水河污染整治等进行现场检查与督办。②

第四，削减农村面源污染。省环保厅组织制定广东省《畜禽养殖业污染物排放标准》，并于 2009 年 5 月发布，8 月 1 日起实施。推进农村畜禽养殖污染防治，选取河源瑞昌玉井猪场等 4 个地方，作为畜禽养殖清洁生产示范点。③

最后，开展土壤污染调查工作。成立广东省土壤污染状况调查领导小组，编制《广东省土壤污染状况调查实施方案》，落实工作经费，监督土壤污染调查工作进展。至 2009 年末，土壤样品采集已基本完成，共采集 2684 个土壤样品，地下地表水样品 130 个，农作物样品 35 个；样品分析测试共取得分析测试数据 11.43 万个，其中无机分析项目数据 4.35 万个，土壤理化性质分析项目数据 1.11 万个，有机分析项目数据 5.97 万个；土壤污染状况调查样品采集（包装运输、制备）、实验室分析测试、异常点核查和数据录入等主要环节的数据质量已通过环保部检查组专家的现场检

① 《生态文明建设》，http：//www.gd.gov.cn/govinc/nj2010/01qsgk/0105.htm。

② 同上。

③ 同上。

查；珠江三角洲典型区域土壤污染调查取得阶段性进展。①

6. 林业生态建设

2009 年，全省各地实施《广东林业生态省建设规划》，抓好林分改造工程、水源涵养林建设工程、沿海防护林及红树林工程、绿色通道及农田林网工程、城市林业和水土流失治理等重点生态工程建设。全省完成造林作业面积 18.13 万公顷，其中宜林荒山造林 4.39 万公顷，迹地更新 9.84 万公顷，低产林改造 3.91 万公顷。各级财政投入造林项目达 15 亿元。加强森林经营，有 5 个单位被确定为全国森林经营试点单位；同时，创建林业生态县，12 个县（市、区）被省政府授予"林业生态市（县）"称号，全省林业生态县总数达 63 个、林业生态市 2 个。全省开展义务植树活动，参加义务植树的人数达 3122 万人，植树 1.03 亿株。②

7. 城市森林建设

全省各大、中城市结合道路建设、河道整治和旧城改造，调整林种、树种结构，营建多树种、多层次、多色彩的城市森林景观。广州市投资 102 亿元实施青山绿地工程，全方位打造中心城市林业生态体系，被授予"国家森林城市"称号。深圳市投资近 5 亿元，全面更新改造林相。东莞市投资 6 亿元，建设 6 个森林公园，营造多个生态休闲林。深圳、东莞被评为全国绿化模范市。至 2009 年末，全省城市建成区绿化覆盖率 37.96%，人均公共绿地 12.11 平方米。③

8. 林业生态保护

全省实施林业分类经营，将森林分为生态公益林和商品林，对生态公益林进行严格保护，对商品林采取优惠措施，鼓励放活经营。从 1999 年起，广东开始对省级生态公益林实施效益补偿，补偿标准逐步提高。省政府已同意在 2008 年每亩 10 元的基础上，从 2009 年起每年每亩增加 2 元，至 2012 年达到每亩 18 元。2009 年，全省共有省级生态公益林 345 万公顷、国家级生态公益林 81.4 万公顷。全省各地加强生态公益林保护管理，落实管护责任制，全年落实生态公益林管护人员共 1.92 万人。加强森林防火工作，全省森

---

① 《生态文明建设》，http：//www.gd.gov.cn/govinc/nj2010/01qsgk/0105.htm。

② 同上。

③ 同上。

林火灾过火面积 2631 公顷，受害森林面积 1267 公顷，森林火灾受害率为 0.14‰。省政府为加强林业有害生物防治，建立松材线虫病和薇甘菊防治联席会议制度。至 2009 年末，全省已根除 1 个松材线虫病县级疫点和 5 个镇级疫点；薇甘菊发生面积年内减少近 30%，防治区薇甘菊覆盖度控制到小于 5%。展开自然保护区议案项目验收工作，全年检查验收 28 个省级自然保护区，新建 10 个市、县级自然保护区，3 处自然保护区晋升省级。至 2009 年末，全省林业类自然保护区共 265 个（其中，国家级 5 个、省级 53 个、市县级 207 个），占全省面积的 6.4%。完成全省湿地资源调查，实施湿地保护工程，批准建设雷州九龙山红树林、乳源南水湖 2 个国家湿地公园和珠海黄杨河省级湿地公园。组织开展"保护野生鸟类"和"绿盾三号行动"等专项行动，全省森林公安机关受理森林和野生动物案件 5670 起，查处 5030 起，受理行政案件 4598 起，查处 4478 起，共处理各类违法犯罪人员 8762 人次，其中逮捕 177 人；收缴国家保护野生动物 7375 只，收缴木材 20 万立方米，为国家挽回直接经济损失 2678 万元。①

　　加强生态文明建设是建设幸福广东的战略支撑，是倒逼经济转型升级的"助推器"。事实证明，营造人与自然和谐相处的生态环境，有利于增进社会和谐程度；反之，则必然影响人与人、人与社会的关系，引发社会矛盾甚至社会冲突。生态建设还是促进转型升级的一个看得见、摸得着、行之有效的重要抓手。通过规划环评，可以引导地方和企业把握发展什么、鼓励什么、限制什么、禁止什么，明确发展方向。通过生态文明建设的各项约束倒逼，可以促进产业结构调整和技术升级，推动发展方式转变。通过推进污染减排，淘汰落后的生产工艺，将宝贵的环境容量留给那些资源消耗少、科技含量高、环境效益好的项目，为经济可持续发展创造更大的空间。②

三　山东省实践经验

（一）山东省生态环境现状概况

　　山东省位于黄河下游，东临渤海、黄海，北接京津冀经济区，南与长

---

① 《生态文明建设》，http：//www.gd.gov.cn/govinc/nj2010/01qsgk/0105.htm。
② 《把生态文明建设放在突出位置》，《南方日报》，http：//news.ifeng.com/gundong/detail_2012_12/19/20310195_0.shtml。

江三角洲毗邻，在东部沿海经济发达区域的南北经济链条中，在未来沿黄河腹地的经济发展中具有重要作用。全省林业生态体系初步形成，有林地面积 227.5 万公顷，林木蓄积达到 7660 万立方米，林木覆盖率达到 18.8%。水源涵养林和水土保持林 200 多万公顷，林地涵养水源能力达 200 多亿立方米。水土保持和水利保障能力明显增强。已治理水土流失面积 3.37 万平方公里，占水土流失面积的 53.1%。水资源综合利用率达 51.9%，年均供水能力为 287 亿立方米，有效灌溉面积达 477.4 万公顷，节水灌溉面积 237.1 万公顷，在改善生态环境方面发挥了巨大作用。已建成各种类型的自然保护区 46 个，占全省面积的 3.54%，对保护全省自然资源和生物多样性起到了积极作用。[①]

全省已建成国家环保模范城市 20 个，国家级生态示范区 24 个，国家生态市 1 个，国家级生态工业示范园区 3 个，全国环境优美乡镇 181 个，各类自然保护区 79 个，生态功能保护区 20 个，创建省级绿色社区 212 家、绿色学校 457 所。大力推进农村环境综合整治，开展"以奖促治"环境综合整治项目 103 个、"以奖代补"生态示范建设项目 31 个。风景名胜区、森林公路发展较快，国家级和省级风景名胜区、森林公园分别达到 23 处和 58 处，分别占全省面积的 2.2% 和 1.01%，已建成各类地质地貌景观保护区 276 个，占全省面积的 3.8%，城市建成区绿化覆盖率达到 33.2%，人均公共绿地面积 7.3 平方米。同时，海洋生态环境的保护也是山东省生态保护的重点，《山东省近岸海域环境功能区划》和《山东省碧海行动计划》已开始实施，海洋生态环境保护的各项工作已有序展开。通过控制近海捕捞强度，加强海洋观测预警预报体系建设，严格执行休（禁）渔期制度，海洋生态环境得到保护，海洋渔业资源得到一定程度的恢复。[②]

2011 年，山东省在国家减排监测体系考核中再次获得第一名，实现了"三连冠"，这标志着山东省的生态建设和环境保护工作取得了较大进展。山东省 2012 年全省环境状况公报显示，水质优于Ⅲ类的 60 个，占

---

① 山东省人民政府：《山东省生态环境建设与保护规划纲要》，http：//www.chinacourt.org/law/detail/2001/09/id/61272.shtml。

② 山东省经济和信息化委员会：《山东省环境保护"十二五"规划》，http：//www.zjb.gov.cn/E_ReadNews.asp? LayoutID＝3&ArticleID＝3859。

45.5%；Ⅳ类的 30 个，占 22.7%，流域水环境质量连续 10 年持续改善；南水北调沿线治污成效显著，建成人工湿地面积 14.6 万亩，修复自然湿地面积 16.3 万亩。324 个治污项目全部建成投运，输水干线上的 9 个测点已基本达到地表三类水标准。全省环境空气中主要污染指标为可吸入颗粒物（PM 10）、二氧化硫（SO_2）和二氧化氮（NO_2），年均浓度分别为 0.129 毫克/立方米、0.066 毫克/立方米、0.041 毫克/立方米，同比下降 4.4%、10.8% 和 10.9%。截至 2010 年，经环保部核查认定，山东省“十一五”以来化学需氧量和二氧化硫排放量削减率分别达到 19.4% 和 23.2%，降幅分别居全国第三位和第四位，国家下达的减排目标累计完成率分别为 130% 和 116%，全面完成了“十一五”各项减排目标任务。山东的生态环境建设中，水是极其重要的一个部分。在全省经济保持两位数增长速度的情况下，水环境得到了改善，2010 年河流主要污染物化学需氧量（COD）和氨氮浓度比 2005 年分别下降 65.0% 和 75.6%，省控 59 条重点污染河流全部恢复鱼类生长，全省地表水水质总体恢复到了 1985 年的水平。实现了淮河流域治污考核“五连冠”和海河流域治污考核“三连冠”。[①]

山东省政府一向重视生态问题。《2003 年省委常委工作要点》提出“规划生态省建设，突出解决水资源短缺和环境污染问题，促进经济与人口、资源、环境协调发展”。省十届人大一次会议通过的《政府工作报告》明确提出：“全面启动生态省建设，努力实现经济社会与人口、资源、环境的协调发展。”省十届人大常委会第四次会议通过了《关于建设生态省的决议》。2010 年 6 月 11 日举行的中国共产党山东省第九届委员会第十次全体会议，审议通过了《中共山东省委山东省人民政府关于加快经济发展方式转变若干重要问题的意见》，从 10 个方面对加快经济发展方式转变做出了部署。其中，第 7 个方面明确提出：强化能源资源节约利用和环境保护，建设生态文明山东。围绕“建设生态文明山东”，全委会要求，全省各级、各部门和广大党员干部要着眼于可持续发展，打好绿色发展攻坚战。以提高可持续发展水平为目标，大力发展绿色经济、低碳经济、循环经济，加快形成有利于资源节约、环境友好

---

① 　马原：《山东省生态环境建设卓有成效》，http：//news.163.com/12/0605/16/838GD5T000014JB5.html。

的产业结构、生产方式和消费模式，走生态文明发展道路，在率先绿色发展上取得重大进展。①

　　山东省的生态文明建设选择了一个很好的破题点——水。2012 年 10 月，泉城济南被水利部确定为全国第一个国家级水生态文明城市试点。水生态文明的内涵是"水资源可持续利用、水生态系统完整、水生态环境优良"。2010 年 10 月，山东省出台《用水总量控制管理办法》，次年 1 月正式实施，成为全国率先实行最严格水资源管理制度的省份。实施新制度后，山东省严格规定各市的年度用水总量、用水效率、水功能区限制纳污总量，各市再统一调配县（市）、区的用水计划。哪个地方踩了这三条"红线"，哪个地方就会被暂停审批取水许可。严格管理带来了丰硕成果。2011 年，山东万元 GDP 取水量为 51.6 立方米以下，比上年下降 20.4 立方米；规模以上工业万元增加值取水量为 14 立方米，比上年下降 8 立方米。三年时间，山东全省完成 158 座大、中型和 3882 座小型病险水库除险加固，新增蓄水能力 16 亿立方米，构建起完整的水生态系统。由于地下水连续多年过度开采，山东省出现局部地下漏斗、湿地萎缩、河道断流、海水入侵等一系列水生态退化、恶化现象。目前，山东省地下水漏斗区面积仍有 1.3 万平方公里，1.9 万平方公里水土流失面积亟待治理。为统筹解决水资源短缺、水灾害威胁、水生态退化问题，山东省在全国率先编制了省、市、县三级水网规划，依托南水北调、胶东调水骨干工程，打造"南北贯通、东西互济，蓄泄结合、旱涝兼治，库河相连、城乡一体"的现代水网，构建起跨流域调水大动脉、防洪调度大通道和水系生态大格局。构建完整的水生态体系，重点在维持水系的自然水循环，保护生物链的完整性。2011 年底，各类工程蓄水量比历年同期增加 40 亿立方米。湿地面积净增加量全国最多，调蓄洪水、补充地下水、净化水质的作用明显。水土流失治理为生态系统的完整奠定了基础。山东省已综合治理水土流失面积近万平方公里，每年增加蓄水保水能力 2.7 亿立方米，保土 2000 万吨。山东省借鉴水利风景区建设经验，积极推进"水生态文明城市创建"。2012 年 8 月，山东省正式实施《水生态文明城市评价标准》，其中包括水资源、

---

① 山东省人民政府：《山东省生态环境建设与保护规划纲要》，http：//www.chinacourt.org/law/detail/2001/09/id/61272.shtml。

水生态、水景观、水工程以及水管理五大评价体系。控制用水总量，不踩
"三条红线"，这是全国第一个水生态文明城市省级地方评价标准。创建水
生态文明城市正在山东省各地兴起。自2000年水利部开展水利风景区评选
活动以来，山东省水利风景区建设发展迅速，截至2011年底，共创建国家
水利风景区52处，连续四年居全国之首，创建省级水利风景区95处。"江
北水城"聊城、"四环五海"滨州、"运河古城"济宁等品牌已叫响。临
沂市城区八河绕城，过去在非汛期多为干河，如今已形成总长88公里、面
积48.5平方公里的大水体，实现"水安全、水经济、水文化、水生态、
水景观"五位一体，初步构建起水生态文明城市框架。泉城济南依托泉水
优势，正在打造"河湖连通惠民生、五水统筹润泉城"的现代水利美景，
最终实现"泉涌、河畅、水净、景美"的目标。水生态文明城市的创建，
实现了从农村水利向城市水利、从行业水利向社会水利、从传统水利向现
代水利的转变。①

山东省提出"建设生态文明山东"，成为我国省级行政区域继云南、
湖北、海南和广西之后又一明确提出建设生态文明的省（区）之一。省级
行政区域对建设生态文明进行制度保障和战略部署，是对生态文明治国理
念的区域强化，是地方政府率先行动，投身生态文明全民建设事业的重要
举措，既对今后区域的生态文明建设提供科学发展、转变发展方式的政策
支持，也向全社会包括国际社会表明了我国省级行政区域坚定促进生态文
明迈出坚实步伐的决心。山东省同时作为工业大省和人口大省，提出"建
设生态文明山东"，其成功的典范意义将为我国众多的传统重化工业大省
如何在工业化进程中建设生态文明社会提供可资借鉴的经验或模式。②

（二）山东省生态文明建设存在的问题

1. 主要自然资源供需矛盾突出

水资源严重短缺，水生态平衡失调。全省水资源总量多年平均值为

---

① 宋亚芬：《山东生态文明建设从水字破题 促人水和谐》，http：//finance.chi-
nanews.com/ny/2012/12 - 24/4431721.shtml。

② 黄承梁：《怎样建设生态文明山东》，http：//www.lyhb.gov.cn/html/xinwen-
dongtai/meitipinglun/20100629/13532.html。

306 亿立方米，人均水资源量不足全国人均水平的 1/6，严重制约了工农业生产和城乡建设，生态用水无法保证。土地垦殖率高、耕地后备资源匮乏，人均耕地面积 1.27 亩。森林资源总量不足，综合防护效能差，人均林地面积 0.39 亩，是全国人均水平的 1/5，特别是生态防护林，人均不足 0.1 亩，仅为全国人均水平的 8%。矿产资源对经济和社会发展的保证程度逐步下降。①

2. 环境污染严重

主要污染物排放总量仍然较大，结构性污染问题突出。化学需氧量、二氧化硫等主要污染物排放总量居全国前列。造纸、酿造行业化学需氧量排放量、电力燃煤行业二氧化硫排放量、水泥建材行业粉尘排放量分别占全省工业排放总量的 76.7%、58.6% 和 85.6%。城市环境质量处于较低水平。全省有 8 个设区的市城区环境空气质量劣于国家二级标准，机动车尾气污染呈加重趋势。地表水水质污染严重。劣于 V 类水质标准的断面占监测断面总数的 50%。危险废物和医疗废物处理处置率偏低，对环境和人体健康造成潜在威胁。农业面源污染持续扩大，农药化肥施用强度大，农产品质量安全受到威胁。近海污染严重，轻中度和严重污染海域分别占 18.6% 和 13.4%。②

3. 生态环境脆弱

山东省生态的脆弱性主要体现在水土流失严重，植被破坏严重，生物多样性锐减，自然灾害较严重，农业面源污染突出，城市污染危害加大等。森林覆盖率只有 18.8%，且结构不合理，水源涵养、防风固沙、净化空气等生态功能低下。水土流失和土地沙化严重，水土流失面积占全省面积的 41.5%，土地风沙化面积已达 1250 万亩。生物多样性锐减，现有 120 多种高等植物、200 多种陆栖脊椎动物处于受威胁和濒危状态，生境破碎并呈整体恶化趋势，近岸海域生物多样性降低，外来入侵物种对生态安全的威胁不断增大。地下水超采，水位埋深大于 6 米的平原超采区面积为 2.75 万平方公里，海水入侵面积已达 1120 平方公里。生态破坏严重，矿

---

① 山东省人民政府：《山东生态省建设规划纲要》，http：//www.110.com/fagui/law_ 92063. html。

② 同上。

区地面塌陷面积达 332 平方公里，粗放开采造成植被和景观破坏、湿地减少、调控功能明显降低。洪涝灾害的威胁依然严重。①

4. 粗放型经济增长方式仍占主导地位

粗放型经济增长方式还没有得到根本转变。山东省能源消耗占全国的 1/10，能源供应紧张成为制约山东省经济可持续发展的最大瓶颈之一。在资源开发中，一些地方没有系统、科学的长远规划；一些矿山企业开发水平不高，过度开采现象严重。另外，不顾后果、粗放生产还不同程度地存在。高新技术产业份额和对经济增长的贡献依然不高，拥有自主知识产权的产品匮乏。全省劳动生产率仅为发达国家的 1/40，单位国内生产总值能耗是发达国家的 2～5 倍，原材料投入与发达国家相比，钢材是 2～4 倍，水泥是 2～11 倍，化肥是 2～13 倍。国内生产总值的增长付出了过多的资源与环境成本。产业结构不尽合理，资源密集型产业比重大。虽然经过多年的努力，全省环境质量有了一定程度的改善，但如不改变粗放型的经济增长方式，尽快调整产业结构，环境污染和生态破坏问题将难以解决。②

5. 城市环境基础设施建设滞后

部分城镇特色不突出，功能不配套，环境差，影响到投资环境和居民生活质量。全省城市污水集中处理率仅为 40.3%，仍有近 60% 的城市污水未经处理直接排入地表水体。城市垃圾处理率 77.7%，但处理标准普遍较低，垃圾围城和二次污染问题比较严重。城市集中供热率仅为 31%，仍有69% 的居民采用燃煤、小锅炉等取暖。城市燃气普及率 93.2%，但瓶装液化气仍占一半以上。城市建成区绿化覆盖率 33%，人均公共绿地 4.99 平方米，比全国平均水平低 0.34 平方米。③

6. 人口基数大、整体文化素质偏低

全省总人口 9082 万人，是全国第二人口大省。"十五"至 2020 年，全省人口仍将继续增长。庞大的人口数量不仅导致人均资源占有量明显低

---

① 山东省人民政府：《山东生态省建设规划纲要》，http：//www. 110. com/fagui/law_ 92063. html。

② 同上。

③ 同上。

于全国平均水平，而且对教育、就业、养老、医疗等构成巨大压力。同时，人口整体文化素质偏低，每万人中大专以上学历人数和科技人员数量均低于全国平均水平。①

（三）山东省生态文明建设主要规划措施

根据山东省环境保护"十二五"规划，山东省生态文明建设重点将主要落实在以下方面。

1. 以总量减排为抓手，倒逼"转方式、调结构"

合理调整能源布局和供给结构，大力发展新能源和可再生能源，进一步降低煤炭在一次能源消费中的比例。严格控制煤炭新增量，"十二五"期间全省煤炭新增量不超过8200万吨。新建涉煤项目实行煤炭等量替代，火电、水泥、钢铁行业的总量指标全省统一调配使用。严格控制新增煤电机组规模，"十二五"期间新增煤电机组不超过1039万千瓦。坚决遏制高排放行业过快增长，重点排污行业实行行业总量控制。现有钢铁、水泥和石化等行业要压产、降煤，或增产、不增煤；造纸、印染、酿造、食品等行业要增产、节水。②

提高资源节约水平，鼓励资源综合利用，逐步推行和实施单位增加值或单位产品污染物产生量评价制度，不断降低单位产品污染物产生强度，实现节能降耗和污染减排的协同控制。到2015年，全省万元GDP能耗在2010年的基础上下降17%。大力发展循环经济，用高新技术和先进适用技术改造提升传统产业，推进生态工业园区建设，推动工业园区和工业集中区生态化改造。推进绿色采购、绿色贸易，促进绿色消费，努力形成资源节约、环境友好的产业结构、生产方式和消费模式。加大结构调整力度，腾出总量空间。加大电力、钢铁、焦化、建材、有色金属、石化、造纸、印染、酿造等重点排污行业落后工艺、技术、设备和产品的淘汰力度。淘汰运行满20年且单机容量10万千瓦及以下的常规火电机组，服役期满单

---

① 山东省人民政府：《山东生态省建设规划纲要》，http：//www. 110. com/fagui/law_ 92063. html。

② 山东省经济和信息化委员会：《山东省环境保护"十二五"规划》，http：//www. zjb. gov. cn/E_ ReadNews. asp？ LayoutID = 3&ArticleID = 3859。

机容量 20 万千瓦以下的各类机组以及供电标准煤耗高出 2010 年全省平均水平 10% 或全国平均水平 15% 的各类燃煤机组。推动淄博、济宁、滨州、聊城（信发集团）等小火电集中地区"上大压小"电源建设。对不符合产业政策，且长期污染严重的企业予以关停。对没有完成淘汰落后产能任务的地区，暂停其新增主要污染物排放总量的建设项目环评审批。"十二五"期间，全省关停小火电 216 万千瓦，淘汰 90m² 以下烧结机，淘汰全部立窑水泥生产线，关停 700 余家黏土砖瓦窑及一批落后生产线。[①]

拓宽工程减排领域，深挖减排潜力。重点抓好电力、钢铁、造纸、纺织印染、化工等重点行业主要污染物排放总量削减工作。进一步挖掘工程减排潜力，继续实施工业企业深度治理、城镇污水处理厂新（扩、改）建、再生水利用和人工湿地水质净化等水污染物减排工程。推进畜禽养殖业和种植业污染治理。加大冶金、建材、有色金属、石化、焦化、燃煤锅炉、交通运输等非电行业脱硫工作力度。重点抓好电力、钢铁、建材、化工、石油炼化等行业脱硝工程建设。[②]

拓展管理减排途径，确保减排实效。全面推行清洁生产，不断加大清洁生产审核力度，积极鼓励、引导企业自愿开展清洁生产审核，依法强化"双超"（指产生和排放超过国家污染物排放标准或者污染物排放总量超过国家或地方人民政府核定的控制指标）、"双有"（指使用有毒、有害原料进行生产或者在生产中排放有毒、有害物质）企业强制性清洁生产审核及评估验收，把清洁生产审核作为环保审批、环保验收、核算污染物减排量、安排环保项目的重要因素。到 2015 年，全省重点企业全部完成第一轮清洁生产审核及评估验收。全面开展排污许可证制度的规范化和系统化建设，所有企业必须持证排污。落实修订后的四个流域性污染物综合排放标准的新要求，制定并实施钢铁、建材、有色金属、化工等行业污染物排放标准。进一步加强监管，提高污染治理设施的运行效率，确保减排工程发挥实效。重点加强火电行业脱硫设施管理，实施脱硫烟气旁路烟道铅封和循环流化床炉内脱硫工艺"三自动"等管理减排措施。严格执行老旧机动

---

① 山东省经济和信息化委员会：《山东省环境保护"十二五"规划》，http：//www.zjb.gov.cn/E_ ReadNews.asp？LayoutID = 3&ArticleID = 3859。

② 同上。

车淘汰制度，加快淘汰"黄标车"；全面供应国Ⅳ油品，大力推广新能源公交车、出租车，减少机动车氮氧化物排放量。[①]

2. 全面构建"治、用、保"流域治污体系，实现全省水生态环境持续改善

加大工业点源治理力度。按照《山东省南水北调沿线水污染物综合排放标准》等四项标准修改单要求，以造纸、纺织印染、化工、制革、农副产品加工、食品加工和饮料制造等行业为重点，开展新一轮限期治理工作。抓好城市污水处理厂升级改造、管网敷设、除磷脱氮、污泥处理设施建设，到 2015 年，新（扩）建污水处理厂 180 座，新增处理能力 300 万吨/日以上；改造升级污水处理厂 14 座，改造处理能力 60 万吨/日以上；配套管网建设 9002 公里，城市建成区彻底解决污水直排问题，全省城市污水处理厂运转负荷率平均达到 80% 以上，城市和县城污水集中处理率达到 90%。新建 90 座污泥处置设施，新增污泥处置能力 2500 吨/日以上，污水处理厂污泥基本得到无害化处置。加大渔业、畜禽养殖和航运污染治理力度。到 2015 年，南水北调东线及省辖淮河流域，农田测土平衡施肥覆盖面积达到 100%，规模化畜禽养殖场粪便无害化处理率达到 90%。强化规模化畜禽养殖污染治理，鼓励养殖小区、养殖专业户和散养户污染物统一收集和治理，全省 80% 以上的规模化畜禽养殖小区配套完善固体废物和污水贮存处理设施。

促进再生水资源循环利用。提高工业企业再生水循环利用水平，规模以上工业用水重复利用率达到 80%。大力提高城市污水再生利用能力，加快城市污水处理厂中水回用工程建设，城市回用水利用率达到 15% 以上。结合截蓄导用工程建设，开展区域再生水循环利用试点。[②]

以南水北调沿线为重点，全面落实湖泊生态保护试点方案规定的各项任务，加大退耕还湿、退渔还湖力度，建设人工湿地水质净化工程，全面推进环湖、沿河、沿海大生态带建设，到 2013 年通水前，南水北调山东段干线控制点位达标率 100%。加强面源污染防治，全面实施农田测土配方

---

① 山东省经济和信息化委员会：《山东省环境保护"十二五"规划》，http://www.zjb.gov.cn/E_ ReadNews. asp? LayoutID = 3&ArticleID = 3859。

② 同上。

施肥，减少农药、化肥等造成的面源污染。实施面源总量控制试点示范，研究建立面源污染减排核证体系。

加强城镇集中式饮用水源地保护工作，制定实施超标和环境风险大的饮用水水源地综合整治方案。严厉查处影响饮用水水源水质安全的环境违法行为。加强对水源保护区外汇水区有毒有害物质的管控，严格管理与控制第一类污染物的产生和排放。加强水质监测，对城镇集中式饮用水源地每年进行一次水质全分析监测。到 2015 年，城镇集中式饮用水源地水质达标率不低于 90%。逐步推进地下水污染防治。开展地下水污染状况普查，在地下水污染问题突出的工业危险废物堆存、垃圾填埋、矿山开采、石油化工行业生产等地区，筛选典型污染场地，开展地下水污染修复试点。①

3. 突出重点，实现大气污染防治新突破

把握可吸入颗粒物、二氧化硫和氮氧化物治理三个关键，突出工业废气及异味治理、扬尘污染防治、汽车尾气排放控制三个重点，健全法律法规，理顺工作机制，努力实现全省大气污染防治新突破，空气能见度大幅提升，空气质量改善走在全国前列。到 2015 年，全省 17 城市空气主要污染物年平均浓度比 2010 年改善 20% 以上。②

4. 典型示范，把土壤污染防治摆上重要位置

深化土壤污染状况调查成果，客观评估土壤环境质量状况，开展土壤环境功能区划，明确分区控制原则和措施。建立土壤污染、工业场地和农产品产地土壤环境质量动态数据库并及时更新。③

加强监测、评估，强化土壤污染的环境监管。在土壤污染调查的基础上，优化土壤环境监测点位，建立土壤污染监测体系，对粮食、蔬菜基地等重要敏感区和浓度高值区进行加密监测、跟踪监测和风险评估，建立优先修复污染土壤清单。根据监测评估结果，划分特定农产品的禁止生产区域，在禁止生产区调整农业种植结构并进行土壤污染修复，确保农产品质量安全。④

---

① 山东省经济和信息化委员会：《山东省环境保护"十二五"规划》，http://www.zjb.gov.cn/E_ ReadNews.asp? LayoutID = 3&ArticleID = 3859。

② 同上。

③ 同上。

④ 同上。

加大土壤污染修复技术的研发力度，增强土壤污染防治科技支撑能力。开展重点河流、湖库、河流入海口和滩涂底泥重金属污染状况调查，掌握底泥重金属污染状况，制定实施治理和修复方案。开展污染场地治理和修复试点工作，积极解决历史遗留问题。在污灌历史较长或工矿企业周边重金属污染较重的场地开展土壤重金属污染修复示范工程。①

5. 海陆统筹，加强海洋及港航污染防治

加强海洋污染防治和生态保护。坚持陆海统筹，削减陆源入海污染负荷，强化直接排海点源控制和管理。完成近岸海域功能区划调整。制定实施流域－河口－近岸海域相协调的污染防治规划。依据功能区划，强化海洋及海岸工程、海洋资源开发利用活动的环境监管，防止海洋污染。加强赤潮、绿潮监测、监视和预警能力建设，建立赤潮、绿潮灾害防治技术支撑体系。综合整治河流入海口生态环境，重点修复滨州滨海湿地、东营黄海三角洲湿地、潍坊滨海湿地、小清河河口湿地、烟台河口滨海湿地等生态严重退化、生态功能受损的区域。合理布局全省海洋自然保护区，提高现有海洋保护区管护能力。全面推进海洋特别保护区建设，重点加强海岛生态系统和海洋自然资源集中利用区域的保护。建立一批海洋濒危珍稀野生动植物种群繁育基地和渔业增殖放流区域，保护海洋生物多样性。优化水产养殖布局，改进养殖方式，降低海水水产养殖污染物的排放强度，减少对海域的污染。加强港口、航运污染防治。以南水北调沿线和海洋航运、港口及码头污染防治为重点，实施船舶、港口污染防治系统工程。②

6. 分类指导，全面加强生态和农村环境保护

依据全省主体功能区规划，制定实施环境功能区划。按照环境功能定位，制定分区环境管理要求和政策，构建分类指导、分区控制的空间格局。③

加强自然保护区网络建设，抢救性建设一批自然保护区，增强自然保护区资源监测、管理、科研、宣教、管护等能力，提高全省自然保护区管

---

① 山东省经济和信息化委员会：《山东省环境保护"十二五"规划》，http：//www. zjb. gov. cn/E_ ReadNews. asp？LayoutID＝3&ArticleID＝3859。

② 同上。

③ 同上。

理水平。加强生物多样性监管和外来入侵生物防控，保护野生动植物资源。积极防治外来物种入侵，探索外来入侵物种防治新途径。切实保护好农业野生植物资源，优先支持建设对粮食安全和农业可持续发展有重要影响、处于濒危状态、亟须保护的重点野生植物原生境保护区和主要野生植物资源异位保存圃，有效遏制生物多样性持续下降趋势。到 2015 年，新建（含晋升）29 个省级及以上自然保护区（晋升 11 个、新建 18 个），其中国家级 4 个、省级 25 个，新增面积 12.67 万公顷，全省自然保护区总面积 137 万公顷，约占全省国土的 8.7%。全省 70% 的典型生态系统、80% 的国家和省重点保护物种得到有效保护。深入开展省、市、县（市、区）、乡（镇）、村、生态工业园六级生态系列创建工作。健全管理体系，分区分类指导推动生态示范区创建活动。①

加强对资源开发及其造成的生态破坏的环境监管，规范矿山开采、旅游开发等建设活动。加强对水土流失、破损山体、矿区地面塌陷、海（咸）水入侵、荒山及沙荒地等生态脆弱区和退化区的生态修复和保护。加大对地质遗迹和地质地貌景观的保护力度。加快五大生态防护林带建设，推进东营黄河滩区土壤风沙尘和鲁西南地区土壤风蚀尘控制工作，加快省会城市群生态屏障建设进度。②

切实加强农村环境保护。加大农村"以奖促治"支持力度，全面启动"连片整治"工作，以县为单位设立农村环境连片整治示范区。开展农村饮用水水源水质状况调查、监测和评估，对农村集中式饮用水水源科学划定保护区，定期对农村饮用水源地进行监测，排查影响饮用水源地安全的各类隐患，切实保障农村饮用水源安全。加快农村环境基础设施建设，提高农村污水和垃圾处理水平。将城镇周边村庄纳入城镇污水统一处理系统，以"村收集、镇运输、县（市）处理"模式为主，建设一批符合农村实际的垃圾收集处置设施，并建立长效运营管理机制。③

7. 规范管理，加强固体废物污染防治

强化工业固体废物综合利用和处置的技术开发，拓宽综合利用产品

---

① 山东省经济和信息化委员会：《山东省环境保护"十二五"规划》，http://www. zjb. gov. cn/E_ ReadNews. asp？LayoutID = 3&ArticleID = 3859。

② 同上。

③ 同上。

市场，提高工业固体废物综合利用水平。在黑色金属冶炼及压延加工业，煤炭开采和洗选业，有色金属矿采选业等重点行业实施清洁生产审核，对"双超"、"双有"和未完成节能任务的企业依法实施强制性清洁生产审核。实施赤泥、白泥、电石渣、脱硫石膏、城市生活污水处理厂污泥、电镀污泥等特殊固废处置的试点工程。继续推进限制进口类可用作原料的进口废物的圈区管理，加大预防和打击废物非法进口的力度。推动实施生产者责任延伸制度，规范并有序发展电子废物处理行业。切实做好危险废物和医疗废物的安全处置工作。实行城市垃圾分类回收，提高资源化利用水平。建立餐厨废弃物产出量等信息资料库，制定资源化利用和无害化处理推进方案，实现对餐厨废弃物的全过程监督管理。加快城镇垃圾处理场建设。严格化学品环境监管，对重点企业环境风险管理措施实施备案制度，完善危险化学品储存和运输过程中的环境管理制度。[①]

8. 建立完善环境安全防控体系，有效保障环境安全

以重金属、危险废物、涉核行业等风险源管理为重点，建立完善全防全控的环境监管和安全防控体系，有效保障全省环境安全。开展重点风险源和环境敏感点调查。摸清环境风险的高发区和敏感行业。调查排放重金属、危险废物、持久性有机污染物和生产使用危险化学品的企业，建立环境风险源分类档案和信息数据库，实行分类管理、动态更新。建立新建项目环境风险评估制度。对所有新、扩、改建设项目全部进行环境风险评价，提出并落实预警监测措施、应急处置措施和应急预案。在规划环评和建设项目环评审批中明确防范环境风险的要求，研究制定企业环境风险防范、应急设施建设标准和规范，确保环境风险防范设施建设与主体工程建设同时设计、同时施工、同时运行。[②]

9. 实施基础、人才、保障工程，提高全省环境管理能力和水平

夯实环境监管基础。全面推进环境监管能力建设标准化，建设先进的环境监测预警体系和完备的环境执法监督体系，完善全省主要污染物总量

---

① 山东省经济和信息化委员会：《山东省环境保护"十二五"规划》，http://www.zjb.gov.cn/E_ ReadNews. asp? LayoutID = 3&ArticleID = 3859。

② 同上。

减排监测体系，制定专题规划，重点提升水气环境质量监测、污染源监督监测、安全预警与应急监测、生态监测、农村监测六大监测能力，以及环境监察执法、核与辐射安全监管、固体废物监管三大监管能力；强化省、市、县三级环境应急能力建设，确保各级具备辖区内特征污染物可检能力。[①]

加强环保队伍建设。紧抓培养人才、引进人才、用好人才三个环节，充实人员数量，按照岗位需求引进相关人才，新增人员专业符合性不低于95％；建立并完善环保领导干部、环境管理人员、环保专业技术人员、环保上岗人员、企业（社会）环保人员培训体系，提升现有环保队伍整体水平。重点选拔和培养一批适应不同层次环境管理需要的优秀党政领导与管理人才、环境执法监管人才和在国际国内具有一定影响力的各领域领军人才与专家，重视高等院校、科研院所和企业涉及环保领域的外围队伍建设，建设一支数量充足、素质优良、结构合理的环境保护人才队伍。[②]

强化环境管理支撑。完善监测预警、执法监督、环境应急的运行保障渠道和机制，按照运行经费定额标准，强化环境监测、监察执法、预警与应急、信息、"三级五大网络"等运行经费，建立环境监管仪器设备动态更新机制。加强环境监测、监察、核与辐射监管、信息和宣教等机构业务用房建设，保障业务用房维修改造的经费，提高达标水平。建立健全环境监测质量管理制度。[③]

10. 开展环境瓶颈问题解析与突破，积极推动环境科技与产业发展

开展经济社会发展重大环境瓶颈因素解析与突破。针对制约火电、钢铁、化工、造纸、电镀等重点行业可持续发展的环境瓶颈，从废水深度治理与资源化利用、废气高效节能治理、固体废弃物高效利用等方面进行科研攻关，制定政策法规、标准和技术等破解环境瓶颈的综合方案，积极探索代价小、效益好、排放低、可持续的发展模式。从生态保护管理模式、生态修复关键技术、生态环境承载力提升等方面进行科研攻关，

---

① 山东省经济和信息化委员会：《山东省环境保护"十二五"规划》，http：// www.zjb.gov.cn/E_ ReadNews.asp？LayoutID＝3&ArticleID＝3859。

② 同上。

③ 同上。

依据资源环境承载能力、开发强度和发展潜力，制定不同区域的环境管理目标和政策，构建分类指导、分区管理的配置更加科学、合理的环境空间格局。①

围绕"十二五"环境保护对科技的重大需求，以机制创新和技术创新为动力，以产业创新为核心，坚持"开放、融合、服务、共赢"的原则，加快全省环保技术服务中心建设，优化配置科技资源，产学研联合进行科技攻关，突破重点领域核心技术，组织实施环保科技示范工程项目，建设一批低碳型科技产业示范基地，培育一批"低（零）排放型"环保科技示范企业，完善政、产、学、研、金融机构创新联盟合作模式。充分发挥全省环保产业研发资金的引导作用，提升全省环保产业的核心竞争力，提高环保产业的整体发展水平，服务经济增长和社会就业。充分发挥绿博会市场平台的作用，促进供需双方和国内外信息和技术交流与合作，为全省环境质量改善提供技术和物质支撑。②

四 安徽省实践经验

（一）安徽省生态环境现状概况

安徽省位于中国东部，长江下游，是一个近海的内陆省份，长江和淮河横贯南北，大致位于东经 114°54′~119°37′与北纬 29°41′~34°38′之间。全省东西宽约 450 公里，南北长约 570 公里，总面积 13.96 万平方公里，约占全国总面积的 1.45%，居华东第 3 位，全国第 22 位。其中淮河流域 6.7 万平方公里，长江流域 6.6 万平方公里，新安江流域 0.65 万平方公里。长江流经安徽中南部，境内全长 416 公里，淮河流经安徽北部，境内全长 430 公里。安徽省与江苏省、浙江省、山东省、湖北省、河南省和江西省 6 省为邻。地貌以平原、丘陵和低山为主，平原与丘陵、低山相间排列，地形地貌呈现多样性。长江和淮河自西向东横贯全境，全省大致可分为五个自然区域：淮北平原、江淮丘陵、皖西大别山区、沿江平原和皖南

---

① 山东省经济和信息化委员会：《山东省环境保护"十二五"规划》，http://www.zjb.gov.cn/E_ReadNews.asp? LayoutID = 3&ArticleID = 3859。

② 同上。

山区。平原面积占全省总面积的 31.3%（包括 5.8% 的圩区），丘陵占 29.5%，山区占 31.2%，湖沼洼地占 8.0%。[①] 2010 年第六次全国人口普查，全省户籍人口为 6862.0 万人。境内山河秀丽、人文荟萃、稻香鱼肥、江河密布。五大淡水湖中的巢湖横卧江淮，素为长江下游、淮河两岸的"鱼米之乡"。

安徽省有较好的生态条件，资源优质丰富，可更新资源恢复能力较强，环境状况较为优越。根据安徽省生态环境特点，可划分为五大生态类型区域，即淮北平原区、江淮丘陵区、沿江圩区、大别山区、皖南山区。总体上来看，安徽省五大区域的生态环境在全国算是好的，尤其是大别山区和皖南山区，是天然的大公园。全省森林覆盖率达到 28.9%，高于全国的 16.55%。到 2001 年底，全省已建成自然保护区 31 个，保护面积达到 57.5 万公顷，占国土面积的 4.14%，自然保护区网络初步形成，有效地保护了全省 70%~80% 的物种及功能重要的生态系统。森林公园 38 个，其中国家级 23 个，名列全国第一，为生态省建设提供了良好的物质基础。[②]

安徽省在生态文明建设和环境保护方面有较好的工作基础。在发展历程中，安徽省在保护生态环境、发展生态经济方面做了许多有益的探索，涌现了一批典型示范区，积累了丰富的经验。现有 20 个国家生态示范区，1 个"中国 21 世纪议程"试点地区，3 个国家级生态农业试点县，5 个山区综合开发试点县，10 多个农业科技示范园区，3 个水土保持生态环境建设试点县，20 个生态环境建设示范小流域，2 个"全球 500 佳"。[③] 多年来，安徽省大力发展农业产业化，开展绿色食品，创建优农产品，取得明显成效。另外，安徽省在治理污染、恢复生态等方面做了大量的工作，积累了宝贵的经验；如治理淮河、巢湖污染，在工业企业中积极推广清洁生

① http: //baike. baidu. com/link？ url ＝ eTzDZ6QNltFS6　PVilxJCaGVri － h ＿ TxWPy26OGHlkEgVSnm64ygaNKelzrAJqMriyzT7WszbuA2 DNEVl98zuE7q.

② 赵森、魏彦杰：《安徽生态经济发展讨论》，《中共合肥市委党校学报》2009 年第 1 期，第 27~30 页。

③ 吴国辉、楚杰：《我省"生态经济"呼之欲出》，《新安晚报》，http: //www. ah-nw. gov. cn/2006nwkx/html/200010/% 7B1E733086 － E198 － 4E03 － 96C9 － 04B7784AF40D% 7D. shtml。

产工艺等已获得了较好的经济效益、社会效益和生态效益。

（二）安徽省生态文明建设存在的问题

制约安徽省生态省建设的主要因素有：经济总量不大，人均国内生产总值与财政收入较低，生态环境建设与保护投入不足，能力建设滞后；结构性污染突出，污染负荷较重，经济结构和生产经营方式调整任务艰巨，工业经济和农业经济发展受阻；巢湖、淮河水环境污染仍较严重；水资源时空分布不均；抗御自然灾害的能力与灾害恢复能力较弱；农业面源污染严重，治理难度较大；城镇环境基础设施建设滞后等。

1. 经济因素

经济是可持续发展战略实现的重要手段，为可持续发展提供物质上的保证。经济发展落后说明人民的生活水平低下，生产方式越落后对环境资源的依赖就越大，对资源环境的破坏就越大，会进一步影响经济的发展和生活水平的提高，从而形成恶性循环。安徽省经济总量不大，人口众多，与全国的其他省份相比，无论是人均国内生产总值还是财政收入都处于全国的下游水平，2013 年全国国内生产总值（GDP）为 568845.2 亿元，人均 GDP 为 41887 元，而安徽省 GDP 为 19038.9 亿元，占全国的比重为 3.35%，人均 GDP 为 31684 元，排名 26，综合经济实力不强制约了安徽各项事业的发展，特别是高新技术产业的发展。GDP 增长缓慢，第二产业占 GDP 比重也不高，万元 GDP 能耗居高不下。安徽省每年因自然灾害、地质灾害、污染事故造成的损失占当年 GDP 比重已超过 10%。第三产业总量不足，比重过低；社会化程度较低，部分行业的市场准入限制多；部分行业缺乏自我发展活力，对外开放程度不高，竞争力弱；城镇化水平低，农村人口比重过高等都限制了安徽省的经济发展。

2. 环境因素

安徽省总体环境质量虽有所好转，但情形不容乐观，目前主要的环境问题是地表水有机污染严重，且呈现蔓延趋势；巢湖、淮河水环境污染仍较严重，巢湖水体呈富营养化状态，湖泊水体治理与恢复难度大、周期长；淮河流域水体污染治理还受上流来水水质的影响。水资源时空分布不均，抵御自然灾害的能力与灾害恢复能力较弱。水、旱灾害交替发生，成灾面积呈上升趋势。水资源空间分布不均衡，社会经济发展现状又加剧了水资源的供求矛盾。农业面源污染严重，治理难度较大。农业区内化肥、农药使用量较大，农业生产效率不高，局部地区生态破坏与农村环境污染呈加重趋势，水土流失未能得到有效遏制，生态环境保护工作亟待加强。城市环境问题比较突出，城市环境基础设施薄弱，结构性污染仍然严重，工业污染源达标排放水平低，污染物排放总量仍很大，环境保护基础工作和能力建设有待加强。

3. 社会因素

安徽省劳动力资源丰富，人口与发展的矛盾依然尖锐，人口规模庞大的省情没有改变，低生育水平并不稳定，出生人口性别比仍然偏高，人口素质与经济发展要求不相适应，劳动力剧增给充分就业增添明显压力，人口加速老龄化带来的养老压力显现；社会事业管理体制、运行机制的改革滞后于经济体制的改革，抑制了社会发展本身的活力和动力，非公共服务领域社会事业改革缓慢，文化、旅游等社会发展领域产业化进程不快，发展环境还需优化，创新手段缺乏。

（三）安徽省生态文明建设主要规划措施

安徽省委、省政府高度重视生态文明建设，2003 年全省第十次人民代表大会提出建设"生态安徽"，2004 年出台《安徽生态建设总体规划纲要》①，2012 年全省第九次党代会报告进一步提出建设生态强省的战略目标。安徽省把生态建设融入经济社会发展的各个方面，贯彻于可持续发展的全过程，并且把生态强省与经济强省和文化强省放到同等高度；不仅把建设"生态安徽"作为一个目标，而且更加注重把利用生态资源、发展生态经济作为推进转型发展的着力点，作为实现强省的重要途径；由更多地把生态作为保护与建设的对象、视为发展中的约束性因素，转变为更加注重把生态作为发展的重要资源，从生态中寻求可持续发展的动力和空间。

根据《安徽生态省建设总体规划纲要》，安徽省生态文明建设主要从以下几个方面展开。

---

① 安徽省人民政府：《安徽生态省建设总体规划纲要》，http：//www.ah.gov.cn/UserData/DocHtml/1/2013/7/12/2186933222934.html。

1. 科学开发国土，构建主体功能明确的区域发展体系

明确区域功能定位。制定实施省主体功能区规划，统筹资源环境承载能力、现有开发密度和发展潜力，明确各地主体功能定位，构建城镇化、农业发展、生态安全三大战略格局，推进形成人口、经济、资源、环境相协调的城乡建设和国土开发格局。市、县负责落实本地区主体功能定位，编制空间发展规划，规范开发时序，控制开发强度。[①]

促进区域特色发展。优化区域发展布局，加快形成区域优势突出、保护与发展良性互动的增长格局。坚持科学承接、绿色承接和创新承接，全面提升皖江示范区建设水平，打造具有较高规模经济效益、人口资源环境协调发展的新型工业化示范基地。充分发挥合肥经济圈的辐射带动作用，加快发展高效、低耗和低排放产业。加快现代产业体系构建，加强资源深度开发和高效利用，着力建设皖北工业化、城镇化、农业现代化协调发展先行区。坚持绿色发展、扶贫开发、生态保护"三位一体"协调推进，深入推进皖南国际旅游文化示范区建设，加快大别山区区域发展与扶贫攻坚步伐，创建皖南和大别山区生态文明建设示范区。做大、做强、做精县域省级工业园区，加快县域经济发展，促进城乡统筹。[②]

2. 坚持生态保护优先，构建山川秀美的自然生态体系

以农田保护为中心、万里绿色长廊示范工程建设和高标准平原绿化为抓手，构建皖北及沿淮平原绿色生态屏障；以皖江城市带和合肥经济圈生态安全为中心，加强城市森林、绿色生态走廊、城郊绿地及江滩地抑螺林建设，构建江淮及沿江平原丘陵区绿色生态屏障；以优质水源区生态保护为中心，重点建设水源涵养林和水土保持林，构建皖西地区水资源保护绿色生态屏障；以黄山、九华山和太平湖等重点区域生态安全保护建设为中心，全面提高林分质量和生态效益，构建皖南山区绿色生态屏障。完善水系林网、农田林网和骨干道路林网等生态安全网络，推进沿江、沿淮绿色长廊、环巢湖生态绿带建设。[③]

---

① 安徽省人民政府：《安徽生态省建设总体规划纲要》，http：//www. ah. gov. cn/UserData/DocHtml/1/2013/7/12/2186933222934. html。

② 同上。

③ 同上。

强化生态修复，推动百万公顷造林工程。继续实施天然林和重要生态公益林保护、退耕还林、封山育林，加快石质山地、废弃矿山、江湖河滩等未利用地或废弃地造林绿化。坚持工程治理与自然修复相结合，加大沿江、沿淮、沿湖湿地恢复治理力度，加强黄河故道湿地生态保护，深入推进江淮分水岭和大别山区生态脆弱区治理。积极开展小流域综合治理，大力防治山体崩塌、滑坡、泥石流等地质灾害。加强采煤等矿产开采沉陷区综合整治，全面治理历史遗留的矿山地质环境问题。严格实施湖泊水库和饮用水源地生态环境保护。强化皖南及大别山区等重要生态功能区生物多样性保护，实施物种种群及其栖息地恢复示范工程。实施江、河、湖、滩地兴林抑螺、建设城市绿道、山地造林攻坚、丘陵增绿突破、平原农田防护林保育和碳汇林建设等项目，不断扩大林地面积，稳步提高森林覆盖率。到 2016 年，造林有效面积 65 万公顷以上。到 2020 年，力争造林有效面积 100 万公顷，林木绿化率达到 40% 以上。①

提升应对气候变化能力。完善应对气候变化体制机制、政策法规以及基础统计核算体系建设。加快发展低碳产业，建立低碳生产方式和低碳消费模式，有效控制温室气体排放。探索建立碳排放交易市场，发挥碳减排市场机制作用。加强低碳技术研发和推广应用。完善气象防灾减灾服务系统，加强气候变化和极端气候事件监测、预测、响应、影响评估和灾害应急能力建设。加强农田基础设施建设，提高农业适应气候变化能力。加大应对气候变化宣传力度，提高公众参与意识，大力推动全社会低碳行动。②

3. 坚持综合治理，构建安全稳定的环境保障体系

深化重点流域治理。加强皖江（长江安徽段）及主要支流沿岸污染、船舶流动源污染和有毒有害物污染防治，加大崩岸治理力度，强化水生生物资源养护，改善水环境质量。加强淮河流域水环境治理，实施"三防一供"工程，加快水利设施建设，统筹解决水多、水少、水脏问题。实施巢湖流域水环境综合治理，严格限制氮、磷排放，遏制水体、水质下降和富

① 安徽省人民政府：《安徽生态省建设总体规划纲要》，http://www.ah.gov.cn/UserData/DocHtml/1/2013/7/12/2186933222934.html。

② 同上。

营养化加重趋势，建设巢湖流域生态经济区。加大新安江流域水资源和生态环境保护力度，实现流域经济社会发展与生态文明建设良性循环。①

加大工业污染防治力度。引导企业集聚发展、集中治污，提高园区污染物排放标准和处理能力。加强污染排放重点工业企业工艺技术改造，加大造纸、印染、化工、食品饮料等重点行业废水治理力度，推进电力、冶炼、化工、水泥等工业领域低氮燃烧技术应用和脱硝、脱硫设施建设。强化源头控制、过程阻断，严格实施强制性清洁生产审核，全面推进清洁生产。加强土壤污染防治，推进污染耕地、场地环境修复。完善污染事故应急体系、环境与健康风险评估体系。②

加强城市环境综合整治。加快城市环保基础设施建设，提升城市污水处理、垃圾处理、危险废物处置能力，加强重金属污染综合治理，强化辐射安全和防护监督管理。实施城市清洁空气行动计划，加大城市烟尘、粉尘、细颗粒物、汽车尾气和施工场地扬尘治理力度，建立健全大气污染联防联控机制，逐步解决城市灰霾、噪声、光化学烟雾等突出环境问题。建立多部门联防联控噪声污染防治机制，切实改善城市声环境质量。加强城乡接合部、城中村环境整治。全面实现机动车环保标志管理，到 2016 年设市城市全面实施 PM 2.5 监测与控制。③

着力推进农业污染防治。引导使用生物农药或高效、低毒、低残留农药，大力推进测土配方施肥，大幅提高化肥、农药利用率，有效防治面源污染。深入推进废弃农膜等农业生产废弃物资源化利用，加大秸秆禁烧力度，着力开展农作物秸秆综合利用。加强规模化畜禽养殖场和养殖小区污染综合治理，推进养殖废弃物综合利用。实施畜禽及水产养殖污染治理、化肥农药品质提升和精准使用、农林废弃物综合利用等项目。到 2016 年，规模化畜禽养殖场废弃物综合利用率超过 80%，化肥利用率提高 2.5 个百分点，农药利用率提高 10 个百分点，农业污染物排放水平下降 10% 左右。④

---

① 安徽省人民政府：《安徽生态省建设总体规划纲要》，http://www.ah.gov.cn/UserData/DocHtml/1/2013/7/12/2186933222934.html。

② 同上。

③ 同上。

④ 同上。

4. 坚持文明先行，构建全民参与的生态文化体系

建设绿色政府。强化生态文明施政理念，把生态文明建设贯彻落实到经济社会发展各领域和全过程。推行绿色决策，建立并完善生态文明建设与经济社会发展综合决策机制，在城市规划、资源开发利用、土地开发等重大决策过程中，优先考虑生态环境承载力。全面实施绿色采购制度，优先采购通过绿色认证的产品和设备。发挥政府机构和公务员模范表率作用，实施绿色办公，减少资源消耗。打造生态文化载体。完善图书馆、文化馆、博物馆、科技馆等文化基础设施，强化生态文化信息资源收集、整理和传播。选择一批代表性强、基础较好的森林公园、湿地公园、地质公园、自然保护区以及学校、企事业单位，创建生态文化教育基地。广泛开展绿色学校、绿色饭店、节约型示范零售企业、节能低碳家庭等创建活动。加强生态文化资源保护和开发，推进生态文化产业大发展。[①]

倡导绿色生活模式。引导消费者树立文明、节约、绿色、低碳消费理念，推进形成绿色生活方式和消费模式。鼓励购买、使用节能节水产品、节能环保家电、节能与新能源汽车和节能省地住宅，减少使用一次性用品，限制过度包装，抑制不合理消费。发展城市绿色公共交通，推进生活垃圾分类收集处理。[②]

加强宣传引导。开展节能减排全民行动，组织开展世界环境日、世界水日、中国植树节、全国土地日、节能宣传周等活动，充分利用报纸杂志、广播电视、互联网络等形式，加强生态文明宣传，营造深厚的舆论氛围。发挥行业协会、中介组织和其他各类社会组织的桥梁纽带作用，引导企业和公民自觉履行社会责任。深入开展学校、家庭、社区生态文明主题活动，引导全体公民参与生态强省建设。[③]

5. 坚持以民为本，构建宜居、宜业的生态人居体系

创建绿色城镇，全面开展空气清洁工程。深入推进生态文明建设试点，建设一批国家生态文明建设示范县（市、区），继续推动国家生态市、

---

① 安徽省人民政府：《安徽生态省建设总体规划纲要》，http：//www.ah.gov.cn/UserData/DocHtml/1/2013/7/12/2186933222934.html。

② 同上。

③ 同上。

国家生态县（区）创建。强化城镇水系统设计，完善城镇水网，提高城市水面率和雨洪调蓄能力，维护城镇水生态安全。保护和建设城市湿地公园。合理布局城镇绿色空间，加强城市绿道、公园绿地建设，积极推广建筑物立体绿化，建设布局合理、生态良好、景观优美的森林城市，改善城市生态环境质量。积极创建国家新能源示范城市、低碳试点城市、可再生能源建筑应用示范城市，继续开展节能、省地、环保型生态住宅试点示范，建设一批舒适、健康、绿色的城镇生态住宅。全面实施城市 PM 2.5 监测能力建设，继续推进酸雨整治、烟气脱硝、机动车尾气排放控制、工业锅炉高效除尘等项目。到 2016 年，全面防治二氧化硫、氮氧化物等大气污染，空气质量明显好转，设市城市建成 PM 2.5 监测发布体系。[①]

构建生态和谐社区。坚持以点带面，大力开展绿色小区创建活动。推进新建住宅小区绿色低碳设计和建筑布局优化。加快城市棚户区、城中村和老旧住宅小区改造，完善设施配套，加强社区绿地建设，营造优美环境。创新社区管理模式，实施综合物业管理，改善社区环境卫生。坚持生态环境与人文环境相结合，引导居民参与社区绿色创建和文化宣传活动，提升社区文化品位，将城镇社区建设成为生活富裕、社风文明、环境整洁、管理民主的生态和谐社区。[②]

建设美好乡村。坚持绿色引领，大力发展优质高效生态农业、观光农业及农产品加工业，稳步提高农村居民收入。优化村庄布局，加强外立面及附属设施修缮改造，促进建筑外观整洁、风貌总体协调、体现乡村特色。加强改水、改厕，完善污水、垃圾处理设施，深入开展村庄环境整治和生态建设，推进村庄园林化、庭院花园化、道路林荫化。加强公共服务设施建设，推进公共服务职能化。加快推进美好乡村建设，打造经济繁荣、生活富裕、环境优美、民主和谐的美好乡村。[③]

6. 坚持绿色发展，构建高效低耗的生态经济体系

加快产业结构优化升级。加大淘汰落后产能力度，加强高耗能、高污

---

① 安徽省人民政府：《安徽生态省建设总体规划纲要》，http://www.ah.gov.cn/UserData/DocHtml/1/2013/7/12/2186933222934.html。

② 同上。

③ 同上。

染、高排放产业技术改造，大力发展战略性新兴产业，加快传统产业和战略性新兴产业深度融合，培育壮大一批具有国际竞争力的主导产业。加强自主创新和技术引进，提升电子信息和家用电器产业优势。加速信息技术、材料技术推广应用，促进汽车和装备制造发展。推进材料、能源产业链延伸和跨产业发展，大力发展新材料、新能源产业。优化提升食品医药及轻工纺织等产业。优化服务业结构，明显提高服务业增加值占 GDP 比重，加快发展生态旅游业、文化创意、数字出版等新兴文化产业。①

大力发展循环经济，开展循环经济壮大工程。加强城市、园区和企业循环经济建设，加快实施循环经济"百千万"示范工程，深入推进企业间资源共享、副产品互用和企业内部节约利废，构建循环型产业体系，打造全国循环经济发展示范区。实施园区循环化改造，推进铜陵经济开发区循环化改造等国家级、省级示范试点工作。加快废旧汽车零部件、工程机械等再制造产业发展，鼓励废旧家电、报废汽车、废杂金属及电子产品等再生资源回收利用，并严格管理。深入开展餐厨垃圾收集和处理工作试点，全面推进城市餐厨废弃物资源化利用。实施再制造、城市矿产、资源综合利用、节能环保技术产业化、节能产品兴企惠民、节能基础能力建设等项目。到 2016 年，建设 500 个循环经济示范单位，实施 1000 个循环经济重点工程，形成 1000 万吨标准煤的节能能力，循环经济产业形成较大规模。②

培育节能环保产业，推动低碳产业园区建设工程。加快构建节能环保产业技术创新体系和技术标准体系，加强污染防治、生态保护、节能环保装备及新型环保材料等关键技术研发和成果转化，做大做强节能与新能源汽车、绿色家电、半导体照明、城市污水处理装备等优势产业。大力推行合同能源管理节能服务、专业化环境工程服务、治理设施运营服务等，推动节能环保服务社会化，促进节能环保服务业发展。培育一批具有较强竞争力的节能环保骨干企业、产业基地和产业集群。按照"布局合理、用地集约、产业聚集、低碳发展"的要求，实施园区低碳化、循环化改造、产业链优化等项目。到 2016 年，所有省辖市产业园区和 55% 以上省级开发

---

① 安徽省人民政府：《安徽生态省建设总体规划纲要》，http：//www.ah.gov.cn/UserData/DocHtml/1/2013/7/12/2186933222934.html。

② 同上。

园区实行低碳化改造。江南、江北集中区以及新建、扩建产业园区按照低碳园区要求规划建设。①

开发绿色生态产品，推动美好乡村建设工程。健全农产品质量安全体系，实现农产品产地环境清洁化、生产过程标准化、质量监管制度化、产品营销品牌化，大力发展有机、绿色、无公害农产品，建设一批生态农业示范基地。规范食品加工程序和添加剂使用，加强食品质量控制和安全监管，推进绿色食品基地建设，保障食品安全。加快发展节约、清洁、低碳、安全的绿色工业产品，鼓励企业开展绿色认证，形成一批国内外知名的绿色品牌。实施农产品标准化推广、种植业和养殖业示范基地建设、监测检测能力提升（农产品生产监测、农产品市场安全检测、食品加工监测、餐饮业食品安全检测）、标准体系完善、农产品质量安全追溯系统建设等项目。到2016年，打造一批优质农产品知名品牌，建成较为完备的食品安全监管体系，优质农产品比例显著提高，食品安全得到充分保障。实施美好乡村示范、农村环境连片整治、农村危房改造、农村安全饮水保障、古村落保护等项目。到2016年，建成15000个美好乡村，全省农村生活垃圾无害化处理率力争达到45%，农村饮水安全得到保障，农村环境面貌和生产生活条件得到根本改善。②

7. 坚持节约集约，提升资源利用效率，构建可持续的资源支撑体系

提高水资源保障水平。实现以水资源开发利用、用水效率、水功能区限制纳污为核心的最严格水资源管理制度。加快推进引江济淮（巢）等跨流域、跨区域调水工程，开工建设淮水北调工程，积极推进引淮济阜、引淮济亳、引芡济蚌等区域性调水工程。加快抗旱应急水源、雨洪资源利用、再生水利用等水源工程建设。加快灌区配套与节水改造，扩大节水作物品种和种植面积，推进农业节水增效，基本实现农业灌溉用水总量零增长。加大工业节水技术推广和技术改造力度，加快淘汰高耗水工艺、设备和产品。全面推广节水器具，加快城市供水管网改造。加强地下水资源管理，严格控制地下水开采。全面推进节水型城市、企业、社区、家庭建设。③

---

① 安徽省人民政府：《安徽生态省建设总体规划纲要》，http：//www.ah.gov.cn/UserData/DocHtml/1/2013/7/12/2186933222934.html。

② 同上。

③ 同上。

推进能源节约利用。实施能源消费总量和能源消耗强度"双控制"。加快节能新技术、新材料、新设备的推广应用，实施热电联产、能量系统优化、余热余压利用、锅炉改造、建筑节能、交通节能、绿色照明节能等工程，促进钢铁、冶金、电力、石化、建材、纺织等传统产业节能改造。优化能源消费结构，增加非化石能源消费比重，促进分布式能源产业发展，因地制宜发展太阳能、风能、生物质能等可再生能源。发展节能咨询设计、节能工程运行管理和节能技术、产品推广等节能服务，完善节能服务体系。加强重点用能单位节能管理，建立行业领域节能"领跑者"标准制度，整体提升全社会能源利用效率。[①]

强化土地节约集约利用。实施严格的耕地保护制度，积极推进土地整理复垦开发，实现耕地占补平衡。建立建设用地指标体系，明确各类开发园区新建项目供地条件，严控限制类项目用地。节约集约利用土地，鼓励建设多层厂房。加大对闲置土地的清理处置力度，建立城镇建设用地供应与存量土地利用效率挂钩机制。开展农村土地整治示范省建设和城乡建设用地增减挂钩试点，加大对散乱、废弃、闲置、低效利用的农村集体用地整治力度，盘活农村宅基地及存量建设用地。[②]

加强矿产资源综合利用。全面实行矿产权设置方案制度，落实矿山最低开采规模标准，优化矿产资源勘查开发格局。提高铜矿、钼矿、多金属矿及共伴生矿、低品位矿、难选矿的综合利用水平，大力开展煤层气、煤矸石、粉煤灰、脱硫石膏、矿井水、煤系伴生高岭土、残矿的开发利用。培育一批国家资源综合利用"双百工程"示范基地和骨干企业，推进国家级矿产资源综合利用示范基地建设，扶持一批省级资源综合利用示范基地和骨干企业，建设"绿色矿山"。[③]

推动绿色消费工程。实施节能与新能源汽车推广，节能家电消费促进，绿色建筑、绿色低碳交通推行，废旧产品循环流通网络建设，绿色产品标准标识体系构建等项目。节能与新能源汽车保有量居全国前列，设市

---

① 安徽省人民政府：《安徽生态省建设总体规划纲要》，http://www.ah.gov.cn/UserData/DocHtml/1/2013/7/12/2186933222934.html。

② 同上。

③ 同上。

城市全面实行节能及新能源公共交通，节能环保家电使用率达70%，可再生能源建筑应用面积占当年新建民用建筑面积比例超过40%。[①]

五 广西实践经验

(一) 广西生态环境现状概况

广西壮族自治区地理位置独特，一湾相挽11国，沿江、沿海、沿边，背靠大西南，毗邻台、港、澳，地处我国珠三角、西南和东盟三大经济圈的接合部，是我国唯一与东盟既有陆地接壤又有海上通道的区域，在国家生态安全格局中具有重要地位，生态环境保护要求高。广西又素有"八山一水一分田"之称，环境承载力十分有限。特殊的地理位置和国土空间格局决定了广西既要加快推进工业化、城镇化建设，又要面临越来越大的资源环境压力。作为后发展地区，广西始终坚持"环保优先"的理念，确立"生态立区、绿色发展"战略，把建设生态文明示范区作为生态文明建设的主干线、大舞台和着力点，逐步走出一条环境保护和经济发展高度融合的新道路，生态文明建设取得明显成效。[②]

2011年，全区造林114.2万公顷，森林覆盖率超过60%，沼气入户率达到46.4%，排全国第一。全区生态环境质量稳步提升，生态经济发展势头良好，资源合理利用水平进一步提高。综合治理水土流失面积1020平方公里；污水集中处理率和垃圾无害化处理率均达到65%，39条主要河流水质达标率为95.9%，地表水水质达标率达到95.9%。全区建成国家级生态示范区22个，各类自然保护区78个，保护区总面积达145.10万公顷，初步形成了科学合理的自然保护区网络。如今的八桂大地，碧海蓝天，环境优美，生态宜人，良好的生态环境已成为广西发展的重要核心竞争力。[③]

---

① 安徽省人民政府：《安徽生态省建设总体规划纲要》，http：//www. ah. gov. cn/UserData/DocHtml/1/2013/7/12/2186933222934. html。

② 梁斌：《推进生态文明，建设美丽广西》，http：//www. qstheory. cn/st/dfst/201301/t20130121_ 207104. htm。

③ 张云兰：《广西生态文明建设现状及对策研究》，《经济与社会发展》2013年第3期，第31~33页。

广西生态文明建设起步较早。2005 年，广西做出建设生态省区的重大决策，并出台一系列政策措施。2006 年，广西明确提出把生态建设和环境保护作为建设"富裕文明和谐新广西"奋斗目标的重要内容。2007 年，自治区党委、政府发布《关于落实科学发展观建设生态广西的决定》，同年 9 月启动实施《生态广西建设规划纲要》。2008 年，自治区党委、政府在制定科学发展三年计划时，把环境保护和生态建设列入其中。2010 年，广西出台《关于推进生态文明示范区建设的决定》，提出了"生态立区、绿色发展"战略思路，要求在更高层次上实现人与自然、人与人的和谐，努力把广西建设成为经济资源协调、生态产业发达、生态屏障坚实、自然人文和谐宜居的生态文明建设示范区。"十一五"期间，广西坚持不懈地保护独特的生态优势，开展节能减排攻坚战，加大生态广西建设，引导资金投入，探索建立以小资金引导大生态建设的模式，开展生态文明建设理论及政策创新研究，取得良好成效。2012 年，广西出台《开展以环境倒逼机制推动产业转型升级攻坚战的决定》，全力助推生态文明建设。自治区党委提出了"生态立区、绿色崛起"的战略思路，加快建设生态文明示范区，加快转变经济发展方式，加快产业转型升级，确保生态文明和经济发展"两不误""双促进"。自治区政府将建设生态文明示范区纳入"十二五"国民经济和社会发展规划，确立了生态文明示范区建设的重要地位，进一步增强了各级、各部门推进生态文明示范区建设的责任感和使命感。[①]

广西大力推进退耕还林、重点防护林、湿地保护、中小流域综合治理等工程建设，积极开展石漠化综合治理试点工程。全区营造林面积达到 114.2 万公顷，完成义务植树 3.7 亿株；完成 18 条小流域综合治理，综合治理水土流失面积 1020 平方公里；森林资源大幅增长，森林覆盖率超过 60%，位居全国第 4。全区有 22 个县（区）、2 个乡镇和 1 个村分别获得国家级生态示范区、国家级生态乡镇、国家级生态村称号。北海滨海国家湿地公园的建设，实现了广西国家湿地公园零的突破。[②] 2008

① 《十六大以来广西生态文明建设成就：山清水秀生态美》，http：//news. gx-news. com. cn/staticpages/20121029/newgx508db1ea – 6308966. shtml。

② 《生态立区绿色崛起 广西建设生态文明和谐发展》，http：//news. hexun. com/2012 – 10 – 27/147286130. html。

年，国家正式启动石漠化综合治理试点工程，广西都安、大化等 12 个县列为全国石漠化综合治理试点县，通过推进石漠化综合治理，积极改善广西的生态环境，构建珠江上游的生态屏障，从源头上保障珠江下游地区生态安全。①

自治区党委、政府高度重视漓江生态建设，出台《广西壮族自治区漓江流域生态环境保护条例》，将漓江流域生态环境保护纳入法制轨道。为严格控制漓江流域的工业污染，几十家临近漓江的企业进行了搬迁，"两江四湖"工程建成，漓江补水枢纽工程加快建设，漓江流域以及桂林地区的生态环境总体保持优良。②

积极推进农村环境综合整治和生态示范创建。"十一五"期间，广西充分运用城乡清洁工程并以城乡风貌改造为载体，积极开展以饮用水水源地保护、生活污水垃圾污染治理、畜禽养殖业污染防治为主要内容的农村环境综合整治和生态示范创建工作，生态县、生态乡镇和生态村不断涌现。到 2010 年，全区 14 个设区市和 80 个县（区）已完成生态市、生态县的规划编制工作，积极开展生态乡镇、生态村等创建工作。③

大力治理污染问题。严控严批"两高一资"项目，对不符合国家产业政策、超能耗指标或未取得排放总量指标的项目，一律不受理、不核准、不审批。"十一五"期间，全区不同意审批的项目达 1218 个，从源头上保护好广西山清水秀的生态环境。坚决淘汰落后产能，促进产业转型升级。"十一五"期间，共关停小火电 126.61 万千瓦，淘汰落后产能炼铁 241.4 万吨、炼钢 504.9 万吨、水泥 892.8 万吨、造纸 70.45 万吨。全力开展环境风险和安全隐患大排查大整治。各地加强环境执法，全面开展涉重金属及化工、制糖、淀粉、酒精、制浆造纸等 11 个重点行业企业和集中式饮用水源地环境风险和安全隐患大排查大整治，责令存在重大环境安全隐患的

① 梁斌：《推进生态文明，建设美丽广西》，http：//www.qstheory.cn/st/dfst/201301/t20130121_207104.htm。

② 《生态立区绿色崛起　广西建设生态文明和谐发展》，广西新闻网，http：//news.hexun.com/2012－10－27/147286130.html。

③ 梁斌：《推进生态文明，建设美丽广西》，http：//www.qstheory.cn/st/dfst/201301/t20130121_207104.htm。

企业停产整改。全区共排查企业 1516 家，对存在问题的 1080 家企业采取措施进行整改，其中限期整改 631 家，停产整治 321 家，关闭取缔 128 家。"十一五"时期，全区化学需氧量由 2005 年的 106.98 万吨减少到 93.69 万吨，削减 12.43%；全区二氧化硫排放量由 2005 年的 102.3 万吨减少到 90.38 万吨，削减 11.66%。到 2010 年底，全区新建成城镇污水处理厂 98 座，成为全国第九个、西部第二个县建有污水处理厂的省区，城镇污水处理率从 7.8% 提高到 60% 以上，是全国污水处理率提高最快的省区，超过了全国"十一五"规划 50% 的目标。超额完成了减排任务，环境保护优化经济发展的作用逐渐凸显。[①]

（二）广西生态文明建设存在的问题

1. 污染物排放总量大，部分地区环境污染问题仍较突出

广西产业结构以资源型为主，主要污染物产生量、排放量大，排污强度依然维持在较高水平。个别设区城市空气质量、少量河流河段水质未能达到规定标准，部分区域地下水受到污染，特别是局部地区重金属污染突出且危害仍在加深，历史遗留环境问题治理难度大。大部分危险废物没有得到安全处置，难降解、有毒有害有机污染物污染问题逐渐显现，环境风险在增加。农村生活和农业生产污染呈加重趋势，土壤污染源多面广，危及农村饮水安全和农产品安全。核与辐射安全压力不断加大，城市机动车尾气污染问题凸显。[②]

2. 生态系统功能退化，生物多样性受到威胁

广西自然生态系统较为脆弱，长期对资源的不合理开发造成生态系统受到不同程度的破坏，原生植被不断减少，部分区域水土流失、石漠化扩展趋势尚未得到有效遏制，生态服务功能减弱甚至丧失，全区石漠化面积 237.9 万公顷，水土流失面积 2.81 万平方公里。物种及其栖息地遭到损

---

① 《生态立区绿色崛起　广西建设生态文明和谐发展》，广西新闻网，http://news.hexun.com/2012 - 10 - 27/147286130.html。

② 广西壮族自治区发展和改革委员会、广西壮族自治区环境保护厅、广西壮族自治区林业厅：《广西壮族自治区环境保护和生态建设"十二五"环境保护规划》，http://www.cep.org.cn/appfiles/201206/000026360003.html。

害，一些珍稀物种已濒临灭绝，外来入侵物种危害严重。海洋生态环境退化趋势仍在加剧。[1]

3. 体系仍不健全，资金投入不足

广西环境保护体制机制、法规标准、经济政策尚未健全，生态补偿机制尚未完善，生态环境保护管理机制不完善，自然保护区缺乏强有力的统一规划和监管。环境保护投融资机制尚未形成，投资渠道单一、投入不足，环境污染治理投资占同期 GDP 比例仅为 1.47%，自然保护区建设、重点生态工程建设、重金属污染治理、农村环境综合整治等项目资金缺口大，生态公益林补偿标准偏低。[2]

4. 环境监管能力薄弱，科技支撑不强

我区生态环境监管职能部门机构不健全、人员不足且素质不高、基础设施缺乏等问题仍较突出，环境监控预警和应急监测能力、环境监察能力、辐射监管能力、环境宣教信息基础能力、自然保护区管护基础设施建设滞后，农村环境监管薄弱。环保科技创新体系不健全，自主创新能力不强，基础研究、关键技术研发对环境保护支撑不足，产学研结合机制、科技人员培养引进、激励和考评机制不够完善，科研成果产出率低、转化率不高，环保产业发展相对落后，难以适应环境保护历史性转变的需要。[3]

（三）广西生态文明建设主要规划措施

根据广西壮族自治区环境保护和生态建设"十二五"环境保护规划，广西的生态文明建设重点主要将落实在以下方面。

1. 实施区域环境保护总体战略，以环境保护优化经济发展

强化分区分类指导，加强战略环境影响评价、规划环境影响评价的执行与落实，健全规划环境影响评价和建设项目环境影响评价的联动机制，

---

[1] 广西壮族自治区发展和改革委员会、广西壮族自治区环境保护厅、广西壮族自治区林业厅：《广西壮族自治区环境保护和生态建设"十二五"环境保护规划》，http://www.cep.org.cn/appfiles/201206/000026360003.html.

[2] 同上。

[3] 同上。

构建区域统筹协调、环境功能明确、分工合作的环境保护管理新机制，推进形成高效协调可持续的国土空间开发格局。①

促进"两区一带"产业布局和结构优化。推进北部湾经济区重点产业发展战略环评成果的落实，在区域产业发展布局和项目建设过程中，坚持"生态功能不退化、水土资源不超载、污染物排放总量不突破、环境准入要求不降低"四条红线，加快推进发展方式转变，促进钢铁、石化、核电、铜镍、林浆纸、电子信息、机械设备制造、新能源等产业布局和结构优化，构建新型产业体系，严格控制"两高"型产业的规模扩张，进一步提高资源能源利用效率。②

2. 持续深入推进主要污染物减排，促进经济发展方式转变

实行主要污染物排放总量控制制度，按照"减存量、控增量、挖潜力"的工作思路，全面推进化学需氧量、氨氮、二氧化硫、氮氧化物等主要污染物减排，落实减排责任，通过强化结构减排、深化工程减排、实化管理减排和推进清洁生产，降低产、排污强度。③

强化污染减排对结构调整的倒逼作用。严格执行国家相关产业政策，制定、实施落后产能淘汰计划，进一步加大对造纸、淀粉、酒精、制革、铁合金、有色冶炼、建材等行业落后产能淘汰力度，实行主要污染物排放总量控制，建立污染减排、淘汰落后产能完成情况与新建项目衔接的审批机制，实施"等量淘汰（置换）"或"减量淘汰（置换）"。制定、实行更加严格的排放标准，完善、落实相关经济政策，促进落后产能退出。推动绿色工业化进程，加快传统产业改造升级，鼓励企业优化生产流程，加快淘汰落后工艺技术和设备。大力发展循环经济、低碳经济，降低资源能源消耗和污染物新增量，积极培育节能环保、新能源等战略性新兴产业，加快研发和推广应用高效绿色适用技术，推进绿色采购、绿色贸易，促进绿色消费。④

---

① 广西壮族自治区发展和改革委员会、广西壮族自治区环境保护厅、广西壮族自治区林业厅：《广西壮族自治区环境保护和生态建设"十二五"环境保护规划》，http：//www. cep. org. cn/appfiles/201206/000026360003. html。

② 同上。

③ 同上。

④ 同上。

全面深化工业行业水污染物减排，推进城镇生活水污染物减排。以制浆造纸、制糖、淀粉、酒精、氮肥制造、化工、有色金属、制革、食品、医药、农副产品加工等行业为重点，继续加大工业污染深度治理和工艺技术改造力度，提高行业污染治理技术水平，降低单位产品污染物排放强度。各工业园区同步建设相应规模的污水集中处理设施。继续优先完善已建成污水处理厂的收集管网和脱氮除磷设施，加强污水处理设施运行监管。①

大力推动农业源减排。积极推进以规模化畜禽养殖场和养殖小区为重点的农业源减排，开展养殖区区划，科学划定禁养区、限养区和适养区，调整优化养殖业发展布局及规模；制定畜禽养殖业污染防治规划，积极推广清洁养殖方式，应用先进实用技术治理畜禽养殖污水和废弃物，实现废弃物的无害化处理和资源化利用，最大限度地减少污染物的排放量。②

全面实施非电行业大气污染物减排。加快冶金、建材、有色冶炼等行业燃煤锅炉、窑炉烟气脱硫设施建设。完善机动车排气检测体系，开展机动车定期环保检验，实行机动车环保标志管理。新车注册登记和转入我区登记车辆严格执行国家第四阶段机动车排放标准。加快淘汰老旧机动车。制定实施《大气污染联防联控改善区域空气质量实施方案》，按照统一规划、统一监测、统一监管、统一评估原则，建立区域大气污染联防联控体系。健全大气污染监测和预警体系。探索和推动建立泛北部湾区域空气质量预测预报和会商机制，实现区域环境信息共享。③

推进清洁生产。将清洁生产审核作为环保审批、环保验收、核算污染物减排量的重要因素，提高企业清洁生产水平，减少污染物排放。进一步加强对超标排污企业的强制性清洁生产审核。逐步开展农业、服务业清洁生产工作。推进污染企业绩效评估，严格上市公司环保核查制度。④

---

① 广西壮族自治区发展和改革委员会、广西壮族自治区环境保护厅、广西壮族自治区林业厅：《广西壮族自治区环境保护和生态建设"十二五"环境保护规划》，http://www.cep.org.cn/appfiles/201206/000026360003.html。

② 同上。

③ 同上。

④ 同上。

3. 深化重点流域污染综合防治

流域统筹、水陆结合，按水环境功能区控制，采取针对性措施，加快解决部分重点河流、河段水质不达标问题。通过深度治理工业企业污染、推进城镇生活污染治理、积极防治养殖业污染，实施农业面源总量控制试点示范，改善水环境质量。①

加强近岸海域水污染防治。坚持陆海统筹、河海兼顾，系统防控海洋环境污染。推进海洋功能区划、近岸海域环境功能区划落实，建立入海污染物总量控制制度，制定实施流域—河口—近岸海域相协调的污染防治规划。加强海岸工程、海洋工程和海洋倾废的监督管理，推进沿海工业废水、城镇生活污水垃圾、船舶污染治理，加快港口、渔港、海洋工程的污染防治设施建设，消减污染物入海总量。进一步加强突发性溢油污染防治。加大海水养殖污染防治力度，优化养殖区域布局，确定适宜养殖规模，推行清洁养殖模式，降低海水水产养殖污染物的排放强度。加强河口、近岸海域环境监测和预警。②

推进地表水、地下水污染协同防控，建立健全地下水环境监管体系，开展地下水污染状况普查与监测。重点对工业危险废物堆存、垃圾填埋、矿山开采、石油化工行业生产等地下水污染隐患区域加强防控。在地下水污染问题突出的地区，有计划地开展地下水污染修复试点。严厉查处利用溶洞、渗井等排污的违法行为。③

4. 夯实生物多样性保护工作基础

开展区域生态系统、生物物种资源本底调查和生物多样性评价，编制、实施《广西生物多样性保护战略与行动计划》；建立健全生物多样性保护和生物安全监管体制机制，提高生物多样性调查、评估和监测预警能力以及各级自然保护区、森林公园、风景名胜区、地质公园、自然遗产地、重要湿地等生物多样性丰富区域的管护能力，把生物多样性评价纳入规划环评和建设项目环

---

① 广西壮族自治区发展和改革委员会、广西壮族自治区环境保护厅、广西壮族自治区林业厅：《广西壮族自治区环境保护和生态建设"十二五"环境保护规划》，http://www.cep.org.cn/appfiles/201206/000026360003.html。

② 同上。

③ 同上。

评，建立生物多样性监测、评价和预警制度。①

加强自然保护区建设与管理。加强自然保护区建设和管理，在增加自然保护区数量的基础上，切实提高自然保护区建设的质量。加快自然保护区资源调查评估，完善各保护区的总体规划和功能区划，加强自然保护区基础设施和能力建设，推进规范化管理，构建保护区科研平台和监测网络。在现存具有自然生态系统代表性、物种丰富的区域，特别是湿地、海洋生态系统及珍稀濒危物种分布区，抢救性建立一批自然保护区和自然保护小区，优化自然保护区空间结构和布局。

5. 大力保护和建设森林生态系统

全面实施"绿满八桂"造林绿化工程。按照"山上调结构、提质量，山下扩绿化、增总量"的总体要求，全面实施"绿满八桂"造林绿化工程，推进城乡绿化美化一体化建设。加快山上绿化、通道绿化、城镇绿化、村屯绿化和园区绿化，继续实施珠江防护林、沿海防护林工程，加强生态公益林保护，进一步巩固退耕还林成果。②

加强森林资源管护。全面加强森林资源管护，提高管理水平，巩固扩大生态建设成果。实施广西林地保护利用规划，编制县级林地保护利用规划，严格保护和管理林地、森林资源；加强林木采伐管理，深化林木采伐管理制度改革，建立与林业发展要求相适应的林木采伐管理制度。③

加强重点公益林监管体系建设。建立自治区级以上公益林监管长效机制，优化完善政策标准体系，实行包括政策执行和落实、动态调整及管护效果等方面的年度监管。加快建立自治区级以上公益林动态监测体系、地籍管理体系和管理成效检查考评体系。制定颁布公益林管理办法，拓展补偿基金来源渠道，逐步提高补偿标准，全面落实公益林管护责任。④

---

① 广西壮族自治区发展和改革委员会、广西壮族自治区环境保护厅、广西壮族自治区林业厅：《广西壮族自治区环境保护和生态建设"十二五"环境保护规划》，http://www.cep.org.cn/appfiles/201206/000026360003.html。

② 同上。

③ 同上。

④ 同上。

6. 加强陆地湿地生态系统和海洋生态系统保护

加快建设以国际重要湿地、国家重要湿地、湿地自然保护区、湿地公园、湿地自然保护小区和湿地多用途管制区为基本格局的湿地保护体系。

7. 加大退化生态系统修复重建力度，恢复生态服务功能

加快推进石漠化综合治理。采取封山育林、退耕还林、小流域水土保持、农村能源建设等措施恢复自然植被，全面推进石漠化综合治理，逐步恢复和重建岩溶地区生态系统。全区共实施封山育林133.33万公顷、荒山造林24万公顷，有效提高了岩溶地区森林覆盖率。建立石漠化土地动态监测管理系统和石漠化综合治理效果评价指标体系，定期开展石漠化土地动态变化和治理效果监测。①

加强区域水土流失综合治理。在坡耕地分布广、面积大、石漠化严重、人地矛盾突出的桂西和桂东北地区，重点推进坡耕地水土流失综合治理和小流域综合治理；在崩岗发育的桂东及桂东南地区，加快崩岗治理工程建设；在山洪、滑坡、泥石流的易灾地区，加快以小流域为单元的水土流失综合治理；其他地区在强化预防保护和监督管理的同时，对局部严重的水土流失区域进行综合治理。②

加强矿山生态治理与修复。推进各类矿山和地质灾害多发区的生态治理，重点开展河池有色金属矿区、百色铝土矿区等大中型矿区的生态治理和修复，基本解决国有大中型矿山历史遗留的环境问题，继续对存在重大地质灾害隐患和地质环境问题较多的废弃矿井、无主矿山逐步开展治理恢复。选择龙胜滑石矿、平果铝土矿、靖西铝土矿、德保铝土矿、大新锰矿、南丹多金属矿、合山煤矿等重点矿山开展矿山地质环境恢复治理与监测示范。③

8. 统筹城乡环境保护，解决农村突出环境问题

全面推进农村环境综合整治。统筹布局、因地制宜，采用实用有效的

---

① 广西壮族自治区发展和改革委员会、广西壮族自治区环境保护厅、广西壮族自治区林业厅：《广西壮族自治区环境保护和生态建设"十二五"环境保护规划》，http://www.cep.org.cn/appfiles/201206/000026360003.html。

② 同上。

③ 同上。

方式和技术加快乡村生活污水处理设施和生活垃圾的收集、转运、处置系统建设，推行垃圾"户分类、村收集、镇转运、县处理"模式；积极推广清洁环保生产方式防治农业面源污染，加强农用地膜、农药包装物的回收处理，推行农业规范标准化生产、测土配方施肥，引导和鼓励农民使用生物农药或高效、低毒、低残留农药，加强畜禽养殖污染防治，促进农业废弃物资源化利用，大力发展生态农业，推进绿色、有机产业规模化、区域化发展；严防工业污染向农村转移，加快解决农村工矿污染问题。建立农村环境综合整治目标责任制，健全农村环境保护长效机制。①

在开展全区土壤污染状况调查的基础上，对全区重要农产品产地、矿产资源开发影响区等重点地区开展土壤污染加密调查、跟踪监测，建设全区土壤环境信息管理系统，开展土壤环境功能区划，构建土壤环境分区分类管理体系。建立污染土壤风险评估制度和污染土壤修复制度，以含有重金属、危险废物等的污染场地和污染耕地为重点，选择矿山尾矿库、重污染工矿企业搬迁遗留场地、工业危险废弃物堆存场地和农田污染典型区域，制定分区、分类、分期修复计划，以点带面、因地制宜地开展污染土壤治理修复和风险控制试点工作。制定土壤污染事故应急处理处置预案，探索建立土壤污染防治监督管理制度体系。②

大力发展农村清洁能源，因地制宜地开发和利用太阳能、风能、水电、生物质能源等，不断优化农村能源结构，促进农村生态家园建设。③

9. 强化能力建设，提升监管水平

以基础、保障、人才三大工程为重点，以提升新时期环境保护与生态建设任务需求相适应的监管能力为目标，"配精省级、配强市级、加强县级"，系统提升监管能力，实现环境监管能力建设由常规达标向满足需求、由注重硬件向全面提升、由齐头并进向重点扶优的三个转变。④

---

① 广西壮族自治区发展和改革委员会、广西壮族自治区环境保护厅、广西壮族自治区林业厅：《广西壮族自治区环境保护和生态建设"十二五"环境保护规划》，http://www.cep.org.cn/appfiles/201206/000026360003.html。

② 同上。

③ 同上。

④ 同上。

建立污染源与总量减排监管体系。加强环境监察机构标准化建设，配置执法设备，提升现场执法检查和减排监察能力，加强企业环境守法建设。健全重点污染源在线监控系统，加强现场端监控设施运行管理，实现污染源实时监控，加强在线监控数据有效性审核和利用。加强环境宣传教育能力建设，丰富和完善环境宣传教育手段。加强环境统计与信息能力建设，提高信息共享与综合管理水平。①

建立环境质量监测评估考核体系。加强环境监测站标准化建设，重点加强市、县环境监测站仪器设备配置达标建设，提升自动监测和区域特征污染物专项监测能力。进一步完善环境质量监测网络，强化污染源监督性监测，加快推进基层环境监测执法业务用房建设，提供基础性、保障性的环境监管服务。开展生态监测评估能力建设，逐步建立地面生态观测站网、环境卫星遥感监测技术应用平台，提升卫星遥感监测和地面监测相结合的生态环境监测能力。强化监测运行保障，建立经费保障渠道和机制。加强环境质量监督考核，提升环境质量监督管理水平。②

建立环境预警与应急体系。建立企业突发环境事件报告和应急处理制度、特征污染物监测报告制度，增强企业防范突发环境事件的能力。加强核与辐射安全监管能力建设，建立并完善核与辐射监测站点，加强自治区及设区市辐射环境监督管理机构标准化建设。建立健全全区固体废物管理体系，加强自治区级固体废物管理中心标准化建设，积极推进设区市固体废物管理能力建设。推动建设自治区危险废物鉴定中心，提升危险废物鉴别能力。建立海洋水质监控预报预警系统和跨境河流监测监控预警体系。加强环境预警与应急响应能力建设，制定、完善环境应急预案，建立环境应急管理机制和多部门协调联动机制，加快建设自治区、市环境应急指挥平台和分区域环境事故应急物资储备库，加强应急演练，力争形成"一小时应急响应"能力。③

---

①　广西壮族自治区发展和改革委员会、广西壮族自治区环境保护厅、广西壮族自治区林业厅：《广西壮族自治区环境保护和生态建设"十二五"环境保护规划》，http：//www.cep.org.cn/appfiles/201206/000026360003.html。

②　同上。

③　同上。

10. 强化环境执法监管

根据环境保护、生态建设重点任务和形势发展需要，进一步建立健全相关法规标准体系。加快研究、制定《广西饮用水源保护区环境保护管理条例》《广西水污染防治管理条例》《广西污染物排放总量控制管理条例》《广西机动车尾气污染防治条例》《广西重要生态功能区保护管理条例》《广西壮族自治区湿地保护条例》《广西危险废物污染环境防治条例》《广西生态补偿办法》《广西森林资源转让条例》《广西全民义务植树办法》《广西公益林管理办法》《广西林业有害生物防治检疫办法》《广西森林防火条例实施办法》《广西商品林采伐管理办法》《广西畜禽养殖污染防治管理办法》《广西噪声污染防治办法》等法规和规范性文件，制定更符合广西实际需求的污染物排放（控制）标准。①

---

① 广西壮族自治区发展和改革委员会、广西壮族自治区环境保护厅、广西壮族自治区林业厅：《广西壮族自治区环境保护和生态建设"十二五"环境保护规划》，http：//www.cep.org.cn/appfiles/201206/000026360003.html。

第四章　江西省生态文明建设的现状分析

第一节　江西省绿色发展指数省域比较[①]

一　绿色发展指数评价指标体系

国家统计局中国经济景气监测中心和北京师范大学联合发布了《2012中国绿色发展指数报告》，公布了中国 30 个省（自治区、直辖市）和 38 个大中城市的绿色发展指数。中国绿色发展指数包括中国省际绿色发展指数与中国城市绿色发展指数，两者分别对中国 30 个省（自治区、直辖市）及 38 个大中型城市的绿色发展进行评价、测度与排名，为中国乃至全球的可持续发展提供参考意见。中国绿色发展指标体系由经济增长绿化度、资源环境承载潜力和政府政策支持度三个部分组成，分别反映经济增长中的生产效率和资源使用效率、资源与生态保护及污染排放情况、政府在绿色发展方面的投资和治理情况等。《2012 中国绿色发展指数报告》建立经济增长绿化度、资源与环境承载潜力、政府政策支持度三个一级指标并下设各种二级指标、三级指标（见表 4 - 1），对中国 30 个省（自治区、直辖市）绿色发展指数进行了衡量和排名。

根据绿色发展指数的指标体系以及各指标 2010 年的数据，测算出中国 30 个省（自治区、直辖市）2010 年的绿色发展指数以及经济增长绿化度、资源与环境承载潜力和政府政策支持度三个分指数的结果（见表 4 - 2）。

---

① 此节的指标分析主要参考北京师范大学科学发展观与经济可持续发展研究基地、西南财经大学绿色经济与经济可持续发展研究基地、国家统计局中国经济景气监测中心《2012 中国绿色发展指数报告》，北京师范大学出版社，2012。

表 4 - 1 中国省际绿色发展指数指标体系

一级指标	二级指标	三级指标	
经济增长绿化度	绿色增长效率指标	1. 人均地区生产总值	6. 单位地区生产总值化学需氧量排放量
		2. 单位地区生产总值能耗	7. 单位地区生产总值氮氧化物排放量
		3. 非化石能源消费量占能源消费量的比重	8. 单位地区生产总值氨氮排放量
		4. 单位地区生产总值二氧化碳排放量	9. 人均城镇生活消费用电
		5. 单位地区生产总值二氧化硫排放量	
	第一产业指标	10. 第一产业劳动生产率	12. 节灌率
		11. 土地产出率	13. 有效灌溉面积占耕地面积比重
	第二产业指标	14. 第二产业劳动生产率	17. 工业固体废物综合利用率
		15. 单位工业增加值水耗	18. 工业用水重复利用率
		16. 规模以上工业增加值能耗	19. 六大高载能行业产值占工业总产值比重
	第三产业指标	20. 第三产业劳动生产率	22. 第三产业从业人员比重
		21. 第三产业增加值比	
资源环境承载潜力	资源丰裕与生态保护指标	23. 人均水资源量	26. 自然保护区面积占辖区面积比重
		24. 人均森林面积	27. 湿地面积占国土面积比重
		25. 森林覆盖率	28. 人均活立木总蓄积量
	环境与气候变化指标	29. 单位土地面积二氧化碳排放量	36. 人均氮氧化物排放量
		30. 人均二氧化碳排放量	37. 单位土地面积氨氮排放量
		31. 单位土地面积二氧化硫排放量	38. 人均氨氮排放量
		32. 人均二氧化硫排放量	39. 单位耕地面积化肥施用量
		33. 单位土地面积化学需氧量排放量	40. 单位耕地面积农药使用量
		34. 人均化学需氧量排放量	41. 人均公路交通氮氧化物排放量
		35. 单位土地面积氮氧化物排放量	

续表

一级指标	二级指标	三级指标	
政府政策支持度	绿色投资指标	42. 环境保护支出占财政支出比重	45. 单位耕地面积退耕还林投资完成额
		43. 环境污染治理投资占地区生产总值比重	46. 科教文卫支出占财政支出比重
		44. 农村人均改水、改厕的政府投资	
	基础设施指标	47. 城市人均绿地面积	51. 城市每万人拥有公交车辆
		48. 城市用水普及率	52. 人均城市公共交通运营线路网长度
		49. 城市污水处理率	53. 农村累计已改水受益人口占农村总人口比重
		50. 城市生活垃圾无害化处理率	54. 建成区绿化覆盖率
	环境治理指标	55. 人均当年新增造林面积	58. 工业氮氧化物去除率
		56. 工业二氧化硫去除率	59. 工业废水氨氮去除率
		57. 工业废水化学需氧量去除率	60. 突发环境事件次数

资料来源:《2012 中国绿色发展指数报告》。

表 4 - 2　中国省域绿色发展指数及排名

地区	绿色发展指数		一级指标					
			经济增长绿化度		资源与环境承载潜力		政府政策支持度	
	指数值	排名	指数值	排名	指数值	排名	指数值	排名
北　京	0.655	1	0.465	1	- 0.035	14	0.226	1
天　津	0.215	2	0.291	3	- 0.134	27	0.058	8
广　东	0.175	3	0.116	7	- 0.086	21	0.145	3
海　南	0.171	4	0.022	9	0.101	6	0.048	10
浙　江	0.160	5	0.158	4	- 0.074	19	0.076	4
青　海	0.121	6	- 0.201	30	0.467	1	- 0.145	29
云　南	0.109	7	- 0.161	27	0.224	3	0.045	11
福　建	0.100	8	0.091	8	- 0.023	13	0.032	14
上　海	0.095	9	0.327	2	- 0.200	30	- 0.032	19

续表

地　区	绿色发展指数		一级指标					
			经济增长绿化度		资源与环境承载潜力		政府政策支持度	
	指数值	排名	指数值	排名	指数值	排名	指数值	排名
山　东	0.086	10	0.122	6	-0.099	24	0.063	6
内蒙古	0.075	11	-0.005	11	0.103	5	-0.022	18
江　苏	0.062	12	0.149	5	-0.153	28	0.066	5
贵　州	0.041	13	-0.186	29	0.271	2	-0.044	21
陕　西	0.030	14	-0.042	15	0.038	11	0.034	13
新　疆	-0.002	15	-0.088	22	0.049	9	0.037	12
黑龙江	-0.024	16	-0.043	16	0.181	4	-0.162	30
河　北	-0.040	17	-0.007	12	-0.095	23	0.062	7
江　西	-0.062	18	-0.078	20	0.021	12	-0.005	16
重　庆	-0.101	19	-0.104	25	-0.049	16	0.052	9
吉　林	-0.106	20	-0.031	14	0.044	10	-0.119	26
四　川	-0.115	21	-0.082	21	0.093	7	-0.127	28
安　徽	-0.122	22	-0.058	18	-0.049	17	-0.016	17
辽　宁	-0.126	23	0.007	10	-0.077	20	-0.056	23
湖　北	-0.173	24	-0.027	13	-0.091	22	-0.055	22
甘　肃	-0.176	25	-0.152	26	0.077	8	-0.101	25
广　西	-0.179	26	-0.096	24	0.045	15	-0.037	20
湖　南	-0.188	27	-0.065	19	-0.050	18	-0.073	24
宁　夏	-0.200	28	-0.184	28	-0.181	29	0.164	2
山　西	-0.208	29	-0.092	23	-0.124	26	0.007	15
河　南	-0.272	30	-0.048	17	-0.103	25	-0.121	27

二　全国绿色发展指数排名情况

根据测算结果，2012 年绿色发展指数排在前 10 名的省（自治区、直辖市）依次是：北京、天津、广东、海南、浙江、青海、云南、福建、上海和山东。从地理区位看，青海和云南 2 个省份位于西部，其他 8 个均位于东部。位于第 11～20 名的 10 个省（自治区、直辖市）中，东部地区有 2 个，分别是江苏和河北，分别排名第 12 位和第 17 位；中部地区有 1 个，为江西，排名第 18 位；西部地区有 5 个，分别是内蒙古、贵州、陕西、新疆和重庆，分别排名第 11、第 13、第 14、第 15 和第 19 位；东北地区有 2 个，为黑龙江和吉林，分别排名第 16 位和第 20 位。位于第 21 ~ 30 名的 10 个省（自治区、直辖市）中，没有位于东部地区的省份；中部地区有 5 个，分别是安徽、湖北、湖南、山西和河南，分别排名第 22、第 24、第 27、第 29 和第 30 位；西部地区有 4 个，分别是四川、甘肃、广西和宁夏，分别排名第 21、第 25、第 26 和第 28 位；东北地区有 1 个，为辽宁，排名第 23 位。

三 省区绿色发展指数排名特点

分区域看，中国四大区域的绿色发展程度呈现不同的规律。

（一）东部省份的绿色发展状况最好，经济增长绿化度优势明显

总体而言，东部省份在绿色发展水平上表现出较大的优势。在东部 10 个省市中，有 8 个排在全国前 10 位。除河北外，其余 9 个省份的绿色发展水平均高于全国测评省（自治区、直辖市）的平均水平。在改革开放 30 多年的进程中，东部省份利用自身的区位优势和国家的政策优势，经济发展明显快于其他地区，经济发展达到了一个更高的阶段，因此在经济增长效率、政府的绿色投资、基础设施建设和环境治理等方面占有优势；同时东部省份也受到了资源环境的约束，这从资源与环境承载潜力的排序中就可以明显看出。现在，东部省份更为重视经济、资源与环境之间的协调发展，在经济发展的同时更加注重绿色和环保。东部省份大力提倡"节能减排"，通过不断优化产业结构、调整产业布局等做法来缓解对资源的过度消耗及对环境的污染、破坏，逐渐提高经济的绿色发展水平。此外，由于发展迅速，经济实力雄厚，东部省份政府对政策的支持度整体高于其他地区，政府加大绿色投资和基础设施建设，提高了环境治理效率和水平。因此，东部地区在较大的资源和环境约束的状况下，整体的绿色发展水平仍然较高。

（二）西部省份资源环境优势显著，但经济发展水平相对较低

在参与测评的 11 个西部省份中，有 2 个排在前 10 名，5 个排在第 11 ~ 20 名，4 个排在第 21 ~ 30 名。西部省份在资源与环境承载潜力上得分

较高，提升了绿色发展指数的排名，但在经济增长绿化度方面不占优势，没有一个省份在经济增长绿化度方面进入前 10 名。在政府政策支持度上优势也不明显，只有宁夏（第 2 名）和重庆（第 9 名）进入了前 10 名，其他 9 个省份都在第 11 名之后，青海更是排在了第 29 名。这从一个侧面反映出，西部省份尽管有较为丰裕的资源和较好的环境承载潜力，但经济发展水平仍然不高，政府在绿色投资、基础设施建设和环境治理方面显得心有余而力不足，因此需要将绿色与发展更好地结合在一起。另外，随着西部省份经济的发展和资源开发力度的加大，生态和环境保护问题也会日益凸显。西部地区在追赶东中部地区经济发展水平的同时，也要做好环境保护工作，提升经济增长的绿色含量。

（三）中部省份缺乏突出优势，绿色发展水平有待进一步提高

测算结果显示，中部 6 省中只有江西生态优势最突出，排在第 18 位，其他 5 个省份均在第 20 名之后，整体水平偏低。从 3 个二级指标来看，中部 6 省在经济增长绿化度、资源与环境承载潜力和政府政策支持度上发展较为均衡，但整体处于中等偏下的水平。在中部崛起的过程中，由于资源利用效率和节能减排技术不高，中部省份面临能源紧张状况和环境压力，经济增长也受到种种约束。近年来，中部 6 省的经济虽然获得了不小的发展，但与东部相比仍有很大差距，而在资源与环境承载潜力上又无法同西部地区相提并论，经济实力和资源环境的双重限制使中部省份在经济增长与绿色发展之间很难协调。总之，中部省区绿色发展水平整体不高，有待进一步提升。

四 江西省绿色发展水平动态比较

从对江西省绿色发展水平进行简要分析可以看出，江西省绿色发展水平在全国参与测评的 30 个省（自治区、直辖市）中排名第 18 位（使用 2010 年数据），较 2009 年下降 1 位。2010 年江西省绿色发展指数为 -0.0620 从经济增长绿化度、资源与环境承载潜力和政府政策支持度三个一级指标来看，江西省的资源与环境承载潜力具有优势，而经济增长绿化度和政府政策支持度则相对较弱，低于全国平均水平。这些体现在：2010 年江西省绿色发展指数二级指标中有 3 个高于全国平均水平，分别为绿色增长效率指标、资源丰裕与生态保护指标和基础设施指标，说明江西省环境

优势和资源生态优势在全国处于一定的领先水平。而第一产业指标、第二产业指标、第三产业指标、环境压力与气候变化指标、绿色投资指标及环境治理指标 6 个指标则低于全国平均水平，存在提升空间。从一级指标排名变化情况来看，2010 年经济增长绿化度上升 1 位，资源与环境承载潜力下降 2 位，政府政策支持度下降 2 位。从二级指标排名变化情况来看，第一产业指标下降 1 位、第二产业指标下降 1 位、环境压力与气候变化指标下降 3 位、基础设施指标下降 4 位、环境治理指标下降 8 位；绿色增长效率指标上升 1 位、资源丰裕与生态环境保护指标上升 1 位、绿色投资指标上升 3 位。其他指标较 2009 年则没有变化（见表 4 – 3）。

表 4 – 3　江西省绿色发展指数一级指标和二级指标全国排名变化情况（2009 ~ 2010 年）

总指数	一级指标	指　标	2010 年	2009 年	变动
中国绿色发展指数			18	17	− 1
	经济增长绿化度		20	21	1
		绿色增长效率指标	9	10	1
		第一产业指标	21	20	− 1
		第二产业指标	25	24	− 1
		第三产业指标	27	27	0
	资源与环境承载潜力		12	10	− 2
		资源丰裕与生态环境保护指标	8	9	1
		环境压力与气候变化指标	16	13	− 3
	政府政策支持度		16	14	− 2
		绿色投资指标	20	23	3
		基础设施指标	13	9	− 4
		环境治理指标	22	14	− 8

　　为了进一步分析一级、二级指标变化的具体原因，明确在生态文明绿色发展过程中具体类别的变化，下面将江西省 2009 ~ 2010 年绿色发展水平三级指标中排名位次变化超过 3 位的指标摘出（见表 4 – 4）。同 2009 年相比，2010 年江西省三级指标排名中，城市人均绿地面积指标下降 6 位、城市每万人拥有公交车辆指标下降 5 位、工业废水化学需氧量去除率指标下降 5 位、突发环境事件次数指标下降 5 位、城市用水普及率指标下降 4 位、城市生活垃圾无害化处理率指标下降 4 位、人均氨氮排放量指标下降 3 位、

人均公路交通氮氧化物排放量指标下降 3 位、环境保护支出占财政支出比重指标下降 3 位、工业废水氨氮去除率指标下降 3 位;人均水资源量指标上升 3 位,农村人均改水、改厕的政府投资指标上升 3 位,工业用水重复利用率指标上升 8 位,农村累计已改水受益人口占农村总人口比重指标上升 8 位,环境污染治理投资总额占地区生产总值比重指标上升 14 位。

从变动指标分布和趋势分析,农村生态建设投入加大,基础设施建设有所进步;城市生活中对环境问题的处理存在一定的问题;对工业废水的处理也存在问题,但政府对环境污染治理的力度加大。综合来看,江西省的生态优势主要体现在绿色增长效率、资源丰裕程度、生态保护和基础设施建设方面,但基础不稳定,正在被其他省赶超。而在劣势方面,针对环境污染的投入虽然有所加大,但是总体环境治理质量下滑,这就要求在建设生态文明的同时,通过加强环境治理工作来弥补劣势,不少优势如果得不到及时的巩固发展就不能长期保有。

表 4 - 4　江西省绿色发展指数全国排名位次变化超过 3 位的三级指标 (2009 ~ 2010 年)

三级指标类别	两年原始数据		两年排名变化		
	2010 年	2009 年	2010 年	2009 年	变动
工业用水重复利用率 (%)	86.76	64.91	12	20	8
人均水资源量 (立方米/人)	5116.68	2642.46	4	7	3
人均氨氮排放量 (吨/人)	0.00	0.00	10	7	-3
每万人公路交通氮氧化物排放量 (吨/万人)	20.83	18.98	18	15	-3
环境保护支出占财政支出比重 (%)	2.56	2.76	24	21	-3
环境污染治理投资总额占地区生产总值比重 (%)	1.66	1.07	9	23	14
农村人均改水、改厕的政府投资 (元/人)	29.42	26.50	25	28	3
城市人均绿地面积 (公顷/人)	0.00	0.00	24	18	-6
城市用水普及率 (%)	97.43	98.00	16	12	-4
城市生活垃圾无害化处理率 (%)	85.89	84.40	13	9	-4
城市每万人拥有公交车辆 (标台)	7.61	9.22	26	21	-5

三级指标类别	两年原始数据		两年排名变化		
	2010 年	2009 年	2010 年	2009 年	变动
农村累计已改水受益人口占农村总人口比重（%）	99.64	97.47	4	12	8
工业废水化学需氧量去除率（%）	54.63	62.91	26	21	−5
工业废水氨氮去除率（%）	57.19	57.73	19	16	−3
突发环境事件次数（次）	9	6	19	14	−5

第二节　江西省生态文明建设的外部环境分析

SWOT 分析是美国哈佛大学教授安德鲁斯 20 世纪 70 年代提出的战略分析框架，也称为道斯矩阵，是指一个组织占有的优势（Strength）、具有的劣势（Weakness）、面临的机会（Opportunity）及威胁（Threat）。PEST 是指一个组织共同面对的政治（Political）、经济（Economic）、社会（Social）、科技（Technological）等外部宏观环境，它是战略管理理论中用于分析组织外部宏观环境的一个重要分析工具。SWOT - PEST 模式就是要将两者整合起来，将一个组织所面对的内部微观环境和外部宏观环境整合起来进行系统的分析和研究。区域生态经济的发展受到各种因素的影响，这种战略分析方法可以更好地研究江西省生态经济的发展环境。考虑到自然生态环境是影响生态经济发展的主要因素之一，本书借鉴已有文献的研究成果，加入了自然生态环境这个因子，即 SWOT - NPEST。利用这种矩阵分析方法，把影响江西省生态文明建设的自然（N）、政治（P）、经济（E）、社会（S）、科技（T）等因素放到统一的框架内进行系统的 SWOT 分析，辨别影响江西省生态文明建设的关键因素，从而有利于了解江西省生态文明建设的环境条件，为江西省生态文明建设提供战略性的决策依据。[①]

---

① 陶表红、康灿华、焦庚英：《基于 SWOT - NPEST 江西生态经济发展环境分析》，《求实》2011 年第 9 期，第 58～63 页。

一 生态文明建设的优势分析

(一) 生态优势

改革开放以来，江西省在经济发展过程中高度重视生态环境保护，实施生态立省、绿色发展战略，确保青山常在，绿水长流，资源永续利用，生态环境质量由 21 世纪初的全国第 8 位上升到第 4 位。良好的生态环境是江西省最大的优势、最大的财富、最大的潜力、最大的后劲，为可持续发展奠定了良好的基础，展现出无穷的魅力和活力。

近几年，江西省 500 万元以上的生态环境建设项目共完成投资 1544 亿元，各级财政用于生态建设和环境保护方面的支出达 500 亿元。截至目前，全省森林覆盖率由 60.05% 提高到 63.1%，居全国第二位；主要河流监测断面水质达标率由 76.3% 提高到 80.5%；11 个设区城市的空气环境质量全部达到国家二级标准；"十一五"各项节能减排任务全面超额完成，生态环境质量名列全国前茅。江西省生态保护工程建设也卓有成效。造林绿化工程、农村清洁工程、"五河一湖"水污染治理工程、长江暨鄱阳湖流域水资源保护工程等重大生态工程先后实施，使江西省生态环境的比较优势更加明显，绿色崛起的基础更加巩固。江西省先后创立了世界低碳和生态经济大会暨技术博览会、鄱阳湖国际生态文化节、环鄱阳湖国际自行车大赛等一批标志性的重大活动品牌。绿色学校、绿色社区、绿色饭店、绿色企业等各种形式的基层创建活动广泛开展，全社会的生态文明意识日益增强。深层次的文化动力更加有力地推进着江西省绿色崛起。同时江西省转变发展模式使民生和经济达到了一定水平的良性发展。[①]

(二) 基础条件优势

依托国家政策支持，江西省以鄱阳湖生态经济区建设为龙头，大力实施重大项目带动战略，以科技进步和低碳环保为特征的战略性新兴产业在江西省加速崛起，集聚效应明显增强。截至 2011 年第三季度，全省完成投资

---

① 《线路图描绘富裕和谐秀美，示范区彰显生态经济和谐》，《江西日报》，http://epaper.jxnews.com.cn/jxrb/html/2011 - 12/12/content_ 175390.htm。

1746.23 亿元。在这些重大项目的支撑下，全省销售收入过千亿元的优势产业阵容迅速扩大——2010 年，全省新增 3 个销售收入过千亿元的产业，分别为钢铁、石化、食品；有色产业销售收入已突破 2000 亿元，达 2960.5 亿元。作为鄱阳湖生态经济区建设的先导工程，彭泽核电工程、万安核电工程、鄱阳湖水利枢纽工程、峡江水利枢纽工程、天然气入赣工程等十二大生态经济工程强力推进，估算总投资额高达 3600 亿元。天然气管网建设起步较晚，但在近些年工程建设不断加快，环鄱阳湖天然气管网已基本建成；铁道部、交通运输部把规划区内的铁路、高速公路、内河航道整治等重大项目，优先纳入"十二五"规划。① 各类大小电厂建成并投入运行，特高压和智能电网工程相关工作加快推进，鄱阳湖区 4 座风电场全部实现并网发电；核电建设安全稳步推进，新能源建设为经济社会发展提供源源不断的用能后劲。②

鄱阳湖生态经济区规划的 22 个高速公路项目中已有 6 个建成通车，全省高速公路通车里程 2011 年底已突破 3600 公里。2011 年 9 月，德昌、永武高速公路建成通车，鄱阳湖生态经济区内建成通车的高速公路由 10 条增加到 12 条，基本形成环鄱阳湖高速公路网体系，与长珠闽的快速通道全面打通。铁路建设项目在江西省也有很大的进步，动车、高铁的开通，大大扩大了江西省经济圈的辐射范围。昌九城际高铁、南昌铁路西环线以及京九、峰福、武九铁路电化工程先后建成，全省铁路运营里程由 2009 年的 2424 公里延长到 2735 公里。其中，昌九城际高铁的正式建成运营，标志着江西昂首迈入高铁时代，向莆铁路的开通更是大大促进了江西和海西经济区的联合。陆、水、空各种交通方式一体化协调发展，赣江石虎塘航电枢纽工程等水路交通基础设施建设进一步提速，昌北国际机场、景德镇机场扩建工程已全面完工并投运，"一干七支"的民航机场分布格局已经形成。③

---

① 《线路图描绘富裕和谐秀美，示范区彰显生态经济和谐》，《江西日报》，http://epaper.jxnews.com.cn/jxrb/html/2011－12/12/content_ 175390.htm。

② 《高压和智能电网：电力现代化，进位赶超任驰骋——鄱阳湖生态经济区"十二项重大生态经济工程"系列报道之五》，《江西日报》，http://www.jxdpc.gov.cn/mtbd/201101/t20110120_ 55596.htm。

③ 江西省人民政府：《壮美鄱湖　豪情如歌　鄱阳湖生态经济区规划获批两周年回望》，http://www.jiangxi.gov.cn/xgwt/mtsd/201112/t20111212_ 355995.htm。

在鄱阳湖生态经济区的强力带动下，江西省基础产业和主导产业已经粗具规模，基础设施也有着良好的基本条件，这是江西省在生态文明建设中取得更大进展的保证。

（三）生态产业优势

《鄱阳湖生态经济区规划》上升为国家战略后，以生态农业、新型工业、生态旅游为主要支撑的环境友好型产业迅速发展。

在新型工业方面，以新能源、新材料、光伏、航空制造、生物医药等为主的战略性新兴产业超常规发展，成为鄱阳湖生态经济区发展的最强大支撑和动力。两年来，共实施循环经济项目、重点节能工程项目、清洁生产实施项目 500 个，总投资达 450 亿元。2010 年，全省 117 家生产力促进中心全部实施了"科技入园"工程，服务园区的企业达 1.65万家。2010 年，江西省科技进步对经济社会发展的贡献率提高到50.1%，全省生产力中心推进科技成果转化达 2340 项，增长 45.8%。2011 年底，21 个工业园区被列为省级生态工业园区创建试点单位，全省生态工业园区创建试点单位总数达 63 个。到 2012 年，全省有 30 个以上的工业园区建成省级生态工业园区，通过国家审核批准建设国家级生态工业示范园区的达 3 个。近几年来，鄱阳湖生态经济区内实施了 500 个循环经济项目、重点节能工程项目、清洁生产实施项目，总投资达 450亿元；区域内新增国家级高新区 2 个、生态工业示范园区 2 个、高新技术产业化基地 6 个、工程技术研究中心（重点实验室）6 家，省级生态工业园区 8 个、循环经济试点基地 6 个。[①] 江西省的太阳能光伏产业拥有一流的生产规模、工业技术和骨干企业，2011 年江西省光伏产业投资达207.71 亿元。仅 2012 年上半年，江西省南昌市 LED 企业实现主营业务收入 21.2 亿元。预计到 2020 年，江西省的风力发电量将达 100 万千瓦。[②] 目前，江西省正在编制新能源发展规划，加快核电、生物质能发电、太阳能

---

① 寇勇：《江西：鄱阳湖畔的绿色崛起》，http：// css. stdaily. com/special/con-tent/2012 – 03/06/content_ 438138. htm。

② 蔡雪芳、顾世祥：《关于江西抢抓低碳经济发展机遇的几点思考》，http：// www. jxnews. com. cn/jxrb/system/2009/12/07/011262251. shtml。

发电等新能源项目的建设。注重生态保护，追求科技创新，是产业升级换代、发展方式转变的强大动力。

江西省将"生产力促进中心"前移至工业园区，让科技真正走进经济建设的主战场。如今，"科技入园"已被科技部作为科技成果转化的典型在全国推广，形成了具有影响力的"江西品牌"。江西省通过实施污水处理厂建设和园区绿化、生态化改造三大工程，正驰骋在科技含量高、经济效益好、资源消耗低、环境污染少、节约集约用地、生态品牌优势充分发挥的新型工业化道路上。①

在生态农业方面，"生态鄱阳湖，绿色农产品"的品牌已经打响。2010~2011年，江西省无公害农产品由716个增加到1051个，绿色农产品由658个增加到703个，有机农产品由378个增加到412个，地理标志农产品由24个增加到37个；全国绿色食品（原料）标准化示范基地由33个增加到47个，居全国第二位。② 进入21世纪以来，为加快绿色农业发展，提高农产品的质量安全水平，省政府将绿色食品、有机产品工程列入全省建设"绿色生态江西"十大工程。目前，中国最大的有机绿茶生产基地、绿色有机茶油基地、绿色食品脐橙基地、绿色食品淡水产品基地、绿色有机矿泉水和纯净水基地等均在江西省。在生态旅游方面，《鄱阳湖生态旅游区规划》上升为国家旅游发展战略，乡村旅游、温泉旅游、森林旅游等生态旅游蔚然兴起，以鄱阳湖为中心的大旅游网络基本形成。此外，江西省服务外包、生物医药等低碳产业在全国也具有比较优势。③

摒弃"先污染，后治理"的传统发展模式，江西省通过建立生态工业园，实现产业结构的高度协调，有效地利用资源与保护环境，实现区域可持续发展，代表了鄱阳湖生态经济区未来发展的方向。全省通过加快发展高效生态农业，大力推进高新技术产业，提升现代服务业，努力带动全省产业的

---

① 《线路图描绘富裕和谐秀美，示范区彰显生态经济和谐》，《江西日报》，http://epaper.jxnews.com.cn/jxrb/html/2011-12/12/content_175390.htm。

② 同上。

③ 《关于江西抢抓低碳经济发展机遇的几点思考》，《江西日报》，http://www.jxnews.com.cn/jxrb/system/2009/12/07/011262251.shtml。

调整升级和经济发展方式的转变，推动环境友好型产业不断加快发展。①

（四）政策优势

在地方政策制定方面，为了突出生态保护和建设，江西省陆续出台了《江西省鄱阳湖湿地保护条例》《江西省森林条例》《关于加强森林资源保护和林业生态建设的决议》《江西省实施〈中华人民共和国水土保持法〉办法》《关于加强东江源区生态环境保护和建设的决定》《江西省森林防火条例》等。② 江西省先后提出了"既要金山银山，更要绿水青山""绿水青山就是金山银山""山上办绿色银行""建设绿色生态江西"等科学理念，从深化林业产权制度改革入手，连续组织实施了"山江湖工程""造林灭荒""山上再造""退耕还林"等一系列生态环境保护工程，实现了森林资源全面增长。江西省还提出以"一流的水质、一流的空气、一流的生态环境、一流的人居环境、一流的绿色生态保护和建设机制"为目标，构建"五河一湖"及东江源头生态环境安全格局，保持"五河"及东江源头优良的生态环境，使鄱阳湖永保"一湖清水"。

在国家政策层面，以《鄱阳湖生态经济区规划》起点，截至 2011 年已有 40 多个国家部委和央企与江西省签署了战略合作协议，共签订有关项目、资金和政策等重大支持事项 224 项，现已落实到位 140 项。其中国土资源部、财政部支持全省 230 万亩农村土地整治项目，三年内投入中央财政资金 24 亿元；国家能源局、财政部和农业部批准上高、上犹、鄱阳、定南四个县为全国首批绿色能源示范县；将鄱阳湖湿地和候鸟保护项目纳入国家规划，将鄱阳湖湿地纳入全球环境基金第五期工作计划等。国家发改委把鄱阳湖生态经济区列入"十二五"规划，并优先安排重大项目和资金，协调落实相关政策，支持力度都在百亿元以上。③ 财政部将江西省部

---

① 黄继妍：《产业融入生态 发展立足未来——〈鄱阳湖生态经济区规划〉实施两周年系列报道之七》，http://jiangxi. jxnews. com. cn/system/2011/12/13/011850243. shtml。

② 江西省人民政府：《江西省应对气候变化方案》，http://www. jiangxi. gov. cn/zfgz/wjfg/szfwj/200907/t20090701_ 138198. htm。

③ 《线路图描绘富裕和谐秀美，示范区彰显生态经济和谐》，《江西日报》，http://epaper. jxnews. com. cn/jxrb/html/2011 - 12/12/content_ 175390. htm。

分县、市纳入国家重点生态功能区转移支付范围，扩大江西省资源枯竭型城市的范围并给予补助。在金融方面，国家已累计批准江西省 11 个设区的市、14 家城投类公司成功发行债券，融资总规模达到 159 亿元，"十二五"期间每年安排 5 亿元鄱阳湖生态经济区专项补助资金，并将鄱阳湖生态经济区纳入国家"十二五"长江流域治理规划范围；将全省 7 个开发区升级为国家级，占全国新增总量的 7.14%。①

同时，国家还重点扶持在江西省发展低碳项目。在城市改革试点方面，萍乡和景德镇的资源枯竭型城市转型试点、景德镇的全国服务业发展试点、南昌的全国低碳经济发展试点、共青城的鄱阳湖生态经济区建设样板试点等工作进展顺利；新余市的全国节能减排财政政策综合示范，景德镇市、赣州市、新余市的国家第二批低碳试点，鹰潭市、上饶市的再生资源回收体系建设试点，南昌市的全国流通领域现代物流示范试点等全面启动；贵溪、浮梁、共青城、婺源、分宜、袁州、芦溪、吉州、大余和资溪 10 个县（市、区）正式开展低碳发展试点工作，这是江西省在全国率先推出的省级低碳发展试点县项目。在综合配套改革试点方面，确定了赣州市、鹰潭市、吉安市青原区、高安市等一批特色鲜明或代表性突出的地区，分别开展统筹城乡发展、"两型社会"建设、自主创新、县域经济发展、民营经济发展、公共服务均等化 6 类综合改革试点。此外，绿色 GDP 核算试点、农村宅基地流转试点、流域综合管理体制改革试点、水权交易改革试点、大交通改革和城际交通公交化试点、建立环保技术交易市场等先行先试举措正在开展前期工作。目前，作为全国低碳经济发展试点，南昌市已经基本确定了未来低碳产业的发展框架，即做强光伏、LED、服务外包三大低碳产业；做优新能源环保电动汽车、绿色家电、环保设备、新型建材、民用航空和生态农业 6 大产业群，促进全市低碳经济成规模发展。②

江西省还以各种会展为平台，与央企对接。在首届世界低碳与生态经济大会暨技术博览会上，22 家中央企业与江西省共签订 36 个合作项目，

① 江西省人民政府：《壮美鄱湖　豪情如歌　鄱阳湖生态经济区规划获批两周年回望》，http://www.jiangxi.gov.cn/xgwt/mtsd/201112/t20111212_355995.htm。

② 王世强：《政府操盘先行先试争先崛起》，http://jndsb.jxnews.com.cn/system/2011/12/12/011848943.shtml。

总投资 519.1 亿元, 其中央企投资 449.3 亿元。在第二届世界低碳与生态经济大会暨技术博览会上, 217 个代表江西省产业发展水平、符合鄱阳湖生态经济区发展要求和企业 "十二五" 规划的重点招商项目参加合作洽谈会, 总投资额达 1503.3 亿元; 江西省与中央企业共签订 12 个合作项目, 投资总额超过 1400 亿元。[①]

二 生态文明建设的劣势分析

(一) 经济劣势

虽然经过 30 多年的改革发展, 江西省的经济得到了一定的发展, 但由于底子薄, 江西省人均 GDP 处于国内较低水平。作为主要经济体之一的民营企业仍然是国民经济的 "补充", 从江西目前的情况来看, 第一产业农业仍以种植业为主, 颇具发展潜力的生态农业、旅游农业这种既具粮食生产功能, 又具旅游休闲功能的 "二代产业" 所占比例较小; 服务业的产业集群化发展已现雏形, 但规模较小。另外, 江西省的能源较匮乏, 基础设施等不能满足经济快速发展的需要。这些都在一定程度上阻碍了江西省生态经济的发展。[②] 目前, 江西省经济总量滞后是一个劣势, 再加上工业基础薄弱, 严重制约着江西省的经济发展。虽然江西省也曾提出十大振兴产业, 包括航空、节能汽车、金属材料、非金属材料、医药、绿色食品、现代服务业、创意产业, 但是欠发达地位没有得到改变。从 《中国省域经济竞争力发展报告》[③] 来看, 江西省 2008 年、2009 年的经济综合竞争力在全国的排位都是第 21 位, 而到了 2011 年则下降了 5 位成为下降最多的省份。[④]

---

① 王世强:《政府操盘先行先试争先崛起》, http://jndsb.jxnews.com.cn/system/2011/12/12/011848943.shtml。

② 陶表红、康灿华、焦庚英:《基于 SWOT - NPEST 江西生态经济发展环境分析》,《求实》2011 年第 9 期, 第 58 ~ 63 页。

③ 《中国社科院发布〈中国省域经济竞争力发展报告 (2008~2009)〉》,《兰州晨报》, http://news.sina.com.cn/o/2010 - 03 - 01/154517146595s.shtml。

④ 常光民:《〈"十二五" 中期中国省域经济综合竞争力发展报告〉蓝皮书发布会暨区域发展战略研讨会综述》, http://www.qstheory.cn/xshy/201403/t20140307_328069.htm。

（二）社会基础条件劣势

人们的生活质量、受教育程度以及就业率是影响社会稳定发展的主要因素。国家统计局发布的《中部六省经济社会综合发展比较研究》显示，江西省是中部省份中民众受教育程度较低的省份之一，在生活质量方面江西省也居后。江西省是一个农业大省，农业人口约占人口总数的77%，农民收入水平低。"十一五"时期，尽管全省不断巩固和强化农业的基础地位，全面落实中央各项强农惠农政策，但城乡居民人均可支配收入差距有所扩大。"十一五"时期城镇居民可支配收入年均增长12.4%，而农民人均纯收入增长12.1%，城乡居民收入比由2005年的2.64提高到2.67。与全国平均收入水平相比，江西省农民收入差距也在扩大，年均增速比全国低0.6个百分点，农民收入水平在全国的位次由2005年的第11位后移至第14位。以农业人口为主，农民收入水平低，受教育程度低，人口总体就业率低，生活质量不高，这些不利因素都在一定程度上影响社会的和谐稳定发展，同时制约着江西省生态经济的发展。①

（三）技术劣势

江西省高新技术的发展较晚，相对其他省份来说，江西省的技术劣势较为明显：一是规模较小，截至2010年底全省高新技术产业从业企业仅有1252余家，明显低于全国平均水平；二是技术水平较落后，能够参与国际市场竞争的名牌拳头产品较少，达到国际先进水平或国际领先水平的产品只占8%左右；三是投入不足，2010年全省R&D经费支出占GDP的比重仅为1%左右，大大低于全国平均水平，与沿海发达省份比较，差距更大；四是成果转化慢、转化率低，这不是江西省一个省份的问题，也是中国普遍存在的问题，只是江西省更为突出一点儿，据有关数据统计江西省的科技成果转化率低于10%；五是自主创新能力不够强，核心技术缺乏。江西省对先进技术的消化吸收和创新提高不够，关键技术主要依靠国外引进，拥有自有品牌、自主知识产权的产品较少，出口商品的科技含量和附加值

---

① 陶表红、康灿华、焦庚英：《基于SWOT - NPEST江西生态经济发展环境分析》，《求实》2011年第9期，第58~63页。

较低。从创新产出水平看，全省发明专利申请数也低于全国平均水平和中部省份，更低于沿海省份。从企业创新能力看，江西大中型工业企业新产品开发项目数仅占全国的 1% 左右，新产品实现销售收入居中部最后一位。①

三　生态文明建设的机遇分析

2009 年 12 月 12 日，国务院正式批复《鄱阳湖生态经济区规划》，标志着建设鄱阳湖生态经济区正式上升为国家战略。这是新中国成立以来，江西省第一个被纳入国家战略的区域性发展规划，是江西省发展史上的里程碑，对实现"江西崛起新跨越"具有重大而深远的意义。鄱阳湖生态经济区是以江西省鄱阳湖为核心，以鄱阳湖城市圈为依托，以保护生态、发展经济为重要战略构想的经济特区。加快建设鄱阳湖生态经济区，有利于江西省探索一条生态与经济协调发展的新路子，有利于开发大湖流域综合开发的新模式，有利于构建国家促进中部地区崛起战略实施的新支点，有利于树立我国坚持走可持续发展道路的新形象。②

在江西省的生态发展路径中，生态经济区的建设是重心所在，也是生态发展的"龙头"。江西省顺应时代发展要求，把鄱阳湖生态经济区规划的实施作为应对发展新变化、贯彻区域发展总体战略、保护生态环境的重大举措，促进发展方式根本性转变，推动地区科学发展。规划把"成为加快中部崛起重要带动区"列为鄱阳湖生态经济区的发展定位之一，使建设鄱阳湖生态经济区成为国家中部崛起战略的重要组成部分，为加快江西省发展带来历史性机遇和强大动力。因此，抓好了鄱阳湖生态经济区建设，就抓住了江西省发展的关键，明确了发展的模式，昂起了科学发展、绿色崛起的"龙头"。③以鄱阳湖生态经济区建设引领和带动江西省科学发展、

---

① 陶表红、康灿华、焦庚英：《基于 SWOT - NPEST 江西生态经济发展环境分析》，《求实》2011 年第 9 期，第 58 ~ 63 页。

② 戈宏：《鄱阳湖生态经济区规划简介》，http：//www. poyanglake. gov. cn/zjph/zlcd/201009/t20100909_ 251012. htm。

③ 舒晓露：《赣鄂湘可打造"中三角经济区"》，http：//jndsb. jxnews. com. cn/system/2011/03/12/011607074. shtml。

绿色崛起，是我们今后一个时期的重大使命和中心任务。

将鄱阳湖生态经济区建设成为世界性生态文明与经济社会发展协调统一、人与自然和谐相处的生态经济示范区和中国低碳经济发展先行区，可以树立江西省生态崛起的鲜明旗帜，并且在全国范围内将其打造成为建设生态文明的理想范式。

根据《鄱阳湖生态经济区规划》，鄱阳湖生态经济区的发展定位是：①建设全国大湖流域综合开发示范区；②建设长江中下游水生态安全保障区鄱阳湖水利枢纽工程；③加快中部地区崛起的重要带动区；④国际生态经济合作重要平台；⑤连接长三角和珠三角的重要经济增长极；⑥世界级生态经济协调发展示范区。①

鄱阳湖生态经济区是我国南方经济活跃的地区，位于江西省北部，包括南昌、景德镇、鹰潭三市，包括鄱阳湖全部湖体在内，面积为5.12万平方公里，占江西省面积的30%，人口占江西省人口总数的50%，经济总量占江西省经济总量的60%。该区域是我国重要的生态功能保护区，是世界自然基金会划定的全球重要生态区，承担着调洪蓄水、调节气候、降解污染等多种生态功能。鄱阳湖又是长江的重要调蓄湖泊，年均入江水量约占长江径流量的15.6%。鄱阳湖水量、水质的持续稳定，直接关系到鄱阳湖周边乃至长江中下游地区的用水安全。②

鄱阳湖生态经济区还是长江三角洲、珠江三角洲、海峡西岸经济区等重要经济板块的直接腹地，是中部地区正在加速形成的重要增长极，是中部制造业重要基地和中国三大创新地区之一，具有发展生态经济、促进生态与经济协调发展的良好条件。地理位置的优越性决定了江西省是承东启西、贯通南北，处于长江经济带和京九经济带的"腹地"。加上各级政府极力建设经济发展型、思想开放型的"新江西"，随着"泛珠江区域合作框架协议"的实施，特别是沿海地区产业结构的优化升级及其资源、能源限制的日益突出，沿海地区产业向中西部转移的速度与进程将进一步加快，江西省将加速融入长三角和珠三角区域经济圈。

---

① 戈宏：《鄱阳湖生态经济区规划简介》，http：//www.poyanglake.gov.cn/zjph/zlcd/201009/t20100909_ 251012.htm。

② 同上。

总之，国务院正式批复《鄱阳湖生态经济区规划》，将建设鄱阳湖生态经济区上升为国家战略，这是一次对促进中部地区崛起战略的具体落实，也是江西省实现崛起、建设生态经济的重要政治机遇。[①]

四 生态文明建设的威胁分析

江西省建设生态文明先行示范区面临诸多挑战。首先，从江西省的生态环境现状来看，江西省总体自然状况良好，但存在生态环境退化、自然灾害加剧、工业和生活污水对环境污染等一系列生态问题，这将增加江西省生态文明建设的难度。其次，在以往的经济建设中存在急功近利和以过度消耗资源换取经济发展的现象，为了短期目标的考量，选择粗放型的发展方式。生态环境不断恶化在很大程度上是由于人类不合理地开发土地、利用资源，是不遵循自然规律发展经济的后果。在经济建设中重速度、轻效益，忽视节约资源与保护环境；在工业领域存在重复建设现象，技术进步缓慢，生产工艺落后，管理水平较低，造成资源浪费和环境污染，这都对江西省建设生态文明先行示范区带来了威胁和挑战。

五 生态文明建设的 SWOT – NPEST 矩阵分析

（一）SWOT – NPEST 分析矩阵

综合上述分析，我们得出如下分析矩阵（见表4 – 5）。

表4 – 5 江西省生态文明建设 SWOT – NPEST 分析矩阵

SWOT – NPEST	自然 N	政治 P	经济 E	社会 S	科技 T
优势 S	生态基础优越，自然环境保护良好	国家级战略的政策支持，其他项目强有力政策支持	生态环境建设项目发展迅速，重大生态工程实施	与自然合一的生态观，生态文化有所传承	以科技进步和低碳环保为特征的战略性新兴产业在加速崛起，集聚效应增强

[①] 戈宏：《鄱阳湖生态经济区规划简介》，http://www.poyanglake.gov.cn/zjph/zlcd/201009/t20100909_ 251012. htm。

续表

SWOT - NPEST	自然 N	政治 P	经济 E	社会 S	科技 T
劣势 W	生态环境有脆弱性，治理污染力度较小	没有形成完整的政策体系，实施没有形成合力	GDP 总量和人均水平都较低，产业结构存在提升空间	人均收入有限，农业人口为主，受教育程度低，人口总体就业率低，生活质量不高	高新技术发展较晚，技术劣势一是规模较小；二是技术水平较落后，新产品实现销售收入很低
机遇 O	生态发展成为发展的大趋势，发展模式正在积极探索中	中部崛起战略的实施，鄱阳湖生态经济区的国家级战略，振兴苏区的重大战略等	泛长三角和中四角经济区的形成，生态循环、低碳经济的兴起	人民对生活品质的需求加大，对生态文明发展的意愿更加强烈	加强新技术变革中与其他地区或国家的联系，重大项目有着更广阔的合作空间
威胁 T	生态环境持续恶化加大生态文明建设的难度	地方官员对经济发展速度等"发展政绩"的追求，欠发达地区存在经济发展速度上的追赶心态	区域经济发展对于低端化产业结构和粗放型增长方式形成了路径依赖	根深蒂固的意识理念、行为陋习和文化传统，难以短期内破除	生态技术的研究创造及应用起步较晚，基础薄弱，国际技术转移受限制，难以承接

（二）江西省生态文明建设的策略

根据江西省发展生态经济的 SWOT - NPEST 矩阵分析表，笔者提出以下策略。

S 策略：继续推进造林绿化工程、山江湖治理工程，提高森林覆盖率和城市绿化覆盖率；出台切实可行的污染治理政策法规，最大限度地降低工业污染、生活污染的程度；建设有地区特色的绿色生态文化，加大特色生态文化的宣传力度；营造科技创新氛围，鼓励高新技术产业集群化发展。

W 策略：完善污染治理体制、生态经济评价体系；优化产业结构，提高生态产业的比例；强化惠民措施，关注民生；加大生态技术投入，创建成果转化平台，提高科技成果转化率。

O 策略：充分利用经济全球化发展的机遇，加快鄱阳湖生态经济区建设，加快融入泛三角洲经济圈的步伐，提升江西省的社会形象，增强民众的环境保护和生态意识，营造江西省生态经济发展的宏观环境。

T策略：采取相应措施如环境保护、绿色能源开发等措施，加强可持续发展意识，同时，整合共有资源，发挥科学技术的积极作用，提高江西省资源利用率。另外，缩小贫富差距，促进社会和谐发展。

第三节　江西省生态文明建设的内部层次分析

一　江西省生态文明建设指标体系构建

（一）生态文明建设指标体系构建目标

第一，建立生态文明建设党委、政府领导工作机制，研究制定生态文明建设规划。落实国家和上级政府颁布的有关建设生态文明，加强生态环境保护，建设资源节约型、环境友好型社会等相关法律法规、政策制度。实施一系列区域性行业生态文明管理制度和全社会共同遵循的生态文明行为规范，生态文明的良好社会氛围基本形成。①

第二，生态文明建设状态评价就是按照生态文明建设的要求，构建科学可操作的指标体系，全面判断区域的生态经济、生态文化、生态社会、生态环境各方面建设的程度，同时全面衡量区域政府的生态文明建设能力。

第三，为规划环评审查提供咨询，审议各类开发建设规划环境影响评价文件，组织开展战略环境影响评价的专题调研、考察及相关学术交流，开展经济发展政策及各类规划的环境影响研究论证，并从环境与资源承载能力的角度对各类重大开发建设战略和规划进行研究，将环境因素置于重大决策链的前端，推动环境保护参与综合决策，使环境与资源承载能力、人口分布、国土利用格局等成为工业化、城市化决策和国家决策的科学依据，充分发挥

① 江苏省环境科学研究院：《生态文明建设相关指标体系汇编》，http：//wenku. baidu. com/link? url = IEjKL2cAs - R5PwGZyHrHtUxQsstI8h2YIX - mey-PqaiN _ kdIOj78dNMuU9tDCRv3o9nf5LsyK6EVC - Vb159K _ jL _ _ CkbP3D6 gcYatQcWaFzK。

从决策源头防治环境污染和生态破坏的作用。①

第四，生态文明建设的最终目标是实现真正意义上的生态文明省，是对前一阶段建设成果——生态建设的深化和升华。环保模范省—生态省—生态文明省的设计理念既彰显了对先行工作的长效管理，同时也是生态文明进步性的体现。②

（二）生态文明建设指标体系构建原则

1. 整体性与区域性相结合

生态文明建设是一项复杂的、动态的新型复合系统，涉及经济、社会、资源、自然等各个领域，因此必须把自然资源禀赋、生态环境条件、经济发展水平与社会文明进步有机地结合起来，视为一个整体，从整体出发，进行全方位的综合分析并解决问题。但是由于各个区域的经济、社会、生态发展情况各不相同，必须考虑区域的具体情况，有针对性地制定适合本区域发展的指标体系，客观地反映系统发展的状态，真实全面地反映生态文明建设的各个方面。③

2. 科学性与可操作性相结合

生态文明是指人们在改造客观物质世界的同时，不断克服改造过程中的负面效应，积极改善和优化人与自然、人与人的关系，建设有序的生态运行机制和良好的生态环境所取得的物质、精神、制度方面成果的总和。对生态文明进行研究必须探索自然生态本身的发展规律，积极改变负面因素，克服不良影响。制定指标体系要建立在科学的基础上，数据来源要准确，处理方法要科学，具体指标要能反映生态文明建设主要目标的实现程度。指标体系的结构与指标选取均应体现科学性和可操作性，能够为决策者提供确实可靠的决策依据。④

---

① 江苏省环境科学研究院：《生态文明建设相关指标体系汇编》，http：//wenku. baidu. com/link？url = IEjKL2cAs － R5PwGZyHrHtUxQsstI8h2YIX － mey-PqaiN ＿ kdI0j78dNMuU9tDCRv3o9nf5LsyK6EVC － Vb159K ＿ jL ＿ ＿ CkbP3D6gcYatQcWaFzK。

② 同上。

③ 同上。

④ 同上。

3. 导向性与创新性

生态文明建设是一种全局性、前瞻性、导向性很强的系统工程，生态文明评价体系一方面要能够反映研究区域目前的生态现状，并对其进行生态文明建设评价，估算其生态文明建设水平发展情况；另一方面要能够通过过去与现在经济状况的对比、社会要素与自然环境要素之间的协同关系来反映生态文明建设的发展进程，引导、帮助被评价对象实现其战略目标。生态文明评价体系这种固有的导向性，要求在确立各项评价指标时不仅要能综合反映比原有水平的明显进步与全面发展，又要保证与社会现代化目标的衔接性和连贯性，用发展的眼光看待问题，从而更好地引导当地政府进行生态文明建设。此外，对于指标体系的设计要与时俱进、勇于创新，充分考虑系统的动态变化，综合反映生态文明建设的现状及发展趋势，便于进行预测与管理，起到导向作用，不能局限于现有的统计口径和数据。①

(三) 江西省生态文明建设指标体系的内容框架

生态文明建设涉及的领域非常广泛，设计合理、科学的生态文明指标评价体系是艰巨而复杂的课题。本书根据《国家生态文明建设试点示范区指标》精神，在总结江西省近 30 年以来生态文明建设基本经验，并在借鉴浙江省、厦门市等国内地区生态文明建设成效显著的城市经验的基础上，本着科学、真实、可操作、可信度高的原则，构建一个包括总指标、考察领域、具体指标三层次在内的中国升级生态文明建设评价体系框架。

具体设计思路如下。第一，明确生态文明建设五大目标，即生态经济蓬勃发展，生态环境良好，生态人居适宜，生态制度健全，生态文化先进。第二，设立具体指标，以引导五大目标的实现。故先将生态文明建设评价总指标分解为五个核心考察领域：生态经济、生态环境、生态人居、生态制度、生态文化。然后选取设立表现各个考察领域不同侧面的建设水

---

① 江苏省环境科学研究院：《生态文明建设相关指标体系汇编》，http://wenku.baidu.com/link? url = IEjKL2cAs - R5PwGZyHrHtUxQsstI8h2YIX - mey-PqaiN_ kdI0j78dNMuU9tDCRv3o9nf5LsyK6EVC - Vb159K_ jL_ _ CkbP3D6 gcYatQcWaFzK。

平、具有显示度和数据支撑的若干具体指标，从而构建层次清晰的生态文明建设评价指标体系框架。江西省生态文明建设指数由 1 个总指标（生态文明建设指数）、5 大领域（生态经济、生态环境、生态制度、生态文化、生态人居）、22 项评价指标构成（见表 4 - 6）。

表 4 - 6　江西省生态文明建设评价指标体系

一级指标	二级指标	三级指标	指标属性
生态文明建设指数	生态经济	第三产业占 GDP 比重	正指标
		碳排放强度	逆指标
		单位 GDP 能耗	逆指标
		每平方千米产出值	正指标
		工业用水重复利用率	正指标
		工业固体废弃物综合利用率	正指标
		R&D 经费支出占 GDP 比重	正指标
	生态环境	森林覆盖率	正指标
		二氧化硫排放总量	逆指标
		农药施用强度	正指标
		人均公共绿地面积	逆指标
		水环境主要污染物排放强度	逆指标
	生态制度	生态环保投资占财政收入比例	正指标
		政府采购节能环保产品和环境标志产品所占比例	正指标
		环境信息公开率	正指标
		人均可支配收入	正指标
	生态文化	万人拥有公交车辆	正指标
		城市生活污水集中处理率	正指标
		城市生活垃圾无害化处理率	正指标
	生态人居	新建绿色建筑比例	正指标
		居民平均预期寿命	正指标
		无公害农产品和绿色食品及有机食品认证比例	正指标

（四）指标选取及其解释

1. 生态经济

江西省是一个欠发达省份，工业基础较薄弱，目前正处在农业大省向工业大省转型时期，整体经济水平与沿海地区和周边省份尚有一定差距。在经济指标体系的设计中，根据江西省新时期发展战略，从发展生态经济、走可持续发展道路入手，紧紧围绕推进生态文明建设这一核心，从优化产业结构、保证环境质量、提高科技创新能力等方面考虑，构建了第三产业占 GDP 比重、碳排放强度、单位 GDP 能耗、每平方千米产出值、工业用水重复利用率、工业固体废弃物综合利用率、R&D 经费支出占 GDP 比重等具体指标。

第三产业占 GDP 比重反映了地区产业结构状况，是判断一个地区产业结构是否科学合理、是否达到现代化经济发展水平的重要指标；碳排放强度是衡量一个地区（国家）经济增长同碳排放量增长之间的关系的指标，能够判断该地区（国家）是否进入了低碳发展模式；单位 GDP 能耗反映了地区资源利用效率；每平方千米产出值衡量了地区土地使用效率；工业用水重复利用率和工业固体废弃物综合利用率反映了地区工业污染治理能力；R&D 经费支出占 GDP 比重则是衡量该地区科研创新能力的重要指标。

通过这些指标，可以综合考量生态经济建设的效果，通过生态文明建设，使产业结构进一步优化，注重经济协调发展，科技自主创新能力进一步提高，社会经济发展的资源消耗和污染排放等自然成本进一步降低，经济发展与自然生态和谐融洽。

2. 生态环境

江西省总体自然环境状况较好，生态系统较齐全，生物资源丰富。目前，全省森林覆盖率已达 63.1%，位居全国第二。与沿海和中部地区相比较而言，有较大的生态资源优势。本课题从江西省得天独厚的生态资源优势出发，构建了森林覆盖率、农药施用强度、二氧化硫排放总量、人均公共绿地面积、水环境主要污染物排放强度等具体指标。

森林覆盖率反映了地区基本的生态环境状态，是反映一个国家或地区森林面积占有情况或森林资源丰富程度及实现绿化程度的指标，又是确定森林经营和开发利用方针的重要依据之一；农药施用强度反映了地区农业生产是否绿色、生态、自然；二氧化硫排放总量主要反映了地区大气环境质量；人均公共绿地面积是用来衡量城市居民生活环境和质量的重要指标，也是考量城市生态环境建设成效的重要指标；水环境主要污染物排放强度是针对江西省水系发达、水资源丰富的特殊情况而设计的指标，江西省生态文明建设绕不开本身水环境复杂的现实，同时也符合鄱阳湖生态经济圈建设的要求。

生态环境指标力求能够综合反映该地区生态环境质量的总体状况，使大气、水体环境、森林绿地得到保护和优化，并逐步实现农业绿色无害生产，城市环境质量进一步优化，营造出最佳人居环境。

3. 生态制度

生态制度建设是生态文明建设的重要组成部分，甚至起着关键性作用。生态制度建设要凸显生态文明建设的内涵、理念，能够为生态文明各项建设提供指导和服务。本课题围绕如何处理好人与人、人与社会、人与自然之间的关系以及如何形成生态良好、和谐有序的理想社会模式等核心问题，设计出了生态环保投资占财政收入比例、政府采购节能环保产品和环境标志产品所占比例、环境信息公开率、人均可支配收入等指标。

生态环保投资占财政收入比例以及政府采购节能环保产品和环境标志产品所占比例这两个指标反映了政府生态文明建设的投资力度和方向，同时也是生态文明建设的重要保障；环境信息公开率是政府与公众良性互动、公众积极参与生态文明建设的一个表现；人均可支配收入是反映一国或地区生活水平变化情况的指标，在生态文明建设中，发挥着衡量居民生活水平是否提高的重要作用。

制度建设极其重要，关系着生态文明建设是否高效、公正、有序，甚至关系到生态文明建设的成败。生态文明建设中制度建设要先行，而且应当不断提高制度建设的质量和水平、完善生态制度建设。本课题选取的四个指标还不足以全面反映生态制度建设的总体状况，希冀在以后的研究过程中不断修正指标，使之逐步完善。

4. 生态文化

生态文化是在生态文明建设中产生的特殊的文化形态，标志着从人统治自然的文化过渡到人与自然和谐的文化。通过向公众进行广泛的生态环境知识宣传，提高人们对生态文化的认识和关注，通过传统文化和生态文化的对比，提高人们对生态文化的兴趣，有利于资源的开发，保护生态环境良性循环，促进经济发展，造福子孙。

本课题本着以人为本的原则，选取了与公众生活息息相关的三个指标，即万人拥有公交车辆、城市生活污水集中处理率、城市生活垃圾无害化处理率，充分体现了"公众参与、大众生态"的思想。万人拥有公交车辆反映了地区公共设施建设情况，也反映了出行是否绿色、便捷、低碳；城市生活污水集中处理率和城市生活垃圾无害化处理率反映了城市对生活污染的处理能力，也是市民生活环境是否改善的一个重要指标。

生态文明建设呼唤生态文化，生态文化推动生态文明建设。一方面，通过生态文化可以吸引和调动广大公共参与生态文明建设，充分凝聚群众的智慧和力量，发挥群众的创造力，从而大大推动生态文明建设；另一方面，生态文明建设反哺社会建设，让公众共享生态文明建设成果。

5. 生态人居

生态人居关注的是公众的居住环境、身体健康状况、日常生活水平等，体现着以人为本、和谐发展的精神。本书从人文角度和数据的可获取性角度选取了新建绿色建筑比例、居民平均预期寿命、无公害农产品和绿色食品及有机食品认证比例等指标。

新建绿色建筑比例是顺应绿色、低碳、环保、节能要求而选取的指标，同时也是生态文明建设的重要组成部分；居民平均预期寿命与生态文明建设的终极目标和成效紧密相连，通过该指标可以清晰地比较实施生态文明建设前后阶段的居民健康情况；无公害农产品和绿色食品及有机食品认证比例体现了对居民饮食安全、身心健康和生活水平的重视。

生态人居是生态文明建设指标体系中的创新型指标，是正确处理人与自然、经济发展与自然环境关系的具体表现。

（五）江西省生态文明建设指标体系的测算方法

生态文明指数是一个评价生态文明建设进展情况的综合性指标，用来衡量一定区域生态文明建设水平和发展进程；对生态文明指数的横向比较，可以反映各区域生态文明建设的相对位次，其纵向的比较，能够反映区域生态文明建设的发展进程。本课题采用熵权法对江西省生态文明建设状况进行分析。

1. 无量纲化处理

利用熵权法进行评估之前，必须先对原始数据进行无量纲化处理，本课题采用功效系数法对指标进行无量纲化处理，具体步骤为：

对第 i 年第 j 项指标的无量纲处理公式为：

正指标：$y_{ij} = \dfrac{x_{ij} - x_{\min(j)}}{x_{\max(j)} - x_{\min(j)}}$

逆指标：$y_{ij} = \dfrac{x_{\max(j)} - x_{ij}}{x_{\max(j)} - x_{\min(j)}}$

其中：$x_{\max(j)} = \max_j \{x_{ij}\}$；$x_{\min(j)} = \max_i \{x_{ij}\}$（$i$ 为年份；j 为指标）

经过以上变化之后，指标中的原始数据转化成用于评价的值，所有值都集中在 [0，1] 之间。若所用指标的值越大越好，则选用正指标，若所用指标的值越小越好，则选用逆指标。

2. 熵权赋值法

熵权法是一种客观赋权方法。根据信息论基本原理，信息是系统有序程度的度量，而熵则是系统无序程度的度量。因此，可用系统熵来反映其提供给决策者的信息量大小，系统熵可通过熵权法得到。在具体使用过程中，熵权法根据各指标的变异程度，利用信息熵计算出各指标的熵权，再通过熵权对各指标的权重进行修正，从而得出较为客观的指标权重。具体公式如下：

若系统可能处于多种不同的状态，而每种状态出现的概率为 p_i（$i=1$，2，…，m）时，则该系统的熵就定义为：

$$e = -\sum_{i=1}^{m} p_i \cdot \ln p_i \qquad (4-1)$$

显然，当 $P_i = 1/m$（$i=1$，2，…，m）时，即各种状态出现的概率相同时，熵取最大值，为：

$$e_{\max} = \ln m \qquad (4-2)$$

现有 m 个待评项目，n 个评价指标，形成原始评价矩阵 $R = (r_{ij})$ 对于某个指标 r_j 有信息熵：

$$e_j = -\sum_{i=1}^{m} p_{ij} \cdot \ln p_{ij}, e_{ij} = r_{ij} \Big/ \sum_{i=1}^{m} r_{ij} \qquad (4-3)$$

在具体的测算过程中，熵值的大小与其所提供的信息量呈负相关，即熵值越小，提供的信息量越多，指标可靠度越高，因而权重越大。在具体应用时，可根据各指标值的变异程度，利用熵来计算各指标的熵权，利用各指标的熵权对所有的指标进行加权，从而得出较为客观的评价结果。

3. 指标权重的测度

首先，计算第 j 个指标下第 i 个项目的指标值的比重：

$$p_{ij} = r'_{ij} / \sum_{i=1}^{m} r_{ij} \qquad (4-4)$$

其次，计算第 j 个指标的熵值：

$$p_{ij} = r'_{ij} / \sum_{i=1}^{m} r_{ij} \text{ 其中}, k = 1/\ln m \qquad (4-5)$$

最后，可计算出计算第 j 个指标的熵权：

$$w_j = (1 - e_j) / \sum_{j=1}^{n} (1 - e_j) \qquad (4-6)$$

二 江西省生态文明建设的综合情况

运用熵权法对江西省 2010 年生态文明建设状况进行评价。2010 年全省生态文明建设稳健发展，生态经济、生态制度和生态人居 3 大领域相对于 2003 年有了稳步提升，生态环境则大幅度下降，生态文化领域下降幅度更多，这两个领域的下降对于生态文明建设总体水平的提高有很大的制约作用。

（一）全省生态文明建设呈现平稳状态

以 2003 年全省生态文明总指数为基准值 100 计算，2010 年全省生态文明建设总指数为 95.4，全省生态文明建设呈现平稳状态（见图 4 - 1）。

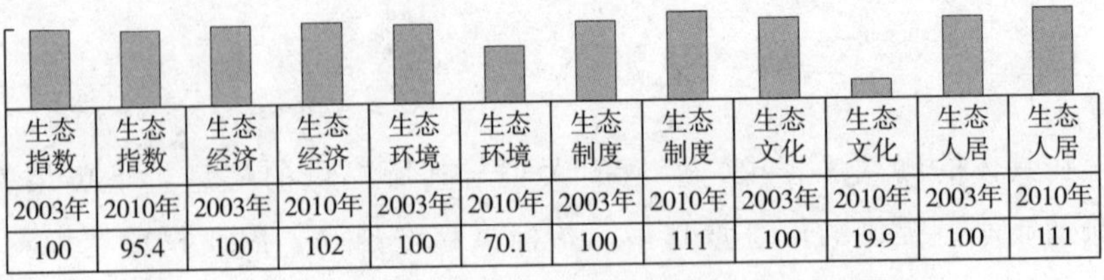

生态指数	生态指数	生态经济	生态经济	生态环境	生态环境	生态制度	生态制度	生态文化	生态文化	生态人居	生态人居
2003年	2010年	2003年	2010年	2003年	2010年	2003年	2010年	2003年	2010年	2003年	2010年
100	95.4	100	102	100	70.1	100	111	100	19.9	100	111

图 4 - 1　江西省生态文明总指数及各领域指数

（二）全省生态文明建设三大领域全面提升

2010 年，全省生态经济、生态制度、生态人居指数分别为 101.88、110.78、110.75（见图 4－2），生态经济增幅较少，而生态制度和生态人居则增长较快，反映了江西省近年来实施的绿色、生态、可持续的经济发展模式取得了初步效果，生态制度建设也有了喜人成绩，在经济发展过程中正确处理了人与自然、经济发展与自然环境的关系。生态环境指数则大幅度下降，仅为 70.05，生态文化下降幅度更大，仅为 19.85，表明江西省部分地区在经济发展过程中没有转变发展理念、没有形成良好的生态文化氛围，导致了生态环境的恶化、环境质量的下降。

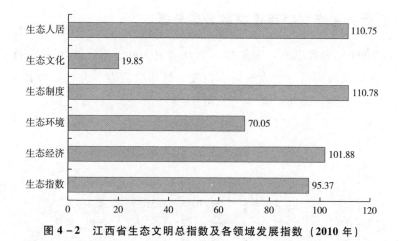

图 4－2　江西省生态文明总指数及各领域发展指数（2010 年）

（三）约半数指标呈上升趋势

在所有选取的 22 项指标当中，有 12 项指标呈上升趋势，其中生态环保投资占财政收入比例、环境信息公开率、人均可支配收入、万人拥有公交车辆、新建绿色建筑比例、无公害农产品和绿色食品及有机食品认证比例 7 项指标有较大幅度的提升，也是生态制度和生态人居指数提升的重要原因。

相比较而言，生态制度和生态人居各项指标都在增长，生态经济指标只有 30% 保持较大增幅，这反映了江西省在经济发展过程中注重生态制度的建设、关注居民的居住环境和身体健康，各项节能减排措施基本到位，经济效益有所提高。但同时，工业用水重复利用率、工业固体废弃物综合利用率、森林覆盖率等指标在下降，严重制约了生态经济发展的总体水平，导致生态经济指数增长缓慢。这表明江西省在生态经济建设领域节能减排力度不够、技术水平低。

人均公共绿地面积、城市生活污水集中处理率呈下降趋势，而农药施用强度却在不断攀升，表明江西省仍需大力加强生化环境建设、发展绿色循环农业、提高公众生态文明建设参与度。

生态文化指数急剧下降，说明政府在生态文明建设过程中忽视了公众的力量，没有充分调动公众的热情和积极性，导致生态文化氛围淡薄、政府在生态文明建设过程中只是唱"独角戏"。

三 江西省生态文明建设指数分层分析

以 2003 年全省生态文明总指数为基准值 100 计算，2010 年，11 市文明发展水平从高到低分别为新余、吉安、抚州、宜春、九江、景德镇、鹰潭、南昌、上饶、赣州、萍乡（见图 4 - 3）。

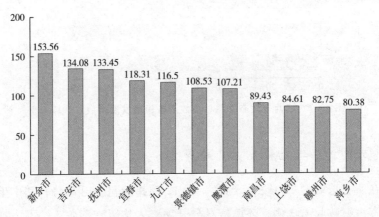

图 4 - 3 江西省 11 市生态文明指数及分层情况（2010 年）

（一）生态文明建设水平层次分析

根据 2010 年各市生态文明建设总指数的高低，11 市生态文明建设进展情况大致可以分为以下四个层次。

第一层次，生态文明建设进展快的地区。新余市生态文明指数遥遥领先，达到153.56，吉安市和抚州市生态文明指数分别为134.08和133.45，分别居于全省第二和第三位。从具体指标来看，新余市生态制度领域居于全省第一位，生态文化和生态人居处于领先位置，但是生态环境处于落后的位置，各领域不平衡现象比较严重；吉安市在生态经济、生态环境和生态制度领域均处于全省领先位置，但是生态文化和生态人居指数处在中偏下的位置，相对于新余市来说各生态领域不平衡的现象要轻一些；抚州市生态环境位居全省第一，生态文化也处于第一层次，但是生态制度指数和生态文化指数偏低，各领域差异仍然较大。在生态文明建设较快的地区，今后仍然需要注重各领域的均衡发展，做到生态文明建设的全面进步。

第二层次，生态文明建设进展较快的地区。宜春市和九江市生态文明指数相对较高，略低于第一层次的吉安市和抚州市，分别为118.31和116.5，分别居于第四、第五位。宜春市生态经济处于全省第一，但是其他生态领域指数处于中等或中偏下水平，影响了生态文明总体建设水平的提高；九江市生态制度处于全省第一位，但是其他生态领域指数处在中下游，各领域的差距明显。两个市区的生态文明指数情况表明在生态文明建设进展较快的地区，要充分利用自身的优势条件，努力消除生态领域差距，实现生态文明建设的全面发展。

第三层次，生态文明建设进展一般的地区。景德镇市和鹰潭市的生态文明总指数分别为108.53和107.21，分别居于全省的第六和第七位。景德镇市的生态经济、生态制度、生态文化处于全省上游水平，但是生态经济和生态文化大幅度落后，生态经济指数排在全省最后，各领域差距显著；鹰潭市生态环境指数、生态文化指数和生态人居指数均排在全省第一，但是生态制度指数和生态经济指数严重落后，前者为全省倒数第二，后者为倒数第四。鹰潭市的生态领域发展极不平衡，生态文明建设总体水平不高。这两个市区各生态领域指数之间巨大的差距说明在生态文明建设一般的地区，要重点关注生态文明建设的短板领域，需要采取有针对性的强有力的发展政策和应对措施，努力缩小各领域的差距，在保持相对优势的同时，克服缺陷，实现生态文明建设的协调发展。

第四层次，生态文明建设进展缓慢的地区。南昌市、上饶市、赣州市、萍乡市的生态文明指数分别为89.43、84.61、82.75、80.38，分别居于全省第八至第十一位，同时也是城市数量最多的层次。总体来看，四个市各个生态领域指数均处在中游以下的水平，总体生态文明建设水平不高，各领域差距较大，而且远远落后于先进地区。该层次的四个城市应该紧紧把握发展机遇，把自身资源、环境优势转化为某些生态领域的优势，重点建设1~2个优势生态领域，提升总体生态文明建设水平和质量，同时努力缩小各生态领域的差距，实现协调发展。

（二）生态文明建设地区差异分析

如表4-7所示，从各领域发展指数的差异来看，2010年江西省五大领域的地区差异从大到小依次为生态文化、生态制度、生态经济、生态人居、生态环境。生态环境领域地区差异最小，标准差为31.08，各市最高与最低水平之比为3.29，反映了江西省在生态环境领域的高度重视，也是近年来江西省各项重大生态环境工程实施的结果。生态文化领域差异最大，标准差高达123.03，11个市最高与最低水平之比为8.54，这充分体现了地区之间生态理念、生态知识普及程度的巨大差异。生态经济、生态制度和生态人居三项指标地区差异不大，呈现出地区间协调发展的良好势头。

表4-7　2010年全省五大领域生态文明评价指数及标准差

	领域指数	最高最低水平之比	标准差
生态经济	101.88	3.95	43.83
生态环境	70.05	3.29	31.08
生态制度	110.78	4.61	77.82
生态文化	19.85	8.54	123.03
生态人居	110.75	3.33	40.12

四　江西省地级市生态文明指数对比分析

对江西省2010年11个地级市的22项指标和五大领域进行排序，将在11个地级市中位列前两位的作为相对领先指标和相对领先领域，将排名在最后两位的作为相对落后指标和相对落后领域，通过比较相对领先/落后领域和指标，分析各个地级市单项指标的发展指数及五大领域在全省的相对领先和落后的情况（见表 4 - 8）。

表 4 - 8　2010 年各市相对领先/落后指标与领域、全省首位/末位指标数对照表

	相对领先指标	全省首位指标	相对落后指标	全省末位指标	相对领先领域	相对落后领域
南昌市	10	8	4	3	0	1
景德镇市	2	0	4	2	1	2
萍乡市	3	2	6	2	0	3
九江市	3	1	1	0	1	1
新余市	8	4	3	1	1	0
鹰潭市	0	0	10	7	2	0
赣州市	5	3	5	4	0	1
吉安市	2	2	2	1	2	0
宜春市	3	1	4	1	1	0
抚州市	5	1	0	0	1	0
上饶市	3	1	5	4	1	2

通过表 4 - 8 可以看出，相对领先指标大致决定了相对领先领域，而相对落后指标则影响着相对落后领域的数量，两者共同影响着该市的生态文明建设指数。南昌市虽然相对领先指标和全省首位指标均居第一位，但是由于相对落后指标和全省末尾指标同样居于前列，所以南昌市生态文明建设整体水平不高；吉安市相对领先指标和相对落后指标都不高，但是生态指数居于第一层次。江西省各市区在生态文明建设过程中须注重各领域的均衡发展和整体协调性，不可偏废其一。①

五　江西省生态文明建设动态比较

通过对江西省 2003～2010 年生态文明指数进行比较，分析江西省生态文明建设的发展趋势，试图找出江西省推进生态文明建设实现路径，并为江西省推进生态文明建设的政策保障提供依据和思路。

----

① 浙江省统计学会：《2011 年浙江省生态文明建设综合评价报告》，http：//
lib. zjsru. edu. cn/news/Article/ShowArticle. asp？ ArticleID = 4997。

（一）江西省 2003～2010 年生态文明建设总体状况

运用指标体系成果对江西省 2003～2010 年生态文明建设总体发展趋势进行分析，总体上，江西省生态文明建设进展平稳，其中生态经济领域稳步增长，生态经济领域呈现小幅波动增长趋势，而生态制度和生态人居两大领域则呈现出较大幅度的波动，近两年来呈现逐步增长的势头，生态文化领域波动较大且整体出现下滑趋势（见图 4－4）。①

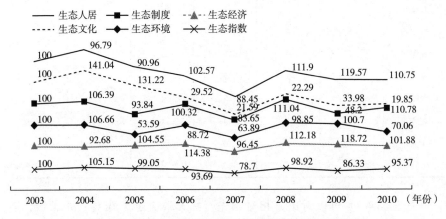

图 4－4　江西省生态指数及五大领域生态文明变化趋势

从各领域发展指数的时间波动来看，五大领域波动程度从大到小依次为生态文化、生态制度、生态环境、生态人居、生态经济。生态文化领域波动程度最大，达到 52.67；生态制度和生态环境处在第二层次，分别为 20.7 和 20；生态经济和生态人居波动最小，分别是 9.16 和 10.8（见表 4－9）。

表 4－9　江西省五大领域生态文明评价指数及标准差（2003～2010 年）

	最高最低水平之差	最高最低水平之比	标准差
生态经济	26.04	1.28	9.16
生态环境	53.07	1.99	20

① 浙江省统计学会：《2011 年浙江省生态文明建设综合评价报告》，http：// lib. zjsru. edu. cn/news/Article/ShowArticle. asp？ArticleID＝4997。

续表

	最高最低水平之差	最高最低水平之比	标准差
生态制度	62.84	2.29	20.7
生态文化	121.19	7.1	52.67
生态人居	31.12	1.35	10.8

对江西省 2003～2010 年五大领域进行排序，将每年位列前两位的作为相对领先领域，将排名位列最后两位的作为相对落后领域，通过计算每个领域所占的年份数来比较相对领先/落后领域，分析五大领域中相对领先和落后情况（见表 4－10）。可见，2003～2010 年江西省在生态经济领域和生态人居领域处于五大领域的前两位，生态经济领域和生态制度领域处在第二层次，而生态文化领域是生态文明建设的短板，处在最末位。江西省应充分利用生态经济和生态人居两大领域的优势条件，同时努力克服劣势，大力建设生态文化，努力缩小各领域间的差距，保持均衡发展。[①]

表 4－10　江西省五大领域生态文明建设五大领域相对领先/落后年份指标数对照表

	相对领先年份个数	相对落后年份个数
生态经济	5	1
生态环境	1	5
生态制度	1	1
生态文化	2	5
生态人居	3	3

根据江西省 2003～2010 年相对领先的生态经济领域和生态人居领域，相对落后的生态环境领域和生态文化领域共 18 个指标的综合得分情况计算出每个指标所占的年份数来确定相对领先领域中相对领先指标和相对落后领域中相对落后指标（见表 4－11）。

在生态经济领域，相对领先的指标为：单位 GDP 能耗、工业用水重复利用率以及 R&D 经费支出占 GDP 比重；在生态人居领域，相对领先的指标为无公害农产品和绿色食品及有机食品认证比例；在生态环境领

---

① 浙江省统计学会：《2011 年浙江省生态文明建设综合评价报告》，http：//lib. zjsru. edu. cn/news/Article/ShowArticle. asp？ ArticleID＝4997。

表4-11 江西省生态文明相对领先/落后领域中相对领先/落后年份指标数对照表

	相对领先年份个数	相对落后年份个数
第三产业占 GDP 比重	0	—
碳排放强度	8	—
单位 GDP 能耗	0	—
每平方千米产出值	4	—
工业用水重复利用率	8	—
工业固体废弃物综合利用率	—	0
R&D 经费支出占 GDP 比重	0	—
森林覆盖率	—	0
农药施用强度	—	8
二氧化硫排放总量	—	8
人均公共绿地面积	—	0
水环境主要污染物排放强度	—	8
万人拥有公交车辆	—	4
城市生活污水集中处理率	—	1
城市生活垃圾无害化处理率	—	3
新建绿色建筑比例	0	—
居民平均预期寿命	2	—
无公害农产品和绿色食品及有机食品认证比例	6	—

域,排名最后的三个指标为农药施用强度、水环境主要污染物排放强度和二氧化硫排放总量;在生态文化领域,排名最末的指标为万人拥有公交车辆。[①]

(二) 江西省 2003~2010 年生态文明建设地区差异

图4-5展示了2003~2010年江西省各市生态文明指数变化趋势,表4-12则展示了江西省2003~2010年各市五大领域生态文明评价指数及标准差。从各市生态文明指数的时间波动来看,抚州市、九江市、新余市波动最大,标准差都在25以上;吉安市、鹰潭市、景德镇市、宜春市、赣

---

① 浙江省统计学会:《2011年浙江省生态文明建设综合评价报告》,http://lib. zjsru. edu. cn/news/Article/ShowArticle. asp? ArticleID = 4997。

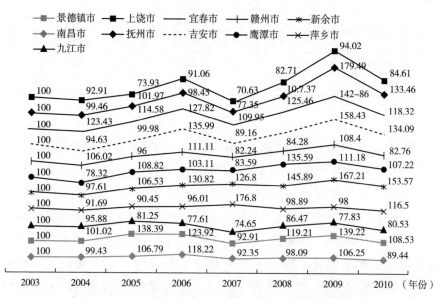

图 4 – 5　2003 ~ 2010 年江西省各市生态文明指数变化趋势

州市、上饶市波动较大，标准差为 10 ~ 25；南昌市、萍乡市波动相对较
小，都在 10 以下。波动较大的城市意味着发展不稳定，生态文明某个或者
某些领域发展失衡，这直接影响着生态文明建设的总体水平。①

表 4 – 12　江西省 2003 ~ 2010 年各市五大领域生态文明评价指数及标准差

	标准差	最高水平与最低水平之比	最高水平与最低水平之差
南 昌 市	9.08	1.32	28.78
景德镇市	17.64	1.5	46.31
萍 乡 市	7.17	1.28	21.23
九 江 市	28.71	1.95	86.35
新 余 市	25.87	1.71	69.6
鹰 潭 市	17.62	1.73	57.27
赣 州 市	11.94	1.35	28.87
吉 安 市	24.56	1.78	69.27
宜 春 市	12.86	1.3	32.91

① 浙江省统计学会：《2011 年浙江省生态文明建设综合评价报告》，http：//
lib. zjsru. edu. cn/news/Article/ShowArticle. asp？ArticleID = 4997。

	标准差	最高水平与最低水平之比	最高水平与最低水平之差
抚 州 市	31.21	2.32	102.14
上 饶 市	10.19	1.33	23.39

1. 南昌市

2010 年南昌市相对领先指标有 10 个，其中全省首位指标有 8 个，这两个指标居全省首位；相对落后指标有 4 个，其中 3 个居于全省末位，分别是森林覆盖率、人均公共绿地面积和无公害农产品和绿色食品及有机食品认证比例。南昌市没有相对领先领域，有一个相对落后领域，即生态环境。从南昌市的各项指标排名情况来看，其生态文明各领域发展很不平衡，2003～2010 年生态制度和生态文化领域的波动更是达到了惊人的程度（见图 4-6），标准差分别为 32.93 和 24.53（见表 4-13）。南昌市虽然有大量指标居于全省首位，但也有较多指标居于全省末位。

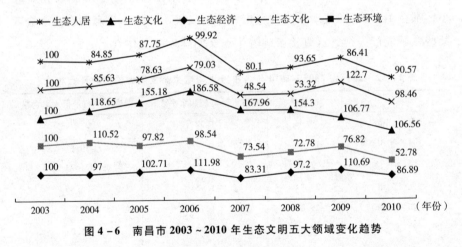

图 4-6 南昌市 2003～2010 年生态文明五大领域变化趋势

南昌市生态文明五大领域波动从大到小依次为生态制度、生态文化、生态环境、生态经济、生态人居，标准差分别是 32.93、24.53、19.3、10.13、7.1。南昌市在江西省范围内率先试行低碳经济、绿色经济，大力发展新兴能源和节能环保建筑，财政支出中公共环境建设支出比重日益扩大，是南昌市生态经济和生态人居平稳发展的重要条件。但南昌市生态文化底蕴不足，公众环保意识较差，没有形成良好的生态文化，政府生态文明建设没有系统化、制度化，生态制度建设缺位。南昌市在生态文明建设的过程中保持传统优势的同时，要注重生态制度和生态文化的建设，调动公众参与生态文明建设的积极性和热情，营造良好的生态文化氛围。

表 4 – 13　南昌市 2003～2010 年五大领域标准差及极值比较

	标准差	最高水平与最低水平之比	最高水平与最低水平之差
生态经济	10.13	1.34	25.09
生态环境	19.3	2.09	57.74
生态制度	32.93	1.86	86.58
生态文化	24.53	2.52	74.16
生态人居	7.1	1.24	19.9

2. 景德镇市

景德镇市 2010 年相对领先的指标有两个，分别是主要能源消费量和单位 GDP 能耗；相对落后的指标有 4 个，分别是工业用水重复利用率、工业固体废弃物综合利用率、二氧化硫排放总量和生态环保投资占财政收入比例。相对领先的领域有生态文化，而相对落后的领域有两个，包括生态经济和生态人居。总体来看，景德镇市生态文明五大领域发展极不平衡，2003～2010 年生态文化和生态制度的波动很大（见图 4 – 7），标准差分别为 146.4 和 108.06，最高水平与最低水平之比分别达到了 5.02 和 4.88（见表 4 – 14）。

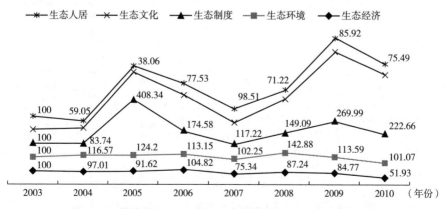

图 4 – 7　景德镇市 2003～2010 年生态文明五大领域变化趋势

表 4 – 14 景德镇市 2003 ~ 2010 年五大领域标准差及极值比较

	标准差	最高水平与最低水平之比	最高水平与最低水平之差
生态经济	16.8	2.01	52.89
生态环境	14.37	1.42	42.88
生态制度	108.06	4.88	324.6
生态文化	146.4	5.02	440.46
生态人居	20.46	2.58	61.94

景德镇市生态文明五大领域波动从大到小依次为生态文化、生态制度、生态人居、生态经济、生态环境。受到江西省生态文明建设整个大环境的影响，景德镇市在生态文化和生态制度领域依然存在很大的缺陷，这是政府在生态文明建设中需要关注和重点解决的问题。此外，景德镇市应继续保持和发扬自身的传统优势产业、资源，优先发展重点领域，以先进领域带动落后领域的发展。

3. 萍乡市

萍乡市 2010 年相对领先的指标有 3 个，分别是单位 GDP 能耗、森林覆盖率和生态环保投资占财政收入比例；相对落后指标有 6 个，其中水环境主要污染物排放强度和城市生活垃圾无害化处理率为全国末位指标。萍乡市没有相对领先领域，而相对落后领域有 3 个，即生态环境、生态制度和生态人居。从 2003 ~ 2010 年的发展区间来看，萍乡市生态文明建设总体平衡稳定，没有大起大落（见图 4 – 8），五大领域的标准差均为 10 ~ 20，最高水平与最低水平的比值均为 1 ~ 3（见表 4 – 15）。

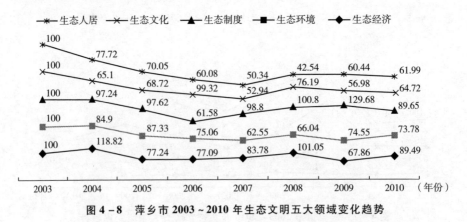

图 4 – 8 萍乡市 2003 ~ 2010 年生态文明五大领域变化趋势

表4－15　萍乡市2003～2010年五大领域标准差及极值比较

	标准差	最高水平与最低水平之比	最高水平与最低水平之差
生态经济	16.51	1.75	50.96
生态环境	12.18	1.59	37.45
生态制度	18.53	2.1	68.1
生态文化	17.89	1.89	47.06
生态人居	17.67	2.36	57.46

萍乡市生态文明建设各大领域虽然平稳，但是萍乡市总体生态文明建设水平不高。它有两个指标即森林覆盖率和生态环保投资占财政收入比例居于全省首位，但是没有形成生态文明领域的优势。如何把自己的优势变成实实在在的生态文明的优势，从而在保持各大领域平稳发展的同时努力提升生态文明建设总体水平是摆在萍乡市政府和居民面前的一大课题。

4. 九江市

九江市2010年有工业用水重复利用率、人均公共绿地面积和二氧化硫排放总量3项指标处于相对领先地位，其中人均公共绿地面积居于全省首位；相对落后指标只有1项，即森林覆盖率。九江市相对领先和相对落后领域各有1个，分别是生态制度和生态文化。从2003～2010年的发展跨度来看，九江市生态文化和生态制度领域波动很大（见图4－9），标准差分别高达134.68和63.29；其他三大领域波动较小，标准差落为5～20（见表4－16）。

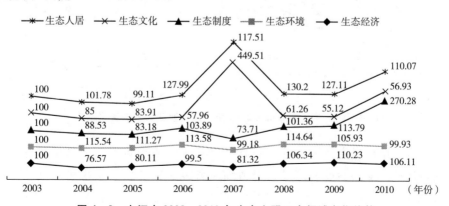

图4－9　九江市2003～2010年生态文明五大领域变化趋势

表 4 - 16　九江市 2003 ~ 2010 年五大领域标准差及极值比较

	标准差	最高水平与最低水平之比	最高水平与最低水平之差
生态经济	13.51	1.44	3.66
生态环境	7.09	1.16	16.36
生态制度	63.29	3.67	196.57
生态文化	134.68	8.12	394.39
生态人居	13.22	1.31	31.09

　　九江市总体生态文明建设处于全省中游水平，生态制度和生态文化领域依然是其短板。九江市濒临长江，靠近南昌，有着巨大的生态和经济地理优势，在生态文明建设中要注意充分发挥自身优势，把资源优势转化为生态文明优势，努力做到生态文明领域的平衡发展。

5. 新余市

　　新余市 2010 年有高达 8 项指标居于全省首位，有 3 项指标处于相对落后位置，有 1 项居于全省末位。此外，新余市在 2010 年有 1 个领域相对领先，即生态制度，且没有相对落后领域。在 2003 ~ 2010 年这个时间段内，新余市生态文明建设除了生态制度领域波动较大外，总体上发展平稳（见图 4 - 10、表 4 - 17）。

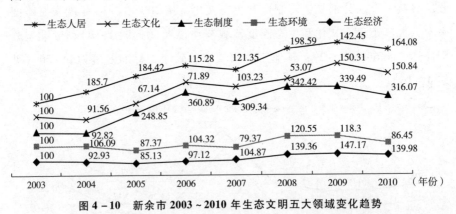

图 4 - 10　新余市 2003 ~ 2010 年生态文明五大领域变化趋势

　　新余市的生态文明水平在全省一直处于领先的位置，但是依然要注意短板——生态制度的建设，努力缩小各领域的差距，实现生态文明的新发展。

表 4 - 17　新余市 2003~2010 年五大领域标准差及极值比较

	标准差	最高水平与最低水平之比	最高水平与最低水平之差
生态经济	24.66	1.72	62.04
生态环境	15.03	1.51	41.198
生态制度	108.51	3.89	268.07
生态文化	36.35	2.83	97.77
生态人居	37	1.98	98.59

6. 鹰潭市

鹰潭市 2010 年没有相对领先的指标，而有高达 10 个相对落后指标，其中 7 个指标居全省末位。此外，鹰潭市生态文化和生态人居两个领域相对领先且没有相对落后领域。在 2003~2010 这个时间段内，鹰潭市生态文明建设总体水平处于中等偏下水平，其中生态人居和生态文化领域的波动很大，标准差达到了 227.53 和 144.05。生态环境和生态制度两大领域的波动也较大，标准差均高于 25（见图 4-11 和表 4-18）。

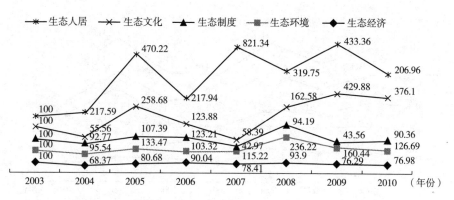

图 4 - 11　鹰潭市 2003~2010 年生态文明五大领域变化趋势

表 4 - 18　鹰潭市 2003~2010 年五大领域标准差及极值比较

	标准差	最高水平与最低水平之比	最高水平与最低水平之差
生态经济	10.55	1.46	31.63
生态环境	46.52	2.47	140.78
生态制度	28.83	2.86	80.24
生态文化	144.05	7.73	374.32
生态人居	227.53	8.21	370.22

鹰潭市在生态人居领域虽然波动较大，却是五大领域中具有相对优势的领域。生态制度领域相对而言严重落后于其他几大领域，反映出鹰潭市的制度建设同江西省其他地级市一样缺位。这是鹰潭市在今后的生态文明建设中要特别注意的。

7. 赣州市

赣州市在2010年有5个相对领先指标，即第三产业占GDP比重、森林覆盖率、水环境主要污染物排放强度、政府采购节能环保产品和环境标志产品所占比例、居民平均预期寿命；同时有5个相对落后指标，即主要能源消费量、单位GDP能耗、每平方千米产出值、工业用水重复利用率和人均可支配收入，除工业用水重复利用率之外，其他指标都处于全省末位。

从2003~2010年总体发展历程来看，鹰潭市的生态文明建设处于全省中等水平，各大领域的波动较小（见图4-12），为10~40；其中生态制度和生态文化领域的波动程度是五大领域中最大的，也是赣州市生态文明建设的短板（见表4-19）。

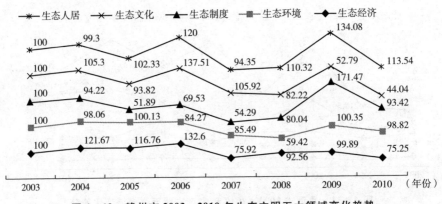

图4-12 赣州市2003~2010年生态文明五大领域变化趋势

表4-19 赣州市2003~2010年五大领域标准差及极值比较

	标准差	最高水平与最低水平之比	最高水平与最低水平之差
生态经济	20.82	1.76	57.35
生态环境	14.32	1.69	40.93
生态制度	37.81	3.3	119.58
生态文化	30.27	3.12	93.47
生态人居	13.13	1.42	39.73

8. 吉安市

吉安市 2010 年全省相对领先和相对落后指标各有 2 个，领先指标是工业固体废弃物综合利用率和无公害农产品和绿色食品及有机食品认证比例，而前者是全省首位指标；落后指标是每平方千米产出值和环境信息公开率。从 2003～2010 年的标准差来看，吉安市生态文明建设五大领域波动相对于其他市区较小。波动最大的为生态文化，为 37.87，最小的是生态人居，为 13.85（见图 4 - 13）。此外，吉安市在 2010 年有生态经济和生态环境 2 个相对领先领域，没有相对落后领域（见表 4 - 20）。

吉安市生态文明建设总体水平居于全省前列，成果明显。今后要继续保持并发挥优势，进一步缩小各大领域间的差距，实现生态文明建设全面、均衡、协调发展。

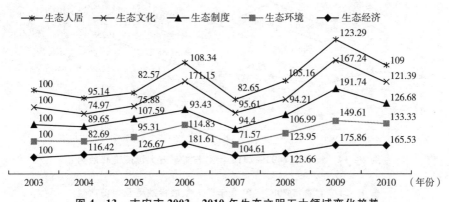

图 4 - 13　吉安市 2003～2010 年生态文明五大领域变化趋势

表 4 - 20　吉安市 2003～2010 年五大领域标准差及极值比较

	标准差	最高水平与最低水平之比	最高水平与最低水平之差
生态经济	32.6	1.81	81.61
生态环境	26.34	2.09	78.04
生态制度	33.57	2.14	102.09
生态文化	37.87	2.28	96.18
生态人居	13.85	1.49	40.72

9. 宜春市

宜春市 2010 年有 3 个指标是全省相对领先指标，即主要能源消费量、工业固体废弃物综合利用率和无公害农产品和绿色食品及有机食品认证比例，其中主要能源消费量是全省首位指标。相对落后指标有 4 个，第三产业占 GDP 比重、R&D 经费支出占 GDP 比重、人均可支配收入和万人拥有公交车辆，其中第三产业占 GDP 比重是全省末位指标。宜春市 2010 年唯一的相对领先的领域是生态经济，没有相对落后领域。

在 2003～2010 年共 8 年的时间内，宜春市生态文化、生态制度和生态经济的波动较大（见图 4－14），标准差分别达到了 65.65、44.29 和 43.81，生态环境的波动较小，为 13.58，生态人居的波动最小，仅为 7.5（见表 4－21）。宜春市的生态文明建设水平在全省处于中游水平，如何培育和发展领先领域，提升落后领域是其面临的主要课题。

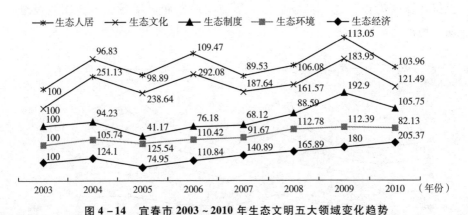

图 4－14 宜春市 2003～2010 年生态文明五大领域变化趋势

表 4－21 宜春市 2003～2010 年五大领域标准差及极值比较

	标准差	最高水平与最低水平之比	最高水平与最低水平之差
生态经济	43.81	2.74	130.42
生态环境	13.58	1.53	43.41
生态制度	44.29	4.68	151.73
生态文化	65.65	2.92	192.08
生态人居	7.5	1.26	23.52

10. 抚州市

抚州市 2010 年有 5 个全省相对领先指标，城市生活垃圾无害化处理率是全省首位指标；抚州市在 2010 年没有相对落后指标。

在所选取的 8 个年份中，抚州市的各生态领域波动相对较小。从大到小依次为生态文化、生态环境、生态制度、生态经济和生态人居（见

图 4 - 15），标准差分别是 50.59、49.79、48.81、26.69、14（见表 4 - 22）。抚州市在 2010 年的生态文明指数为 133.45，2003～2010 年，生态文明建设总体处于先进行列，没有明显的劣势，但是优势也不突出。抚州市在今后的生态文明建设中要大力培育自己的生态优势领域，以先进领域带动其他领域全面发展。

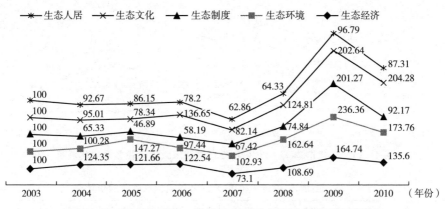

图 4 - 15　抚州市 2003～2010 年生态文明五大领域变化趋势图

表 4 - 22　抚州市 2003～2010 年五大领域标准差及极值比较

	标准差	最高水平与最低水平之比	最高水平与最低水平之差
生态经济	26.69	2.25	91.64
生态环境	49.79	2.42	138.92
生态制度	48.81	4.29	154.38
生态文化	50.59	2.48	125.94
生态人居	14	1.59	37.14

11. 上饶市

上饶市在 2010 年农药施用强度、城市生活污水集中处理率和新建绿色建筑比例是全省相对领先指标，其中城市生活污水集中处理率是首位指标；另外，R&D 经费支出占 GDP 比重、工业固体废弃物综合利用率、环境信息公开率、万人拥有公交车辆和城市生活垃圾无害化处理率是相对落后指标，其中除了城市生活垃圾无害化处理率外均为全省末位指标。上饶市相对领先领域是生态人居，相对落后领域有生态经济和生态环境。

上饶市在 2003～2010 年各大领域的波动相对较小，从大到小依次为生态人居、生态制度、生态环境、生态文化和生态经济（见图 4 – 16 和表 4 – 23）。从全省范围看，上饶市生态文明建设总体水平不高，优势和劣势均不明显。在今后的生态文明建设中，应努力培育和发展优势，注重政府引导和民众参与。

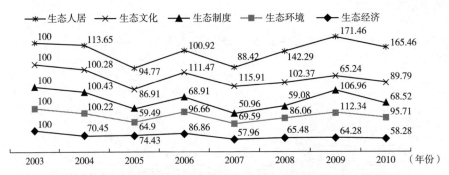

图 4 – 16　上饶市 2003～2010 年生态文明五大领域指数及变化趋势

表 4 – 23　上饶市 2003～2010 年五大领域标准差及极值比较

	标准差	最高水平与最低水平之比	最高水平与最低水平之差
生态经济	14.68	1.72	42.04
生态环境	16.2	1.54	47.44
生态制度	22.09	2.09	56
生态文化	15.93	1.77	50.67
生态人居	32.98	1.93	83.04

第五章 江西省生态效益转化的动态分析

第一节 数据来源和模型

一 数据来源

江西省生态效益转化的动态分析指的是从西方传统经济学理论出发，利用生态足迹方法将供需弹性理论应用到生态效益与经济效益的内在关系分析中。供需弹性理论分析的是供给量或需求量的变动对经济自变量的反映程度，其大小可以用两个变量变动的百分比的比值来表示；当市场需求曲线和市场供给曲线相交时被称为供需均衡，均衡点上的价格和供求数量为均衡价格和均衡数量。供需理论应用于生态效益与经济效益二者关系时有两方面含义：其一，生态效益供给（生态承载力）或生态效益需求（生态足迹）每变化1%单位对经济变化量影响的百分比；其二，生态效益供给或需求结构每变化1%单位对经济结构变化影响的百分比。生态盈余或赤字则是从供需均衡的角度考察生态效益均衡量和结构每变化1%单位对经济变化量和结构变化影响的百分比。

本章根据生态足迹方法构建了生态效益综合变动系数模型，利用生态效益与经济效益耦合的概念（生态效益对经济效益的弹性）定义了生态效益转化率，并从需求（生态足迹）、供给（生态承载力）和供需均衡（生态赤字）三个角度对江西省 2007～2012 年的生态效益转化率进行了时间序列动态分析，研究了影响生态效益转化率的经济水平、生态足迹/承载力、生态指数等因素。

原始资料均来自各年份的《江西统计年鉴》，模型中使用的部分数据来自文献。

本书以供需理论为理论基础，从供给、需求弹性的角度研究了生态效益对经济效益的弹性；用生态足迹方法对生态效益供给、需求和均衡进行了量化。首先，从生态需求量、供给量和供需均衡角度计算了生态足迹、生态承载力和生态赤字；其次分别计算了三者对经济效益和经济结构的弹性；最后对江西省生态效益对经济效益的弹性（生态效益转化率）进行动态分析。在计算分析过程中，主要采用数理统计的方法，以 Excel 等软件作为数理统计工具，多采用图表结合的方式，将江西省生态效益转化率变动规律展现出来。

二 测度模型

（一）生态足迹模型

1. 生态足迹的计算公式

任何已知国家或地区的人口的生态足迹是生产该区域人口消费的资源和吸纳这些人口产生的废弃物所需要的生物生产地域总面积（包括陆地和水域），其计算公式如下：

$$EF = r_j \times \sum_{i=1}^{6} (aa_i) = r_j \times \sum_{j=1}^{6} (c_i \times p_i) \qquad (5-1)$$

其中 EF 为总的生态足迹（hm^2），r_j 为均衡因子，j 为生物生产性土地类型；aa_i 为第 i 种交易商品折算的生物生产地域面积（hm^2），i 为消费品和投入的类型；c_i 为第 i 种消费品的消费量；p_i 为第 i 种消费品的平均生产能力。均衡因子指全球某类生产性土地面积的平均生产力与全球所有各类生产性土地面积的平均生产力的比值。

2. 生态承载力计算公式

生态承载力表示区域土地总供给能力，其计算公式为：

$$BC = N(bc) = N \sum (a_j \times r_j \times y_j) \quad (j = 1, 2, \cdots, 6) \qquad (5-2)$$

式中，BC 为区域总人口的生态承载力（hm^2/cap），N 为人口数，bc 为人均生态承载力（hm^2/cap），a_j 为类型生物生产性土地人均拥有面积，r_j 为均衡因子，y_j 为产量因子。

3. 均衡因子和产量因子

均衡因子表示不同类型土地潜在生产力之比，产量因子是指不同国家或地区的某类生物生产面积所代表的局地产量与世界平均产量的差异。

本章所采用的均衡因子和产量因子（Wackernagel, M., Ree, W., 1996）[1]（Wackernagel, M., Lewan, L., 1999）[2] 见表5-1。

表5-1　均衡因子和产量因子

土地类型	耕地	草地	林地	水域	建筑用地	化石燃料用地
均衡因子	2.8	0.5	1.1	0.234	2.8	1.1
产量因子	1.66	0.91	0.19	1	1.66	0

4. 生态赤字/盈余的计算公式

生态赤字/盈余反映了区域人口对自然资源的利用状况，是生态承载力和生态足迹二者的差值。生态盈余表明该地区的生态容量足以支持其人口负荷，可持续程度用生态盈余来衡量；反之，表明该地区的人口负荷超过了其生态容量，需要通过消耗自然资本存量来弥补收入供给流量的不足或者从地区之外进口欠缺的资源以供应平衡生态需求。

其计算公式为：

$$G = BC - EF = N \times (bc - ef) \tag{5-3}$$

G 为生态赤字/盈余，EF 为生态足迹，BC 为区域总人口的生态承载力，N 为人口数，bc 为人均生态承载力，ef 为人均生态足迹。

（二）生态效益综合变动系数模型

生态足迹和生态承载力是根据耕地、草地、林地、水域、建筑用地、化石燃料用地6种生物生产地域总面积计算的，本章利用江西省2007～2012年6种生物生产地域面积的年增长率、各土地类型所占比例的变化过程以及各土地类型自身比重变化3个指标，刻画江西省生态效益综合变动状况。[3]

---

① Wackernagel, M., Ree, W., *Our Ecological Footprint - Reducing Human Impact on the Earth*, Gabriola Island: New Society Publishers, 1996. 61-83.

② Wackernagel, M., Lewan, L., "Evaluating the Use of Natural Capital with the Ecological Footprint", *Ambio*, 1999, 28（7）：604-612.

③ 张文忠、王传胜、吕昕、樊杰：《珠江三角洲土地利用变化与工业化和城市化的耦合关系》，《地理学报》2003年第5期，第677～685页。

第一类是速度指标，即递变速率 Lcv，反映的是 6 种土地类型从基期至末期的递增或递减状况；第二类是结构指标，第一种是内部结构递转系数 Lcp，反映的是 6 种土地类型从基期至末期的结构比例，第二种是空间结构递转系数 Lcw，反映的是 6 种土地类型从基期至末期的比例变化。计算方法分别如下：

$Lcv = \mid \sqrt[t]{S_t/S_0} - 1 \mid$，$S_t$ 和 S_0 分别为末期和基期各类型土地的面积，t 为测评期；$Lcp = \mid P_t - P_0 \mid$，$Lcw = \mid W_t - W_0 \mid$，$P_t$，$P_0$ 和 W_t，W_0 分别为末期和基期的各类型土地的结构比例。

根据这三类指标求得生态效益综合变动系数：

$$Lc = \prod_{j=1}^{m} Y_j \qquad (5-4)$$

式中：Y 为综合土地利用变化指标，m 为选取的指标数，即 $m = 3$；Y_1、Y_2、Y_3 分别表示各土地类型综合 Lcp、Lcw 和 Lcv。

$$Y = \left(\sum_{i=1}^{n} X_i/n \right) \times 100 \qquad (5-5)$$

式中：X 为同一分类级别各土地类型的变动指标，n 为土地类型数，即 $n = 6$；X_i 表示耕地、草地、林地、水域、建筑用地、化石燃料用地的 Lcp、Lcw 和 Lcv。

（三）生态效益转化率模型

耦合原本作为物理学概念，是指两个（或两个以上的）系统或运动形式通过各种相互作用而彼此影响的现象。[①] 本书所提出的从供需理论出发的生态效益转化率实质是研究生态效益和经济效益通过运动而彼此影响的内在关系，生态效益的"运动"通过基于生态足迹方法的生态效益综合变动系数来定义，而经济效益的"运动"通过 GDP 的年递变系数来定义。故对生态效益转化率的研究本质是考察生态足迹/承载力内部变动情况对经济效益长期变动的影响，本质上与供需弹性含义一致。

---

① 周宏等：《现代汉语辞海》，光明日报出版社，2003，第 820~821 页。

本书提出经济效益与生态效益综合变动系数耦合（EIc）的概念，并将之定义为生态效益的经济转化率：

$$EIc = \frac{Lc}{Ecv} \times \frac{1}{100} \qquad (5-6)$$

式中：EIc 表示经济效益与生态效益综合变动系数的耦合系数，Lc 表示生态效益综合变动系数，Ecv 表示经济效益的递变系数，本书直接用 GDP 定义经济效益。

$$Ecv = |\sqrt[t]{Ecv_i/Ecv_0} - 1| \qquad (5-7)$$

Ecv_t 和 Ecv_0 分别表示末期和基期生态效率递变系数，t 为测评期。

第二节　江西省生态供需平衡分析和生态效益转化率测度

一　生态供需平衡分析

本书计算的生态足迹包含生物资源消费和能源消费，江西省生态足迹生物资源消费包括农、林、畜及水产品等 21 项消费项目；能源消费主要包括煤炭、焦炭、原油等 8 项消费项目。因为年鉴给出的只有贸易金额数据，没有相应的贸易量数据，且贸易部分影响较小，所以未对贸易部分数据进行调整。

出于谨慎性考虑，在计算生态承载力时扣除了 12% 的生物多样性保护面积。根据公式（5-1）、公式（5-2）、公式（5-3），计算出江西省 2007~2012 年的生态足迹、生态承载力、可利用生态承载力及生态赤字（见表 5-2）。

表 5-2　江西省 2007~2012 年生态足迹、生态承载力、可利用生态承载力及生态赤字

年　份	2007	2008	2009	2010	2011	2012
生态足迹	1.9374	1.9572	2.101	2.1818	2.3512	2.4006
生态承载力	0.4629	0.5322	0.5389	0.5362	0.5333	0.5333
可利用生态承载力	0.4073	0.4683	0.4743	0.4719	0.4693	0.4693
生态赤字	1.5301	1.4889	1.6267	1.7099	1.8819	1.9313

二 生态效益转化率测度

(一) 生态需求转化

从需求弹性角度出发计算生态效益转化率，首先利用江西省 2007~2012 年 6 种生物生产土地面积（见表 5-3），根据公式（5-4）和公式（5-5）求出生态效益综合变动系数（见表 5-4），再根据公式（5-6）和公式（5-7）求出生态效益转化率（见表 5-5）。

表 5-3　江西省 2007~2012 年 6 种生物生产土地面积

年份/土地类型 (hm²)	耕 地	草 地	林 地	水 域	建筑用地	化石能源用地
2007	0.5434	0.3426	0.0194	0.3627	0.0039	0.6654
2008	0.5492	0.3616	0.0229	0.3491	0.0041	0.6703
2009	0.5735	0.4269	0.0276	0.3737	0.0046	0.6947
2010	0.5665	0.4302	0.0239	0.3894	0.0052	0.7666
2011	0.5919	0.4379	0.0339	0.4005	0.0061	0.8809
2012	0.6015	0.4605	0.0329	0.4246	0.0064	0.8747
Lcv	0.0170	0.0505	0.0920	0.0266	0.0860	0.0466
Lcp	0.0299	0.0149	0.0037	0.0103	0.0007	0.0209
Lcw	0.0555	0.0225	0.0038	0.0154	0.0006	0.0501

表 5-4　江西省 2007~2012 年生态效益综合变动系数

年　份	2008	2009	2010	2011	2012	2007~2012
Lc	0.4454	4.2447	3.6288	10.1768	2.2732	17.5959

注：生态效益综合变动系数衡量的是一个时间段内的数据，本书中 2007~2008 年的数据规定为 2008 年，其余年份以此类推。

表 5-5　江西省 2007~2012 年生态足迹、生态效益转化率

年　份	2007	2008	2009	2010	2011	2012	2007~2012
生态足迹（hm²）	1.9374	1.9572	2.101	2.1818	2.3512	2.4006	
生态效益转化率		0.0453	0.4325	0.1547	0.4272	0.0954	1.2199
第一产业转化率		0.0909	0.8924	0.4038	0.6327	0.1413	2.2399
第二产业转化率		0.0492	0.4058	0.1113	0.4483	0.1001	1.1631
第三产业转化率		0.0402	0.3608	0.1968	0.3959	0.0885	1.1508

（二）生态供给转化

从供给弹性角度出发计算的生态效益转化率，先根据公式（5-4）和公式（5-5）求出生态承载力综合变动系数，再根据公式（5-6）和公式（5-7）算出生态效益转化率（见表5-6）。

表5-6　江西省2007～2012年生态承载力、生态效益转化率

年　份	2007	2008	2009	2010	2011	2012	2007～2012
生态承载力	0.4073	0.4683	0.4743	0.4719	0.4693	0.4693	
生态效益转化率		1.6829	5.4554	2.8506	4.0609	2.3293	6.0967
第一产业转化率		3.3804	1.1255	0.7442	0.6051	0.3147	11.1944
第二产业转化率		1.8305	0.5118	0.2051	0.4262	0.2877	5.8129
第三产业转化率		1.4947	0.4551	0.3627	0.3765	0.1737	5.7516

（三）供需平衡转化

从供需平衡角度计算的生态效益转化率根据公式（5-6）略有调整，综合变动系数 Lc 与公式（5-7）一致（见表5-7）。

表5-7　江西省2007～2012年生态赤字、生态效益转化率

年　份	2007	2008	2009	2010	2011	2012	2007～2012
生态赤字	1.5301	1.4889	1.6267	1.7099	1.8819	1.9313	
生态效益转化率		0.1334	0.9431	0.2179	0.4222	0.2465	0.2736
第一产业转化率		0.2679	0.0195	0.5691	0.6254	0.3331	0.5024
第二产业转化率		0.1451	0.8848	0.1569	0.4431	0.3045	0.2609
第三产业转化率		0.1185	0.7868	0.2774	0.3914	0.1838	0.2581

通过对生态需求、供求、均衡弹性的计算，发现生态供给转化率总体上大于生态需求转化率，二者的差值呈现周期波动的趋势且与生态赤字转化率基本持平；生态供给、需求对第一产业的弹性总体上大于生态赤字对第一产业的弹性，而对二、三产业的弹性则小于生态赤字二、三产业弹性，且生态供、需对三大产业的弹性与生态赤字对三大产业的弹性呈现同样的递减趋势（见表5-8）。

表 5 - 8　生态供需转化率差值与生态赤字转化率对比

年　份	2008	2009	2010	2011	2012	2007 ~ 2012
生态赤字转化率	1.6829	5.4554	2.8506	4.0609	2.3293	6.0967
供需转化率差值	1.6376	5.0229	2.6959	3.6337	2.2339	4.8768
第一产业转化率差值	3.2895	0.2331	0.3404	-0.0276	0.1734	8.9545
生态赤字第一产业转化率	0.2679	0.0195	0.5691	0.6254	0.3331	0.5024
第二产业转化率差值	1.7813	0.106	0.0938	-0.0221	0.1876	4.6498
生态赤字第二产业转化率	0.1451	0.8848	0.1569	0.4431	0.3045	0.2609
第三产业转化率差值	1.4545	0.0943	0.1659	-0.0194	0.0852	4.6008
生态赤字第三产业转化率	0.1185	0.7868	0.2774	0.3914	0.1838	0.2581

第三节　江西省生态效益转化率的动态对比分析

一　生态足迹 - 生态效益转化率

通过计算发现江西省 2007 ~ 2012 年生态足迹 - 生态效益转化率波动较大，标准差为 0.1856，且波动幅度呈现缩小的趋势。2008 ~ 2009 年处于上升期，2009 年达到最高值，是最低的 2008 年的 9.55 倍，之后开始下降，2010 年后重新处于上升期，2012 年又处于循环的下降期，但是波动幅度比前一周期略小，见图 5 - 1。

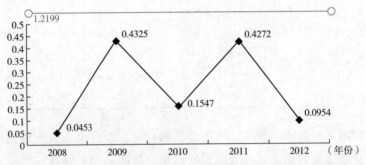

图 5 - 1　江西省 2007 ~ 2012 年生态足迹 - 生态效益转化率

与此同时，发现生态效益转化率与 GDP 成弱相关关系，相关系数为 0.0348（见表 5 - 9）。这充分表明经济发达地区对生态效益转化率贡献不大，比如北京、上海等经济发达地区因为资源匮乏，环境质量差，生态效益对 GDP 贡献率较低,而旅游型城市则因优良的自然环境创造了良好的生态效益,从而拉动 GDP 的增长;生态效益转化率与生态足迹关系较弱,相关系数为 0.2148,生态足迹的增加意味着人类对自然资源利用强度的加剧,这一过程促进了生态效益向经济效益的转化,但是对资源的过度开发会导致生态赤字的增加,最终会不利于可持续发展;生态效益转化率与生态指数呈强负相关关系,相关系数为 -0.8485,即生态指数越高的地区生态效益转化率越低,生态指数是根据生态人居、生态文化、生态制度、生态环境和生态经济五大领域计算而来的,而生态效益则是根据生态足迹计算而来的,二者的内涵、计算方式有很大区别,故生态效益转化率与生态文明指数呈负相关关系,从而揭示了以生态指数为核心的政绩工程实际上阻碍了对当地自然资源的合理开发和利用,不利于经济的发展。

表 5-9　江西省 2007~2012 年生态足迹-生态效益转化率与 GDP、
生态足迹、生态指数的相关系数

	GDP	生态足迹	生态指数
生态效益转化率	0.0348	0.2148	-0.8485
含义	弱相关	较弱相关	强负相关

数据显示,在生态足迹-生态效益转化率中,第一产业转化率 > 第二产业转化率 > 第三产业转化率,且与生态足迹-生态效益转化率波动规律高度一致,此外总转化率大约是第二、三产业转化率的平均值,见图 5-2。结果表明,第一产业的贡献率大约是第二产业与第三产业的总和。

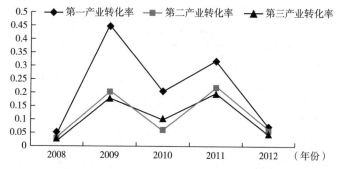

图 5-2　江西省 2007~2012 年生态足迹——三大产业生态效益转化率

二 生态承载力 - 生态效益转化率

生态承载力 - 生态效益转化率同样呈现周期性波动，波动幅度变小的趋势明显，标准差为 0.1498。2009 年和 2011 年为两个极大值点，极值倍数相差 3.24（见图 5 - 3）。

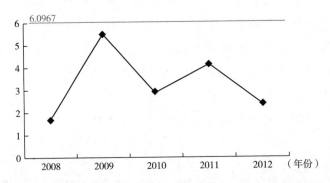

图 5 - 3 江西省 2007 ~ 2012 年生态承载力 - 生态效益转化率

通过计算，发现生态承载力 - 生态效益转化率与生态承载力呈强正相关关系，而与生态指数呈强负相关关系（见表 5 - 10）。生态承载力是指一个地区或国家所能提供给人类的生物生产性土地面积，它包含了两层含义：第一层含义是指生态系统的自我维持与自我调节能力，以及资源与环境子系统的供容能力，为生态承载力的支持部分；第二层含义是指生态系统内社会经济子系统的发展能力，为生态承载力的压力部分。[①]因此，生态承载力越高，表明生态系统自我维持与自我调节能力的弹性越大，资源与环境的供容能力越强，对社会经济系统发展的支持能力越强，

表 5 - 10 江西省 2007 ~ 2012 年生态承载力 - 生态效益转化率与 GDP、生态足迹、生态指数的相关系数

	GDP	生态承载力	生态指数
生态效益转化率	- 0.0982	0.7747	- 0.8724
含义	弱负相关	强正相关	强负相关

① 胡毅诏：《生态承载力理论浅析》，《农村经济与科技》2012 年第 6 期，第 13 ~ 15 页。

这就解释了生态承载力与生态效益转化率的强正相关关系。而生态承载力－生态效益转化率与生态指数的负相关关系同样是由江西省生态文明指数五大领域不平衡，且与生态承载力内涵和计算方式不一致造成的。

从供给角度计算的三大产业生态效益转化率同样比从需求角度高，且第一产业贡献率占了一半以上。三大产业转化率呈现逐年下降的趋势，揭示了快速增长的经济远远超过了生态环境的供容能力，粗放的发展方式导致资源利用率低、经济效益低下（见图5－4）。

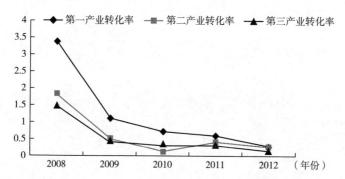

图5－4　江西省2007～2012年生态赤字－三大产业生态效益转化率

三　生态赤字－生态效益转化率

生态赤字－生态效益转化率同样呈现循环波动的规律，且波动幅度进一步缩小。通过对比供给、需求、供需平衡三种转化率，发现三者具有高度一致性：当供给和需求转化率上升时，供需平衡转化率也上升；反之，随下降（见图5－5）。

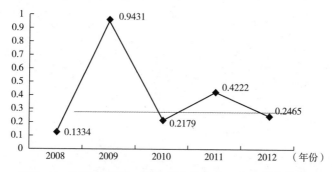

图5－5　江西省2007～2012年生态赤字－生态效益转化率

　　三大产业贡献率与供给、需求转化率有同样的规律，即第一产业转化率＞第二产业转化率＞第三产业转化率，且第一产业贡献率约占 50%。生态赤字表明该地区的人口负荷超过了其生态容量，资源开发利用过度、发展模式处于相对不可持续状态，故从生态赤字角度计算的生态效益转化率表明江西省处于"负转化"状态，意味着江西省要维持目前的发展状态必须加大自身资源开采利用或者利用外部资源。

第六章　江西省生态文明建设与生态优势转化的实现途径

前文的分析充分表明，江西省实现生态文明建设具有许多优势，同时也存在若干亟待解决的问题。当前，江西省生态文明建设正处于潜力巨大、蓄势待发的关键时期，根据新形势下的新要求，我们需要转换视角，开阔视野，跳出优势看优势，牢固树立生态文明观念，坚持从发展的实际出发，把实现生态文明建设放在更加突出的战略位置，以重点突破带动全局工作，实现"牵一发而动全身"的效果，实现经济社会与环境、人与自然的协调发展。①

第一节　江西省生态文明建设的实现思路

一　转变发展理念，将生态文明建设纳入全省发展升级的全局

加快转变经济发展方式，是贯彻落实科学发展观，实现经济又好又快发展的根本要求。转变经济发展方式的根本出路，是要加快建立和完善社会主义市场经济体制，优化资源配置方式，打造合格的市场主体，推进科技创新市场化，创造有利于转变经济发展方式的政策环境，从而在市场竞争中，实现经济增长由主要依靠增加物质资源消耗向主要依靠科技进步、劳动者素质提高和管理创新转变。实践证明，转变经济发展方式，树立生态文明理念，大力发展生态经济，走生态型统筹发展之路，是建设生态文明之路的正确选择，是实现跨越式发展的必然要求。对江西省来讲，要走

---

① 严轶华：《发展生态经济促进生态文明——关于浙江省欠发达地区生态文明建设路径的思考》，http://www.360doc.com/content/11/0818/10/1835276_141349137.shtml。

可持续发展、跨越式发展道路，就必须牢固树立"绿水青山就是金山银山"的观念，树立"蓝天白云就是最好资源"的理念，改变粗放型、掠夺式资源开发模式，实施可持续生态经济发展战略，把生态文明建设纳入江西省发展升级的全局，对生态文明建设的重大事项进行统一协调，形成分级管理、上下联动的推进机制，使生态文明建设成为江西省绿色崛起的主力军。①

二 调整产业结构，将壮大绿色经济作为转变生产方式的抓手

调整优化产业结构和发展方式是贯彻落实科学发展观的重要举措，是重要转型期和重大机遇期最重要、最紧迫的发展命题。江西省要正确处理"生态要保护、经济要发展、群众要增收"三者之间的关系，以调整优化产业结构和发展方式为主线，在优先保证生态效益的前提下大力发展特色产业，实现生态增效、经济增收的"双赢"目标。要根据"打造大平台、发展大产业、培育大企业"的思路，加大"内联外引"力度，强力推动三次产业优化升级。在第一产业，要以发展高效生态农业为主攻方向，依托农业基地建设，着力培育具有地方特色的优势农业产业，在加快规模化、基地化、品牌化发展步伐中促进农业转型升级。在第二产业，工业要不断提升"绿色"含量，坚持"培大育强与招大引强"并举策略，重点引导扶持主导产业中的龙头企业发展，着力培育一批产业关联度大、技术含量高、核心竞争力强、市场占有率高的产业集群龙头企业。大力发展战略性新兴产业和先进制造业，抑制高耗能、高排放行业过快增长，采用高新技术和先进适用技术改造提升传统产业。在第三产业，要发展壮大现代服务业，提高其在国民经济中的比重。充分利用江西省生态环境资源优势，实现开发与保护同步规划、同步建设，加快建设一批生态旅游景区。以红色、生态、乡村、文化、温泉、休闲度假等特色旅游产品开发为重点，整合旅游资源，加快旅游基础设施建设和配套服务功能建设，提升服务标准和质量。要大力推进传统商贸物

① 严轶华：《发展生态经济促进生态文明——关于浙江省欠发达地区生态文明建设路径的思考》，http://www.360doc.com/content/11/0818/10/1835276_141349137.shtml。

流业的改组改造，切实加大商贸流通业对内、对外开放力度，加快形成大商贸、大市场、大流通的格局。

三　编制总体规划，将生态文明创建示范活动作为转型龙头

江西省要按照"规划引领、创建推进"的思路，坚持"点""轴""面"有机结合，高起点、高标准地编制生态文明建设总体规划，把经济活动控制在自然生态的承载力和环境容量之内，合理确定产业发展的空间布局。同时，结合各自的地理特点、产业基础、资源分布、生态体系等基本情况，明晰各自的生态文明建设功能分区。在明确不同区域的功能定位和发展方向的基础上，确定不同区域的环境"准入门槛"，实施不同区域的产业发展壮大政策，把不同类型生态功能区的要求落实在优化生产力空间布局上，促进区域经济和环境保护协调发展。在生态文明建设总体规划过程中，要突出集聚发展和规模发展导向，集中有限的人力、物力、财力等各方面资源，在重点区域实行连片发展、重点发展。

四　健全体制机制，将考核体系和政绩观改变作为创建主线

要健全完善干部考核评价机制。根据当前形势发展的需要，不断完善考核评价指标体系，把绿色经济、低碳经济、生态经济等方面纳入考核范围，着力纠正"GDP至上""以总量论英雄"等发展观念，切实解决现在对生态文明建设特别是对生态经济考核还不到位的问题。要建立发展生态经济补偿机制，综合运用法律、经济、技术和必要的行政手段发展生态经济。要特别注重运用经济手段，按照"谁破坏谁恢复、谁发展谁补偿"的原则，运用价格、税收、财政、信贷等经济手段，形成科学、合理的生态经济补偿机制。要建立发展生态经济激励机制，研究出台相关优惠政策，将符合生态经济要求的重大建设项目，优先列入重点项目计划，在能源、资源等要素配置上给予优先安排。落实有关促进节能、节水、清洁生产、资源综合利用的税收优惠政策，调动企业发展循环经济的积极性。

五　转变生活方式，将全民参与作为创建手段

要在全社会积极倡导和宣传生态文明，提倡节约型生活方式和消费模

式，要通过各种媒体，采取多种多样的宣传方式告诉广大民众，良好的生态环境是人们健康成长的物质条件和可靠保证，有益于人类的身心健康，能够陶冶人的情操，塑造人的品格，净化人的心灵，规约人们的行为，推动人的现代化和人类文明向更高层次进化。在日常生活中，普及和推广科学、合理的生活方式对于节省资源、提高人们的生活质量有重大意义。积极倡导理性消费，引导绿色消费，自觉减少过度消费对自然环境产生的污染。建立并完善激励购买无公害、绿色和有机产品的政策措施和服务体系，推行绿色采购制度，推进绿色销售，以绿色消费带动绿色生产，以绿色生产促进绿色消费。提倡绿色出行，减少一次性用品的使用，养成节约资源与保护环境的生活习惯。

第二节　江西省生态文明建设的重点领域

党的十八大报告明确了今后一个时期推进生态文明建设的重点任务主要包括优化国土开发空间格局、全面促进资源节约、加大自然生态系统和环境保护力度、加强生态文明制度建设四个方面。对于江西省而言，将以上四个重点任务分解为八大任务主要体现在：全面实施主体功能区划，优化国土开发空间；大力推进新型城镇化，建设绿色城镇；大力调整产业结构，加快建立现代产业体系；大力发展绿色产业和战略型新兴产业；大力发展循环经济；加大生态建设和保护力度；加大环境保护和污染防治；加快形成绿色、低碳的生活方式。

一　优化国土开发空间格局

（一）实施主体功能区划

根据《全国主体功能区规划》，围绕战略目标，从战略高度和长远发展出发，遵循不同国土空间的自然特性以及江西省城镇化格局、生产力布局的现状和趋势，着力构建全省"龙头昂起、两翼齐飞、苏区振兴、绿色崛起"的国土开发总体战略格局；通过对不同区域的定位发展，统筹协调，最终形成以"一群两带三区"为主体的城镇化战略格局、以"四区二十四基地"为主体的农业战略格局和以"一湖三屏"为主体的生态安全战略格局。①

1. 构建以"一群两带三区"为主体的城镇化战略格局

"一群"即以鄱阳湖生态经济区中心城市为重要节点、以环湖交通干线为通道，加快构建鄱阳湖生态城镇群；"两带"即以沪昆线和京九线为轴线，以重点开发的城镇为主要支撑，以轴线上其他城镇为节点，加快培育城镇密集带；"三区"即以南昌、九江、赣州中心城区为核心，以环城高速为纽带，联动发展周边县城和重点城镇，加快建设大都市区。②

2. 构建以"四区二十四基地"为主体的农业战略格局

形成以鄱阳湖平原、赣抚平原、吉泰盆地和赣南丘陵盆地四个农产品主产区为主体，以其他农业区为重要组成部分的农业战略格局。在鄱阳湖平原农产品主产区，重点建设水稻、棉花、油菜、水产、畜禽以及优质蔬菜基地；在赣抚平原农产品主产区，重点建设水稻、油菜、蜜橘、水产、畜禽以及优质蔬菜基地；在吉泰盆地农产品主产区，重点建设水稻、油菜、果业、畜禽、水产以及优质蔬菜基地；在赣南丘陵盆地农产品主产区，重点建设水稻、脐橙、油茶、甜叶菊、畜禽以及优质蔬菜基地。③

3. 构建以"一湖三屏"为主体的生态安全战略格局

形成以鄱阳湖及其湿地保护区、赣东－赣东北山地森林生态屏障、赣西－赣西北山地森林生态屏障、赣南山地森林生态屏障以及其他限制开发的重点生态功能区为重要支撑，以点状分布的禁止开发区域为重要组成部分的生态安全战略格局。在鄱阳湖及其湿地保护区，要重点保护水质、湖泊湿地、候鸟及植被，发挥调蓄"五河"及长江洪水、保护生物多样性的重要作用；在赣东－赣东北山地森林生态屏障，要重点加强水土保持和保护生物多样性功能；在赣西－赣西北山地森林生态屏障，要重点保护生物多样性、水源涵养功能及其独特的生态系统；在赣南山地森林生态屏障，要重点加强水源涵养、水土流失防治和天然植被的保护，发挥保障赣江及

---

① 江西省人民政府：《江西主体功能区规划》，http：//www. govinfo. so/news_ in-
　　fo. php？id = 19074。

② 同上。

③ 同上。

东江水生态安全的重要作用。①

(二) 实施城镇空间优化布局

立足已有城镇空间布局，在浙赣铁路以北特别是环鄱阳湖地区大力发展都市圈和都市带，采用网状化城镇化模式，形成城镇发展合力。在浙赣铁路以南，实行大城市点轴带动模式，即通过建设赣州、吉安成为大城市和交通线带动区域发展，把城镇建设和交通建设紧密结合起来。在全省范围内形成"一群一片两带三区四轴"开放型空间发展新格局。②

1. 做大做强"一群"：鄱阳湖生态城市群

强化纽带作用，发挥资源环境优势，优化空间布局，提高产业转移吸纳能力，呼应"中部崛起"战略，提升位处长江黄金水道的优势，促进京九经济带和长江经济带的加快形成，把鄱阳湖城市群培育成具有国家意义的新增长极。以鄱阳湖城市群为核心，加强江西与湖北、安徽、福建的交通和产业经济联系，形成核心与门户相呼应的发展格局。发挥核心的带动作用，进一步增强其在全省中的人口聚集和产业经济会聚方面的综合效应，避免"先污染，后治理"的传统工业化与城镇化路径，在工业化加速时期，把保护生态环境作为区域发展的核心价值理念，在经济获得快速发展的同时取得良好的生态效益。以核心城市为节点，以主要城镇发展和交通轴带为支撑，促进鄱阳湖城市群地区的协调发展。规划要求以都市区为核心，依托环湖区域的交通纽带，构筑鄱阳湖生态城市群。积极推动新余、鹰潭等城市加强与生态城市群的产业经济联系，成为城市群的拓展腹地。③

2. 夯实"一片"：赣中南生态城镇协调发展片

赣中南地区是赣江和东江的水源涵养地，是江西省生态资源的腹地，对建设鄱阳湖生态经济区、保持江西省的生态环境优势具有决定性意义。

---

① 江西省人民政府：《江西主体功能区规划》，http：//www. govinfo. so/news_ info. php？ id = 19074。

② 江西省发改委发展规划处：《江西省新型城镇化规划 (2014～2020 年)》，http：// www. jxnews. cn/jxrb/system/2014/07/15/013212162. shtml。

③ 同上。

区内城镇发展以点状拓展为主，重点打造赣州、吉安大都市区，培育瑞金新发展极核，呈片状集聚发展，促进全省南北区域统筹发展。同时，由省政府提供必要的政策倾斜以保障公共设施和基础设施的建设，较快提高城镇发展水平。[1]

3. 打通"两带"：沪昆、京九城镇密集带

沪昆和京九两条国家级综合交通运输通道沿线的城镇密集带是江西省基础好、潜力大的发展带，有利于对接和融入长三江、珠三角经济区。以沪昆线和京九线为主轴线，加强中心城市之间的联系与协作，组织协调区域生产力布局，相对集中优势产业，提高规模效益，形成"大十字"城镇空间架构。[2]

4. 精细发展"三区"：南昌大都市区、九江都市区和赣州都市区

进一步健全综合交通枢纽、生产组织与服务、科教与文化服务、技术创新、旅游集散中心等区域性服务职能，培育战略新兴产业、休闲度假、后台服务、文化创意等功能，将南昌大都市区建设成为长江中游城市群的核心增长极之一以及中部地区重要的综合交通枢纽、先进制造业基地、商贸物流中心和低碳经济示范区。将九江都市区建设成为长江中游地区的重要门户和经济中心之一、长江中下游及京九沿线综合交通枢纽以及著名的现代化工贸港口城市和国际知名的休闲度假旅游区。将赣州都市区建设成为我国中部地区的开放高地和赣南等原中央苏区振兴发展的核心增长极、赣江源头地区的生态文明建设示范区和江西省统筹城乡发展示范区。[3]

5. 向外扩展"四轴"：向莆、沿长江－九景衢、济广高速（206 国道）、厦蓉（323 国道）沿线城镇发展轴

以加强对外联系和区域协作、融入国家发展为目标，依托交通骨干，积极培育向莆、沿长江－九景衢、济广（206 国道）、厦蓉（323 国道）沿线城镇发展轴，加强城镇和区域资源要素的集聚发展。一方面呼应沿长江

---

① 江西省发改委发展规划处：《江西省新型城镇化规划（2014～2020 年）》，http://www.jxnews.com.cn/jxrb/system/2014/07/15/013212162.shtml。

② 同上。

③ 舒晓露：《江西将建设"两纵三横"高速铁路网》，http://jiangxi.jxnews.com.cn/system/2013/04/18/012378355.shtml。

大开发的战略;另一方面使江西省积极融入海西经济区的发展,同时还强化了与长三角、珠三角和闽东南三角的对接,促使省域城镇空间布局的网络化。①

二 发展绿色低碳经济

(一) 调整产业结构

紧紧抓住后金融危机时代新一轮产业转型升级的重大机遇,遵循"四化"融合和经济发展方式转型的基本思路,充分依托江西省生态环境与自然资源优势,以重大项目为抓手,以产业园区为平台,以体制创新和科技创新为动力,围绕产业结构优化和产业竞争能力提升的目标,积极发展高新技术产业,改造提升传统优势产业,着力培育壮大战略性新兴产业,实现"江西制造"向"江西创造""江西服务"转型,尽快形成节约能源资源和保护生态环境、产业结构高级化、产业布局合理化、产业发展集聚化、产业竞争力高端化的现代产业体系。

1. 改造提升传统产业

按照新型工业化的发展要求,实施传统产业改造提升工程,积极运用高新技术和先进适用技术改造提升传统产业,有重点、分层次地对钢铁、汽车、石化、食品、建材、陶瓷、纺织等行业的老企业进行改造,提升传统工业的竞争力。

2. 打造特色产业集群

以特色产业园、特色产业基地和特色经济带为主平台,纵深推进区域特色经济带建设,充分发挥各地资源、产业、区位等独特优势,鼓励支持有条件的地区通过产业整体招商、优势产业集中做大做强等方式规划建设特色工业区和特色产业基地,加快培育一批特色产业集群。打造特色产业基地,把鹰潭铜产业基地、新余光伏产业基地、南昌及景德镇汽车产业基地和航空产业基地、九江重化工产业基地和航空产业基地、宜春锂电产业基地、赣南钨和稀土产业基地等建设成为在国内具有重要影响的产业基

---

① 江西省发改委发展规划处:《江西省新型城镇化规划 (2014~2020 年)》,http://www.jxnews.com.cn/jxrb/system/2014/07/15/013212162.shtml。

地。同时，全力推进昌九工业走廊、沿江产业开发带、吉泰工业走廊、丰樟高经济圈、上广玉信经济圈、赣州一小时经济圈等区域特色产业经济的发展。①

3. 加快发展现代服务业

优先发展金融服务、现代物流、商务服务等生产性服务业，拓展提升旅游、商贸服务、社区服务等生活性服务业，积极培育服务外包、文化创意等新兴服务业。②

4. 大力发展高效安全生态农业

积极创建绿色农产品生产区和绿色农业示范区，建立一批适应国内外市场需求的无公害农产品、绿色产品、有机产品生产基地，大力推广农业标准化生产，强化绿色农业品牌建设。强化基层公益性农技推广服务，深化基层农技推广体系改革与建设，建立健全乡镇或区域性农业技术推广、动植物疫病防控、农村经营管理、农产品质量安全监管等基层农技推广机构。打造一批农业科技实验示范基地，推进粮棉油"高产创建"示范田、园艺作物标准园和畜禽水产标准化规模场建设。加强农业生态环境治理。扩大农村清洁工程的建设规模和范围，集成配套推广节水、节肥、节能等实用技术，推进农村废弃物资源化利用。大力开发推广绿色植保农药减量技术，积极发展生物质能等清洁能源，减少化学农药的用量和污染。根据江西省地形地貌的特点，加快发展先进适用、安全可靠、节能环保的农业机械。落实农机购置补贴政策，大力推行水稻、经济作物、养殖业的机械化，建设机械化示范区。③

进一步壮大农业产业化龙头企业，重点培育一批加工规模大、市场竞争力强、辐射带动面广、在全国同行业中位居前列的大型龙头企业。加强

---

① 陈大圣：《江西重点培育特色产业集群 打造过千亿元特色产业》，http：//news. jxgdw. com/jszg/1724040. html。

② 郴州市人民政府：《郴州市服务业中长期发展规划（2014～2020年）》，http-tp：//hunan. mofcom. gov. cn/article/sjzdgongcheng/sjfuwu/201402/20140200496822. shtml。

③ 宋海峰、杨智钦：《为绿色农业提速注入"强能量"——〈江西省绿色农业发展规划（2013～2020年）〉》，http：//roll. sohu. com/20130929/n387424374. shtml。

农业招商引资，引进一批大型农产品加工和流通企业。大力发展农产品加工业。引导鼓励龙头企业走多层次加工转化增值的路子，提高农产品综合加工利用能力。重点发展粮食、生猪、家禽、水产、水果、蔬菜、茶叶、毛竹、油茶等农产品加工，延长产业链，提高产品的附加值。加强农产品加工园区建设。以促进产业集约集群为发展目标，选择农产品优势产区和主要加工及集散地，合理规划、布局，建设一批农产品加工园区。

5. 全面推进信息化与工业化深度融合

围绕推进产业结构优化升级、转变经济发展方式、推动科技进步这一主线，以工业研发设计、工业生产过程、企业管理、产品流通和市场、工业经济管理及服务等信息化为切入点，以典型示范、重点项目推进和发展水平评估为抓手，从区域、行业、企业三个层面推进信息化与工业化深度融合。积极创建省级"两化融合"示范工业园区，完善工业园区基础设施建设，不断提升面向企业的信息技术公共服务平台，提高网络环境下集群企业间协作配套能力和产业链专业化协作水平。建立全省工业经济运行管理服务平台，健全江西省工业经济运行的监测分析、预测预警、决策支持、公共服务等信息化应用体系，实现全省工业经济运行数据直报和管理服务资源共享。应用信息技术对能源输配和消耗情况实施动态监测、控制和优化管理，实现系统性节能降耗。[①]

（二）大力发展绿色产业和战略性新兴产业

按照绿色、低碳的发展理念，把握世界新科技革命和产业革命的历史机遇，面向经济社会发展的重大需求，把加快培育和发展绿色产业、战略性新兴产业放在推进产业结构升级和经济发展绿色转型的突出位置。积极探索绿色产业和战略性新兴产业的发展规律，坚持高端、高效、高辐射的产业发展方针，立足自主创新，强化政策支持，通过产业发展高端化、生产过程清洁化、产品输出绿色化，抢占经济和科技竞争制高点，促进产业规模显著扩大、技术水平显著提升、产业支撑体系显著完善、企业市场竞争力显著增强，推动绿色产业和战略性新兴产业成为先导产业和支柱产

---

① 《关于加快推进信息化与工业化深度融合的意见》，http：//xxgk. jiangxi. gov. cn/bmgkxx/sjmw/gzdt/gggs/201307/t20130719_ 889596. htm。

业，将江西建设成为全国绿色产业和战略性新兴产业发展的重要策源地和高端产业集聚地，提升江西省绿色经济发展水平，打造经济增长的新引擎、新动力。[①]

1. 明确产业发展重点

大力发展节能环保、绿色能源、绿色材料、航空制造、半导体照明、新动力汽车、生物医药等绿色产业和战略性新兴产业。

2. 优化产业空间布局

按照建设鄱阳湖生态经济区的总体部署和功能区划，依托江西省的资源条件、区位优势和产业基础，针对江西省绿色产业和战略性新兴产业发展的阶段特点，遵循产业发展规律，进一步优化产业发展总体布局和重点产业空间布局。

3. 延伸产业发展链条

以产业链招商为抓手，从满足构建产业链的需要出发，找准重点发展的战略性新兴产业进行"建链"，围绕现有产业链条的缺失环节进行"补链"，对现有优势产业链，从科技、金融、信息化提升以及品牌引领入手进行"强链"。

（三）大力发展循环经济

依据循环经济"减量化、再利用、循环化"的原则优化资源利用方式，在农业方面，大力提高生态农业和有机农业的比重；在工业方面，全面推广清洁生产，加强资源消耗管理，大力提高资源综合开发率和回收利用率，提高废渣、废水、废气的综合利用率；在服务业方面，实现结构优化和质量提高，实现生态旅游、信息服务业和生产性服务业大发展；在消费方面，规范绿色产品认证，推广绿色消费，鼓励废弃物回收。初步实现循环型工业与农业的融合，按照"资源—产品—再生资源—再生产品"的循环流动理论，在资源综合利用、废弃物再生利用和生活垃圾无害化处理三大重点领域全面推行循环经济工程，努力实现资源、能源利用效率的最

[①] 江西省推进战略性新兴产业发展领导小组办公室：《江西省十大战略性新兴产业（文化及创意）发展规划（2009～2015）》，http：//6g1. jxstc. gov. cn/Read-News. asp？NewsID＝522。

大化,为建设富裕和谐秀美江西提供有力的支撑。

1. 大力发展农业循环经济

建立以保护农业生态环境为基础,以节地、节水、节肥、节药、使用再生能源、推广良种、综合防治病虫害、提高单产等为内容的农业生产体系;依靠科技,加速品种更新,提高产品品质,鼓励无毒无害产品、绿色产品和有机产品的生产,并建立相应的基地,大力推广"猪—沼—果""桑基鱼塘"等生态农业模式;调整农业区域布局,发展特色农业;加快农业新技术引进和开发,发展农业精细加工,推动农业原料生产的无害化、专业化和规模化,降低农业成本,实施绿色村镇、绿色社区计划;抓好农村剩余劳动力转移工作,推进农业产业化企业结构调整和优化;加大农村基础设施和公共服务的投入,在水土保持、环境改善、交通发展、信息交流和科技咨询等方面,为农业循环经济发展创造良好的外部环境。[①]

2. 大力发展工业循环经济

大力发展相对低能耗、高附加值的产业,以及包括再生资源产业在内的环保产业和环境建设产业,积极推进环保产业技术进步和技术创新,构建环保产业发展的技术装备体系和相关技术产业体系,推进绿色产品的生产设计、工艺改造和流程再造,大力发展再生资源产业,使生活和工业垃圾变废为宝、循环利用;要运用高新技术、先进适用技术和清洁生产技术,调整和改造能耗高、污染大的传统产业和传统工艺,有效扭转传统产业对资源的高度依赖性;相对集中或优先安排能将上游企业的"废料"成为下游企业原材料的项目或企业进园区,通过副产品、能源和废弃物相互交换,形成比较完整的闭合工业系统,达到园区资源的最佳配置和利用,通过建立工业生态系统的"食物链"和"食物网",变污染负效益为资源正效益。[②]

三 促进能源资源节约

充分利用鄱阳湖生态经济区建设和赣南等原中央苏区振兴发展带来的

---

① 江西省山江湖开发治理委员会办公室重点招标项目课题组:《江西循环经济发展战略研究》;王万山、黄建军:《鄱阳湖生态经济区开放型经济研究——江西开放型经济 2008 黄皮书》,江西人民出版社,2008,第 292~337 页。

② 同上。

机遇，以实现经济转型发展和可持续发展为出发点，以科技创新和技术进步为支撑，以控制能源资源消费总量、提高能源资源使用效率，实现能源资源节约、集约、高效化利用为核心，加强技术创新和体制创新，强化政策措施和宏观指导，通过政府主导、企业主体、市场驱动的一体化机制，在全省形成能源资源节约与综合利用的全方位、多层次、宽领域、广覆盖的区域布局和发展格局，切实推进全省建设资源节约型、环境友好型社会。

（一）大力推进能源节约

科学分解节能减排指标，合理控制能源消费总量，强化对重点用能单位的节能管理。着力推广节能降耗的新技术、新工艺、新装备，进一步淘汰落后产能，严格控制高能耗产业发展，重点抓好工业、建筑、交通运输和公共机构等重点领域的节能工作。

1. 紧抓工业节能技术升级

提高火电行业能效水平，进一步推进"上大压小"和"燃煤电厂综合升级改造"，采用高参数、大容量的先进机组替代小机组，加强对常规燃煤发电机组的节能管理。加强节能发电调度。在安排发电量指标时进一步向大容量、高参数、节能机组倾斜，鼓励开展发电权交易。合理安排旋转备用容量。到 2015 年，火电供电标准煤耗下降 4.5%，达到 315 克标准煤／千瓦时，厂用电率下降到 6.2%；大力发展热电联产、天然气冷热电多联供和资源综合利用发电，推进能源梯级利用。推进煤炭产业升级，淘汰落后产能，提高原煤洗选比例，提高煤层气、煤矸石、煤泥利用率和利用水平；实施九江石化油品质量升级改造工程，逐步建成覆盖全省的现代化成品油管网体系；加快天然气的推广使用，加强天然气需求侧管理，推进用天然气替代煤气燃料，降低管输损耗，提高天然气的利用效率。加快可再生能源开发利用，力争 2015 年实现水电装机 497 万千瓦，风电装机 100 万千瓦，生物质发电装机 70 万千瓦，太阳能发电装机 20 万千瓦以上；推广太阳能热利用、地热能开发利用，积极有序地发展生物质成型燃料、非粮燃料乙醇、生物质柴油和生物质气体燃料。[①]

---

① 江西省发改委：《江西省节能减排"十二五"专项规划》，http：//zfxx. hfzf. gov. cn/publish/content. php/23002。

2. 提高交通节能效率

大力建设节能型交通基础设施网络体系和节能高效运输组织体系，建立高水平的智能管理系统，将先进的电子技术、信息技术、传感器技术和系统工程技术集成运用于交通运输，调整和优化各种交通方式的结构，提高运输组织效率。

优先发展城市公共交通，加快快速公交和轨道交通建设，建设公众出行信息服务系统，提高交通疏堵能力。积极推广节能与新能源汽车，加快加气站、充电站等配套设施的规划和建设。严格执行实载率低于70%的客运线路不得新增运力的政策。严格执行乘用车、轻型商用车燃料消耗量限值标准。开展节能低碳型交通运输装备推广应用专项行动，推行营运车船燃料消耗准入与退出制度，开展节能与新能源车船应用示范，推广甩挂运输和大型载重车，推进节能驾驶与绿色维修，推广公路建设和运营节能减排技术。大力发展电气化铁路。优化运输管理，推行节能调度。积极推进货运重载化。加快淘汰老旧机车机型，推广铁路机车节油、节电技术，对铁路运输设备实施节能改造。推进客运站节能优化设计，加强大型客运站能耗综合管理。优化航线网络和运力配备，改善机队结构，加强联盟合作，提高运输效率。开发应用与飞行节油和减少排放相关的实用技术。优化空管运行组织，提高空中交通协同运行能力。强化机场建设节能设计标准，推进高耗能设施、设备的节能改造。淘汰老旧船舶，加快船型标准化工作。推进港口码头节能设计和改造，推广轮胎式集装箱起重机油改电、靠港船舶使用岸电、港口可再生能源利用等先进成熟技术。到2015年末，全省船型标准化率达到70%以上，内河货运船舶平均吨位达到800吨以上。①

3. 全面执行建筑节能标准

把生态理念融入江西省建筑规划、设计和施工以及建筑材料生产之中，使各种建筑物能够充分适应生态系统的物质和能量的循环运动，更合理、有效地利用空间资源和其他资源，满足社会各方面的需要。到2015年，全面执行新颁布的节能设计标准，执行比例达到95%以上，城镇新建

---

① 江西省发改委：《江西省节能减排"十二五"专项规划》，http://zfxx.hfzf.gov.cn/publish/content.php/23002。

建筑能源利用效率比 2010 年提高 30% 以上。加快发展和大力推广保温、隔热性能好的新型墙体材料和节能型门窗、密封条等材料；因地制宜、就地取材，积极开发和推广符合江西省气候特点、资源及生产条件的节能建筑体系及配套的主导材料体系，新型墙体材料产量占墙体材料总量的比例达到 65% 以上，建筑应用比例达到 75% 以上；加快可再生能源在建筑领域的规模化应用，开展可再生能源建筑应用集中连片推广。大力发展绿色建筑，到 2015 年城镇新建建筑 10% 以上达到绿色建筑标准。开展大型公共建筑节能监管和高耗能建筑节能改造，"十二五"期间，公共建筑节能改造 200 万平方米，既有居住建筑节能改造 100 万平方米以上，公共建筑单位面积能耗下降 10%。①

4. 建立节能示范单位，推行公共机构节能

推进公共机构的建筑节能。加强新建、改扩建项目的节能设计综合评审和节能监管工作，推进既有办公建筑节能改造。积极推广和使用节能降耗新技术、新材料，支持和鼓励利用地热能、太阳能等新能源和可再生能源。到 2015 年，公共机构新能源和可再生能源使用比例达到 2% 以上。推广节能办公设备，逐步淘汰低效、高能耗产品；鼓励利用自然光照办公，减少照明电耗，2015 年全省公共机构全部使用高效照明灯具；严格按规定使用空调，控制开机时间和温度；加大对数据中心、食堂等公共机构附属设施节能的管理力度。推动公务用车节能，控制车辆编制，优先选购节能环保车辆；加强公车管理，禁止公车私用，提倡合乘车辆；公务车辆统一实行定点维修、定点保险和定点加油，根据车型和排气量核定单车油耗定额。通过节能示范单位建设，树立一批能源节约型公共机构典型。②

（二）全面推动节约用水

全面推进节水型社会建设，确立用水效率控制红线，实施用水总量控制和定额管理，制定区域、行业和产品用水效率指标体系。

---

① 住建部：《"十二五"建筑节能专项规划》，http：//baike. baidu. com/view/8691042. htm？fr = aladdin。

② 江西省发改委：《江西省节能减排"十二五"专项规划》，http：//zfxx. hfzf. gov. cn/publish/content. php/23002。

1. 提高工业用水复用率

加强工业节水，改造供水管道，进一步提高工业废水循环利用和再生水利用水平，继续推进矿井水资源化利用，提高工业用水复用率。发展循环用水系统、串联用水系统和回用水系统；推广蒸汽冷凝水闭式回收利用技术、外排废水处理回用和"污水零排放"技术、高效冷却节水技术、高效换热技术和设备；推广高效、环保、节水型的循环冷却水处理技术和设施；在敞开式间接循环冷却水系统推广浓缩倍数大于 4 的水处理技术；应用环保型的水处理药剂和配方；在缺水地区和中低温设备上推广空气冷却技术；在加热炉等高温设备上推广应用汽化冷却技术，并充分利用汽水分离后的蒸汽。在火电、冶金、化工等高耗水行业大力推广干式除灰与干式输煤（渣）、高浓度灰（渣）输送、用高分子絮凝剂与斜管沉淀技术实现高浓度污水回收利用等节水技术和设备。推广矿井水和工业外排污水（包括中水）的资源化利用技术，处理后的水作为工矿区工业用水、生活用水、绿化用水和农田灌溉用水等。开发和推广应用节水新工艺。[1]

2. 提倡使用雨水、中水和循环水

大力推广节水型器具，加强用水设备日常维护，提倡使用雨水、中水和循环水。在全省各级国家机关和事业单位推行节水改造，到 2015 年全省公共机构基本建成节水型单位。[2]

（三）深入开展节地节材

1. 实行最严格的土地管理制度

强化土地利用总体规划对农用地转用的控制和引导，充分发挥土地利用总体规划在调整经济结构和转变经济增长方式方面的宏观调控作用；严格控制非农建设用地，重点保护基础性、公益性、国家产业政策鼓励发展和循环经济型工业建设项目用地；鼓励建设项目多用坡地、闲置地和非耕地；严格限制高能耗、高污染、低效益的建设项目用地，坚决遏

---

① 贵州省国土资源厅规划处：《贵州省"十一五"资源节约综合利用规划》，http://www.gzgtzy.gov.cn/Html/2008/08/05/20080805_ 566676_ 7245. html。

② 江西省发改委：《江西省节能减排"十二五"专项规划》，http://zfxx.hfzf. gov.cn/publish/content. php/23002。

制低水平重复建设和盲目圈占土地；提高城市建设用地效率，通过合理布局，实现城市建设用地总量的合理发展、基本稳定和有效控制；在符合城市总体规划的前提下，严格控制低密度与高档住房的建设，大力发展节能省地型建筑；开发利用城市地下空间，实现城市节约和集约用地。[①]

2. 促进工业用地集约利用

建立工业用地弹性出让制度，实行地价动态管理，形成用地审批和产业政策联动机制、土地管理共同责任机制，完善建设用地投资强度控制标准和评价体系，确保耕地占补平衡。加大闲置工业土地处置清理力度。抓好矿山地质环境保护和开发利用规划，积极推行生态开采和边采边恢复模式，综合利用废渣、尾矿，减少土地占用。

3. 降低材料消耗

加强重点行业原材料消耗管理，推行产品生态设计，使用再生材料，提高原材料利用率；鼓励生产和使用高强度和高性能材料，提高材料强度和使用寿命；抓好林业"三剩物"、枝丫材和次小薪材等的综合利用，发展木塑等复合材料和生物质能源，鼓励发展木材改性、木材防腐等技术，鼓励废旧木材和废旧木制品回收和再生利用；用非木质材料替代木材；节约产品包装材料，禁止过度包装；从使用环节入手，进一步加大散装水泥的推广力度，大力拓展农村散装水泥市场。[②]

（四）加强资源综合利用

1. 提升大宗工业固体废物综合利用技术水平

根据各类大宗工业固体废物的物质特性，通过原始创新和集成创新，加大研发力度，综合利用产业关键环节的重大共性关键技术与成套装备，加快先进适用技术推广应用，有效提升大宗工业固体废物综合利用技术水平。重点处理能源、原材料工业快速发展带来的煤矸石、粉煤灰、尾矿、煤泥、黄磷渣、磷石膏、脱硫石膏、铁合金渣、电石渣等固体废物，促进

①　贵州省国土资源厅规划处：《贵州省"十一五"资源节约综合利用规划》，http://www.gzgtzy.gov.cn/Html/2008/08/05/20080805_566676_7245.html.

②　同上。

煤层气、黄磷尾气的规模化利用和产业化发展。①

2. 完善建筑废物综合利用的标准和技术规范

推进建筑废物生产再生骨料并应用于道路基层、建筑基层，生产路面透水砖、再生混凝土、市政设施制品等建材产品。鼓励先进技术装备研发和工程化应用，重点研发再生骨料强化技术、再生骨料系列建材生产关键技术、再生细粉料活化技术、专用添加剂制备工艺技术等，推动建筑废物的回收利用一体化及规模化发展。完善建筑废物综合利用的标准和应用技术规范，扩大在工程建设领域的应用规模。②

3. 形成再生资源的回收、加工、利用的循环体系

以废旧金属、废旧轮胎、废旧家电及电子产品的回收加工利用为重点，推进再生资源的回收利用，建设再生资源回收网络和加工利用体系；引进国外先进技术，推进城市固体废物机械生物法处理技术的应用。引导再生资源的回收利用向规模化发展，加快城市矿产基地建设，培育龙头企业，促进产业集聚，发挥龙头企业在推进再生资源回收利用体系建设中的带头作用，有效整合各类社会资源，形成再生资源的回收、加工、利用的循环体系。

4. 开发具有江西特色的再制造技术

加快再制造重点技术研发与应用，加强再制造技术研发能力建设，争取在再制造的关键技术研发领域取得重要突破，开发出一批具有江西特色的再制造技术。以汽车转向机等零部件再制造为重点，加大资金投入，消除制度瓶颈，完善回收体系，规范流通市场，努力做大做强，推动工程机械、机床等再制造和大型废旧轮胎翻新。③

（五）努力抓好能源资源节约重点工程

提高电网能效水平，加快智能电网建设，推进电网节能改造，进一步降

---

① 工信部：《关于印发〈大宗工业固体废物综合利用"十二五"规划〉的通知》，http://www.gov.cn/gzdt/2012-01/04/content_2036728.htm。

② 国家发改委：《大宗固体废物综合利用实施方案》，http://baike.baidu.com/view/7205745.htm？fr=aladdin。

③ 国家发改委：《关于推进再制造产业发展的意见》，http://www.gov.cn/zwgk/2010-05/31/content_1617310.htm。

低线损水平。扩大范围，强化监管，大力组织实施节能产品惠民工程。节能高效家电、高效照明、高效电机等。推进新能源示范城市及园区、绿色能源示范县、分布式光伏发电集中应用示范区、金太阳示范工程等示范项目的建设。深入开展"万家企业节能低碳行动"；推进新型城镇节能示范工程建设和城市矿产示范基地建设；开展餐厨废弃物资源化利用；分阶段淘汰普通照明用白炽灯等低效照明产品，积极发展半导体照明节能产业，推广应用 LED 路灯、景观灯等 LED 户外照明产品，推广紧凑型荧光灯、双端直管荧光灯和高压钠灯等高效照明产品。①

四　加大生态建设和环境保护

（一）加大生态建设

紧紧围绕江西生态文明建设，坚持"生态立省，绿色发展"战略，以创建经济社会发展的稳定生态支撑系统为目标，坚持生态建设、保护与经济同步发展；以创建生态建设的规划和管理体系为主线，着力解决资源开发和项目建设等突出的环境问题。深入落实生态功能区划，防范生态风险，优化生态环境质量，增强生态系统稳定性，提高经济社会发展的生态承载能力。深入落实生态功能主体区划，加强重要生态功能区的保护和资源项目开发的生态监管，加强自然保护区的建设和管理，维护生物多样性，夯实生态安全基础。加强退化生态系统的恢复和重建，着力推进湿地和森林生态系统的恢复与重建，加大矿山的生态治理和修复，推进区域水土流失治理，恢复生态系统服务功能。围绕各级各类生态示范建设，推进农村生态环境综合治理，推进生态城镇示范建设，创建生态示范产业源泉，构建美好生态家园。加快制定和完善生态建设与保护的资金投入体系，构建生态建设和保护的生态补偿机制，为更好地维护江西的绿水青山打下坚实的基础。

1. 大力保护和建设森林生态系统

重点加强"五河"及一、二级支流源头保护区的水源涵养林、水土保

---

① 江西省发改委：《江西省节能减排"十二五"专项规划》，http：//zfxx. hfzf. gov. cn/publish/content. php/23002。

持林以及森林公园建设，积极实施造林绿化工程，加大造林补植、低效林改造、阔叶树补植力度。加快建设油茶林，因地制宜发展工业原料林、能源原料林、药用林等经济林。巩固林业产权制度改革成果，落实退耕还林后期扶持政策。扩大生态公益林补偿范围，提高补偿标准。

坚持宜林则林、宜草则草原则，积极建设沿湖、沿河、沿路生态保护带。在滨湖控制开发带建设鄱阳湖防护林，在"五河"沿岸积极开展绿化带建设，大力实施交通沿线绿色通道工程，推进实施农田林网工程，合理布局城镇和产业密集区周边的开敞式绿色生态空间。①

2. 加大退化生态系统修复重建

建设以国际及国家重要湿地、各级湿地保护区、国家湿地公园为主体的湿地保护体系，以鄱阳湖湿地为核心，以国家级、省级湿地保护区和湿地公园为重点，采取自然修复与工程治理相结合的方式，实施湿地恢复、污染控制及生物多样性保护工程，全面维护湿地生态特性和基本功能，遏制自然湿地面积减少。巩固退田还湖、还泽、还滩成果，实施鄱阳湖湿地生态恢复工程，建立湿地自然恢复区，完善引水设施体系，实施水位和水文周期调节，恢复湿地植被；治理乱堵堰、乱栽树、乱排污现象，严禁一切破坏湿地的行为。加强对柘林湖、仙女湖等库区湿地的保护，实施小型湖泊、山塘、港汊、农田、溪流湿地保护工程，禁止非法侵占。加强人工湿地建设，加快湿地动态监测体系和基础数据平台建设，合理建设城市河段、湖泊湿地，提升国家级湿地公园的建设管理水平。②

严格控制破坏地表植被的开发建设活动，防止水土流失，对矿山、取土采石场等资源开发区、地质灾害毁弃地和塌陷地、大型项目建设区的裸露工作开展生态治理，重点推进对稀土、有色金属等矿区的生态治理和修复，基本解决国有矿山污染的历史遗留问题，继续对存在重大地质灾害隐患和地质环境问题较多的废弃矿井、无主矿山开展治理。在生态恢复过程中，优先保护天然植被，坚持因地制宜、宜林则林、宜灌则灌、宜草则

---

① 国家发改委：《鄱阳湖生态经济区规划》，http://jiangxi.jxnews.com.cn/system/2010/02/22/011312446.shtml。

② 江西省林业厅：《江西省林业发展"十二五"规划》，http://www.jxly.gov.cn/lytrz/fzgh/sjgh/201211/t20121112_69124.htm。

草、宜荒则荒。继续实施防护林、退耕还林、水土保持等生态治理工程，严格控制土地退化，逐步恢复退化土地的生态功能。[①]

3. 加强区域水土流失综合治理

在坡耕地分布广面积大、人地矛盾突出的赣东、赣西、赣南等山地丘陵地区，重点推进坡耕地水土流失综合治理。加大工程治理力度，重点治理荒山、荒坡、残次林、沿湖沙山、沿河沙地及交通沿线侧坡等水土流失易发区，加快以小流域为单元的水土流失综合治理；其他地区则在强化预防保护和监督管理的同时，对局部严重的水土流失区域进行综合治理。大力推进水土保持生态修复工程，在生态比较脆弱、水土流失比较严重的区域和森林公园等地区实行封山育林，加大封育保护力度，促进水土流失轻微地区的植被恢复，禁伐天然阔叶林。加强对开发建设项目中水土保持的监督管理，做好城镇化过程中的水土保持工作。[②]

（二）加大环境保护和污染防治力度

紧紧围绕鄱阳湖生态经济区建设，坚持"生态立省，绿色发展"战略，以促进环境与经济协调发展为目标，坚持环境保护，优化经济增长；以削减主要污染物排放总量为主线，着力解决危害群众健康和影响可持续发展的突出环境问题。进一步加强污染防治，防范环境风险，改善环境质量，增强环境承载能力，拓展经济社会发展的环境空间。积极开展重点流域水环境治理，强化重点产业、工业园区和城镇污水排放的处置和管理，推进污水处置的资源化和再生循环利用，进一步提升水环境质量。推进清洁农村工程建设，积极开展农村环境综合治理，创建良好的农村生活和农业生产环境。加强对危险废弃物和医疗废物的治理，无害化处理垃圾和污泥，促进工业固体废物的综合利用，进一步提高环境的安全性。加大对重金属污染和涉重金属产业的防控和管理力度，推进重点区域重金属污染治理，制定严格的涉重金属行业的进入标准，着力解决重金属污染的历史遗

---

① 抚州市发改委：《抚州市环境保护"十一五"规划》，http：//www.fzdpc.gov.cn/fzgh/201001/t20100107_810890.html。

② 国家发改委：《鄱阳湖生态经济区规划》，http：//jiangxi.jxnews.com.cn/system/2010/02/22/011312446.shtml。

留问题，确保环境健康的永续性。立足江西省的实际情况，加快制定和完善保护环境和防治污染的各项规章制度，为建设富裕和谐秀美江西做出积极贡献。

1. 加强水污染综合防治

（1）开展重点流域水环境的综合治理。以沿岸一公里为界，划定"五河"干流及重要支流的保护线，建立水环境保护屏障；对流域内重点区域的污染行业和企业进行环境综合治理，坚决取缔国家明令禁止和淘汰的生产设备落后、技术水平低的高耗能、高污染工业企业和没有无害化处理设施的规模化畜禽养殖场。强化"五河"流域环保部门的交流与合作，建立流域联防联控机制，抓好乐安河、章江等河流的重金属污染综合治理。①

（2）强化重点产业污水排放管理。针对纺织印染、生物食品、化工等化学需氧量重点排放产业，以及化工、有色金属冶炼及加工、饮料制造、农副食品加工等氨氮重点排放产业，严格执行行业排放标准，大力开展工业水污染治理。通过优化产业布局，提高行业与企业的生产和污染治理技术水平，降低污染物的产生强度和排放强度，促进工业企业实现减量、稳定和达标排放，实现纺织印染、化工、食品、生物医药等产业的主要水污染物总量排放的有效控制。②

（3）加强工业园区污水处理设施建设。加大对工业园区污水处理设施建设的投入力度，建立完善的园区工业废水管网收集、雨污分流系统和在线监测系统，加强污水管网配套设施建设，提高污水处理设施的污水处理能力和运营效益。建立工业园区污水处理设施建设的激励机制，力争到2015年，全省102个工业园区、产业基地、电镀集控区的集中式污水处理设施全面建成，使全省工业园污水集中处理能力达到250万立方米/日以上，工业园区污水处理率确保达到80%以上。③

（4）推进城镇污水处理设施建设。在重点保护区域、鄱阳湖滨湖保护

---

① 江西省环境保护厅：《江西省环境保护"十二五"规划》，http：//search. 10jqka. cn/snapshot/news/27426e91888a01e0. html？qs＝cl_ news_ ths&ts＝2。

② 同上。

③ 江西省环境保护厅：《江西省环境保护"十二五"规划初稿2012修改稿》，http：//www. docin. com/p－442120432. html。

区、五河源头保护区以及东江源保护区，推进城镇污水设施建设，提高城镇污水的处理能力。推进全省城镇污水处理厂增加脱氮除磷设施建设，有效降低城镇污水的氮、磷含量，减少鄱阳湖的氮、磷负荷，降低鄱阳湖富营养化风险。加快污水收集管网建设，大力推行雨污分流系统，提高城镇污水管网覆盖率以及城镇污水收集率，力争到 2015 年，全省城镇污水处理能力达 350 万吨/日，污水处理厂平均负荷率达到 80% 以上，城镇污水集中处理率达 85% 以上。[1]

（5）加强污水的再生循环利用。高度重视城市污水再生循环利用，提高城市污水的再生循环利用技术，逐渐提高再生水回收利用水平。采用分散与集中的方式，建设污水处理厂再生水处理站和加压泵站，在具备条件的机关、学校、住宅小区新建再生水回用系统，加快建设尾水再生利用系统，将再生水资源应用于工业生产和市政用水。

（6）推进地下水污染防控。开展地下水污染状况调查和评估，划定地下水污染治理区、防控区和一般保护区。加强重点行业地下水环境监管。取缔渗井、渗坑等地下水污染源，切断废弃钻井、矿井等污染途径。防范地下工程设施和地下勘探与采矿活动污染地下水。控制危险废物、城镇污染、农业面源污染对地下水的影响。严格防控污染土壤和污水灌溉对地下水的污染。[2]

2. 加强农村环境治理

（1）加强农村环境综合整治。结合社会主义新农村建设，加强城乡建设统筹规划，落实"以奖促治，以奖代补"政策，集中整治重点流域、重点区域和问题突出的农村环境，重点加强对城市周边、工矿企业周边、集中式饮用水源地周边环境问题突出的村庄的治理。加快推进清洁农村建设工程，全面启动清洁家园、清洁田园、清洁水源建设，减少农业生产和农民生活过程中的污染物排放。调整和优化农村工业发展布局，提高农村地区工业项目的环境准入标准，防止生产设备落后、技术水平低的两高行业

---

[1] 江西省环境保护厅：《江西省环境保护"十二五"规划初稿 2012 修改稿》，http：//www. docin. com/p－442120432. html。

[2] 国务院：《国家环境保护"十二五"规划》，http：//baike. baidu. com/view/7132878. htm？fr = aladdin。

和落后工业企业向农村转移。对农村地区已搬迁的污染企业遗留的历史污染进行综合治理，建立农村地区环境综合整治目标责任制，强化对农村环境的治理与保护。①

（2）防治农业面源污染。大力推行"猪—沼—果（菜、茶）"农业循环经济生产模式，以集约化养殖场和养殖小区为重点，加快建设养殖场沼气工程和畜禽养殖粪便资源化综合利用工程，防治畜禽和水产养殖污染。大力推广和普及测土配方施肥技术，积极引导农民科学施肥，提倡增施有机肥，科学合理使用高效、低毒、低残留农药，提倡用生物方法防治病虫害，减少农业面源污染。大力开展水土流失防治技术，推行林菜 - 林草生态农业生产模式，降低各类果（茶）园水土流失强度。

（3）治理农村生活污水和垃圾。研究制定分散居住型村庄农村污水和垃圾处理办法，推进分散式、低成本、易维护的生活污水处理设施建设，在规模较大以及经济条件较好的村庄和乡镇建设集中式污水和垃圾处理设施，提高农村生活污水和垃圾的处理能力和水平。对城市和县城周边的村镇生活污水和垃圾处理系统进行统筹规划，并统一纳入城市无害化污水和垃圾处理设施和收运系统，有效提高农村环境质量。加强农村生活垃圾的收集、转运、处理设施建设，探索就地处理模式，引导农村生活垃圾实现源头分类、就地减量、资源化利用。②

3. 加强固体废弃物的治理

（1）安全处理危险废物和医疗废物。高度重视危险废物污染防治，全面落实危险废物全过程管理有关制度。提高光伏、有色金属等行业危险废物产生单位的污染防治水平，降低危险废物的环境风险。利用现代电子信息技术，构建危险化学物品等高环境风险物资监控系统，对其存储、运输和使用情况进行全程监控。加强对危险废物处理基地的建设和管理，推进危险废物减量化、资源化技术，创建危险废物综合利用示范基地，促进危险废物处理利用行业产业化、专业化和规模化发展。提高医疗废物集中处

---

① 环保部：《环境保护部积极推进农村环境综合整治"以奖促治"》，http：//www. gov. cn/gzdt/2009 – 04/03/content_ 1277248. htm。

② 国务院：《国家环境保护"十二五"规划》，http：//baike. baidu. com/view/7132878. htm? fr = aladdin。

理设施负荷率，加强医疗废物全过程管理，因地制宜推进农村、乡镇、偏远地区医疗废物无害化管理。[①]

（2）无害化处理生活垃圾。制定全方位的垃圾分类、收集计划和处理办法，加快建设城镇生活垃圾分类收集系统和处理设施；加快构建城市垃圾再生资源回收利用网络，统筹城乡生活垃圾收运处理体系。加强对垃圾处理设施的监管，防止产生二次污染。鼓励垃圾发电等垃圾资源化、能源化利用方式，提高城镇生活垃圾"减量化、无害化和资源化"水平。[②]

（3）安全处理污泥。积极研发、推广污泥处理、处置技术，优先选择污泥土地利用、污泥农用、填埋、焚烧以及综合利用等方式，进一步提高城镇污水处理厂的污泥无害化处理率，日处理规模 10 万吨以上的城镇污水处理厂应实现污泥无害化处理。定点支持污泥处置利用单位，定向收集、处置、利用污泥，实现污泥的专业化、规模化处置利用，力争到 2015 年，全省污泥无害化处理率达到 50%。

（4）综合利用工业固体废物。完善和落实一般工业固体废物处理、利用的有关优惠政策，鼓励有色金属矿采选、有色金属冶炼、火力发电等重点行业优先采用先进的技术和工艺，加强对尾矿、废石、粉煤灰、煤矸石、冶炼炉渣等固体废物的综合利用，配套发展静脉产业，促进固体废物在企业内部和企业间的综合利用，提高工业固体废物的综合利用率，从源头上减少工业固体废物。加强对固体废物堆存库的监督管理，确保堆存库的周围环境安全。力争到 2015 年，工业固体废物综合利用率达到 72%。[③]

4. 加强重金属污染综合防治

加大对重金属污染的防控力度。实施重金属污染综合防治规划，对存

---

① 环保部：《"十二五"危险废物污染防治规划》，http：//baike. baidu. com/view/ 9491874. htm？fr = aladdin。

② 国务院办公厅：《国务院办公厅关于印发"十二五"全国城镇生活垃圾无害化处理设施建设规划的通知》，http：//www. gov. cn/zwgk/2012 – 05/04/content_ 2129302. htm。

③ 工信部：《关于印发〈大宗工业固体废物综合利用"十二五"规划〉的通知》，http：//www. gov. cn/gzdt/2012 – 01/04/content_ 2036728. htm。

在重金属污染问题的区域，结合区域主要涉重金属行业、主要污染物制定整治防控方案，进行分区、分期治理和防控。以重有色金属矿（含伴生矿）采选业和重有色金属冶炼业两大行业为重点防控行业，实现非重点区域重点重金属污染物（铅、汞、镉、铬和类金属砷）排放量不超过 2007 年水平，国家重点区域重点重金属污染物排放量比 2007 年降低 15%，省重点区域重点重金属污染物排放量比 2007 年降低 5%，并作为约束性指标纳入设区市及县（区、市）级政府"十二五"国民经济和社会发展规划。①

重点抓好乐安河、赣江、章江等河流的重金属污染综合治理，加强各流域的区域合作，建立流域联防联控机制。加强对含重金属的废水、废气、废渣的处理、净化和回收，提高重金属"三废"的处理和管理水平，确保所有污染源达标排放。鼓励含铅蓄电池制造业、有色金属冶炼业、皮革及其制品业、电子废物回收利用等行业实施同类整合、园区化管理、集中治污。完善涉重金属企业污染治理技术工艺和设施建设，鼓励企业在达标排放的基础上进行深度处理，改造现有治污设施，进行提标升级。强化对涉重金属重点防控企业的强制性清洁生产审核、技术改造和污染源深度治理，推动企业实现含重金属废弃物的减量化和循环利用。②

研究制定重金属历史遗留问题的解决和处理办法，责任主体明确的历史遗留问题，由责任主体负责解决；无法确定主体的历史遗留问题，由地方政府统筹解决。积极推进贵溪市、弋阳县污染场地、乐安河沿河土壤的重金属污染治理工程。分年度组织开展全省重金属污染场地环境调查与评估，实施加密监测，开展风险评估，力争到"十二五"末基本完成全省污染场地基础调查与风险评估工作，建立重金属污染场地基本资料数据库和信息管理系统。③

---

① 广西壮族自治区发展和改革委员会、广西壮族自治区环境保护厅、广西壮族自治区林业厅：《关于印发〈广西壮族自治区环境保护和生态建设"十二五"规划〉的通知》，http://www.cep.org.cn/appfiles/201206/000026360003.html。

② 江西省环境保护厅：《江西省环境保护"十二五"规划》，http://search.10jqka.com.cn/snapshot/news/27426e91888a01e0.html? qs = cl_ news_ ths&ts = 2。

③ 同上。

五　培养生态文明文化

深入贯彻落实科学发展观，加快建设资源节约型、环境友好型社会，以鄱阳湖生态经济区上升为国家战略为契机，紧紧围绕江西省"科学发展、进位赶超、绿色崛起"的总目标，以低碳生活方式示范引导工程、低碳生活方式环境营造工程、低碳生活方式舆论宣传工程为抓手，努力在低碳交通、低碳建筑、低碳消费、低碳旅游等方面寻求突破，使江西省加快实现由传统生活方式向绿色、低碳生活方式转型，探索一条符合江西省实际的低碳发展之路，快速推动江西省生态文明建设。

（一）示范引导低碳生活方式

严格贯彻中央规定，全面遏制公款消费。中央关于改进工作作风、密切联系群众的"八项规定"和"六项禁令"本质上完全契合绿色、低碳的生活理念，要深入贯彻落实中央"八项规定"和"六项禁令"，严格控制公款消费。各级党委、政府在江西省加快推进绿色、低碳生活方式的进程中，要起到模范带头作用。①

外出调研轻车简从，严禁公车私用，上级机关领导到基层调研应尽量集中乘车，严格控制随行车辆和陪同人员，不讲排场、不比阔气。对当前存在的公车私用现象，要坚决控制与禁止，做到用车之前有申请、用车情况有监督、对违规用车有惩戒。严禁超标准接待，领导干部下基层调研、参加会议、检查工作等，要严格按照中央和省委关于会议接待的有关要求执行，严禁利用公款进行"面子消费"，在接待方面讲大排场。上级领导干部对超规格、超规模的接待，应主动予以拒绝，并给予批评，严重的给予警告。要精简文件简报，切实改进文风，没有实质内容、可发可不发的文件、简报一律不发；能通过邮件、电话通知或解决的，尽量不开会，一律发邮件、打电话，以减少会议接待消费。

---

① 李姚：《中共中央关于改进工作作风密切联系群众的八项规定六项禁令》，http://www.tongliaowang.com/djw/content/2013 - 04/24/content_ 368586.htm。

(二）积极营造低碳生活方式

1. 构建低碳交通运输体系，改变传统高碳运输模式

在公交车、出租车、公务车中推广使用节能与新能源汽车；在南昌首条 BRT 公交车专用道运行的基础上，总结经验，并在九江、吉安、上饶等大中型城市设立公交专用道，以提高公交运行速度。扩大高污染机动车辆的限行范围，利用各种优惠政策鼓励居民购买小排量、新能源等环保节能型汽车。加快以省会城市南昌为主体的轨道交通建设，到 2016 年完成地铁1 号、2 号线建设，到 2020 年完成 3 号线建设，形成由 1、2、3 号线组成的轨道交通骨架网。扩大自行车专用道建设范围，发展"免费自行车"服务系统，鼓励大家低碳出行。

2. 严格落实低碳建筑标准，打造低碳绿色居住方式

2013 年 1 月 1 日，国务院办公厅转发了国家发改委、住建部联合制定的《绿色建筑行动方案》，并指出当前城乡建设粗放型发展模式的缺陷，同时把绿色建筑的发展提升至国家战略层面，今后江西省必须下大力气来抓绿色、低碳建筑。①

严格落实低碳建筑标准，新建、改建、扩建的民用建筑严格执行节能50% 的设计标准，建设一批实施节能 65% 标准的民用建筑示范工程。严抓机关办公建筑和大型公共建筑节能工作，以机关办公区能耗动态监测平台建设为突破口，大力推广民用节能建筑。推进新能源在新建、改建、扩建建筑中的应用，如安装太阳能光伏发电装置，城市集中供应生活热水的公共建筑采用太阳能热水系统及成套技术，提高农村地区太阳能热水器的普及率。推广新型节能环保建筑材料、建筑保温绝热板系统、外墙、门窗和屋顶节能技术在建筑中的应用。搭建与绿色建筑项目相关的融资平台，为绿色建筑开发商提供各种政策优惠，如政府对部分绿色建筑项目融资提供信用担保，贷款还款期限可以适当延长等。②

---

① 《绿色建筑补贴模式将明晰：开发商与消费者分享》，《21 世纪经济报道》，http://sx. house. sina. com. cn/news/2013 - 04 - 02/06502058556. shtml。

② 遂宁市政府：《关于印发遂宁市加快发展节能环保产业实施方案的通知》，http://www. suining. gov. cn/10000/10002/10238/2014/06/16/10028556. shtml。

3. 加大节能家电推广，全面降低家电能耗

规范相关法规，逐步要求商家在冰箱、空调、洗衣机等家电产品上标明"能效标识"，使购买者对相关产品的节能效果一目了然；继续以财政补贴方式推动居民购买节能家电；商家引导消费者在选购节能家电时，根据房间面积、家庭人口数等实际情况选择家电的大小，不要片面追求面积或容积过大的家电，以免造成水电浪费。

4. 严格执行"限塑令"，系统解决白色污染

在江西南昌、吉安、上饶、鹰潭等中大型城市的较大型商场和超市的"限塑令"得到有效贯彻的基础上，努力将环保袋的使用范围扩大到其他超市、商场及农村集贸市场。质检部门从源头抓起，对违规继续生产超薄塑料购物袋的，或不按规定加贴（印）合格塑料购物袋产品标志的，以及存在其他违法违规行为的，要依照《中华人民共和国产品质量法》等法律法规，给予相应的处罚并加大曝光度。工商部门应加大对超市、商场、集贸市场等商品零售场所销售、使用塑料购物袋的监督检查，对违规者加强指导教育，对情节严重者要予以处罚。政府可以设立专项资金，定点在环保袋生产商处采购符合标准的塑料袋或布袋，在商场、集贸市场等塑料袋使用频率较高的地方，设立环保袋免费领用点，以有效扩大环保袋的使用范围。①

5. 严格执行生态旅游景区生态保护法，科学引导民众低碳旅游

以江西省鄱阳湖自然保护区、芦山自然保护区、明月山国家森林公园等景区为示范，充分挖掘森林、湿地、湖泊等自然资源，建设森林公园、湿地公园、生态公园等，策划以低耗能、低损耗为主的低碳旅游产品。在景区内实行交通管制，原则上严禁私家车进入景区，可以自行车等为交通工具，鼓励步行游览，景区之间的换乘可安排中巴、电瓶车、新能源观光游览车。严格控制景区内豪华酒店的数量，建设经济型宾馆、家庭旅馆等，在游客入住的宾馆，不提供一次性餐具用品，不主动免费提供一次性洗漱用品，并将宾馆一次性消费品使用量作为宾馆评级的标准之一。②

---

① 《国务院办公厅关于限制生产销售使用塑料购物袋的通知》，http：//baike.baidu.com/view/1662499.htm？fr = aladdin。

② 关海波：《旅游景区低碳发展模式探索》，《经济论坛》2012 年第 11 期，第 116 ~ 129 页。

6. 扩大垃圾分类试点范围，引导民众进行垃圾分类

以社区、学校为试点，推广分类垃圾箱，在设置可回收、不可回收垃圾箱的基础上，尽快更新换代，设立分类更细的垃圾箱，如可燃类、资源类、不可燃类、有害类等，并在垃圾箱上标明相应的图文标识，使民众更好、更方便地进行垃圾分类。没有垃圾箱的地方规定在每周特定时间把特定垃圾袋放在特定地点，最后由特定的垃圾回收车装走，促使民众养成垃圾分类的习惯。[1]

7. 加大农村低碳基础设施建设，减少农村生活碳排放

相关数据显示，我国农村居民生活用能需求一直呈增长趋势，2020 年农村居民生活用能需求量约为 2.95 亿 ~ 3.75 亿吨标准煤，秸秆、薪柴等传统生物质能未来在农村居民生活用能中还长期占主导地位。江西省作为世界农业文明的重要起源地之一，农村生活碳排放量一直居高不下，农村居民生活降低碳排放的重点是炊事、采暖、照明等。各级政府拨付专项资金，在农村推动改圈、改厕、改厨建设，建立沼气池，普及农村沼气，以减少薪柴、煤炭的使用。开发太阳能、风能、水电等可再生能源，如安装太阳能路灯，提高太阳能路灯的普及率，建设太阳能集中供热工程等。[2]

（三）加强舆论宣传

1. 加强低碳生活方式教育

发挥教育在促使民众树立低碳生活理念、形成低碳生活方式中的重要作用，加大对公众的低碳知识普及和教育，编写各种低碳的科普读物和指导守则。中小学生可塑性较强，将低碳理念和知识纳入基础教育内容，可增强中小学生对低碳生活的了解，使其养成低碳生活的习惯，形成由中小学生带动整个家庭低碳生活的良好氛围。

2. 开展低碳生活方式培训

在社区、学校、农村广泛开展形式多样的低碳生活的培训活动，如专题讲座、研讨会、经验交流会、成果展示会、典型案例报告会以及活动

---

[1] 熊孟清：《垃圾分类需始于制度设计》，《中国环境报》，http://www.cenews.com.cn/gd/jczs/201407/t20140707_777137.html。

[2] 章轲：《研究显示中国农村用能碳排量将持续增加》，中国低碳网，http://www.ditan360.com/News/Info-93988.html。

周、活动日、知识竞赛等，以加深民众对低碳生活的理解。[①]

3. 扩大低碳生活方式宣传

政府积极与宣传、文化、广电、报业、电信、网络等职能部门和媒体协调，相继开办报纸专版、杂志专刊、电视专栏、广播电台热线和绿色生活网络等宣传平台；与文化部门协调，先后举办与绿色生活有关的美术、工艺、摄影展览；与社会各领域协调，以"绿色低碳生活"为主题，利用电视、户外广告等多种媒介发布公益广告，发送手机温馨短信，开展网上远程教育。

第三节 江西省生态文明建设的实现途径

一 功能导向途径

（一）功能规划与生态功能区相结合

1. 实施不同类型功能区规划

优化开发区和重点开发区的功能定位是：推动全省经济持续增长的重要增长极，落实区域发展总体战略、促进区域协调发展的重要支撑点，扩大对外开放的重要门户，全省重要的人口和经济集聚区，承接产业转移的重点区域，先进制造业和现代服务业基地。[②]

限制开发区域的定位有不同类型。产品主产区域的定位是：保障农产品供给安全的重要区域，农民安居乐业的美好家园，社会主义新农村建设的示范区。生态功能型区域的定位是：全省乃至全国的生态安全屏障，重要的水源涵养区、水土保持区、生物多样性维护区和生态旅游示范区，人与自然和谐相处的示范区。[③]

禁止开发区域的功能定位是：江西省保护自然文化资源的重要区域，

---

① 南昌市政府办公厅秘书处：《南昌市人民政府关于印发南昌市国家低碳试点工作实施方案的通知》，http://xxgk.nc.gov.cn/fgwj/qtygwj/201111/t20111116_395269.htm。

② 《广东放下 GDP 指挥棒 四大功能区考核各不同》，《南方都市报》，http://epaper.oeeee.com/A/html/2010－01/06/content_985551.htm。

③ 福建省人民政府：《福建省人民政府关于印发福建省主体功能区规划的通知》，http://www.fujian.gov.cn/ztzl/qyjrdd/szfjszfbgtwj/201301/t20130117_561824.htm。

点状分布的生态功能区，珍贵动植物基因资源保护地，饮水安全保障区和行洪安全区。[①]

2. 优化区域空间格局

继续围绕"龙头昂起、两翼齐飞、苏区振兴、绿色崛起"的区域发展布局，加快昌九一体化进程，主动对接国家建设长江新经济支撑带契机，形成"抱月形"优化区域空间格局。从江西区域图形来看，江西省北部沿沪昆线呈带状分布的城市集群形成了一个弓形的"抱月形"汇聚形状，天然具有聚集的优势，可以在此优势下强化城市之间与港口枢纽的联系，作为一条联系紧密的圆弧，串联起江西省自己的经济带。中心部的主城市南昌将成为这把"弓"的发力点，不但要将省内的力量进行汇聚，更要成为江西省的增长极辐射周边，凸显区域中心城市的优势与地位。处于长江最前沿的九江将要作为拉开的弓上的箭头，作为长江经济带和江西经济带的交汇点，发挥自身港口城市的地理优势和交通区位优势，引领全省经济由此向外发展，射向长江。[②]

3. 实施重要生态功能区保护

推进生态功能区划的实施，加强重要生态功能区域的保护和建设，防止生态脆弱地区、重要生态功能区的生态环境受到新的破坏。在重点区域建立生态功能保护区，保护区域的重要生态功能。把鄱阳湖、仙女湖、柘林湖，以及赣江、抚河、信江、修河、饶河和东江等主要河流源头区，作为生态功能保护的重点建设区域，加快生态功能保护区的建设步伐，加强对生态环境质量的评价和考核。加强自然生态系统与重要物种栖息地的保护，探索建立生态功能保护区法规体系、管理体制和运行机制，强化监督管理，维护区域生态系统的稳定，增强生态系统涵养水源、保持水土等生态功能。制定重点生态功能区监测、评估技术规范，开展对重要生态功能区域的生态监测和质量评估。[③]

---

① 严米金：《鹰潭提升为国家层面重点开发区域》，http：//www. ytnews. cn/2013/03/19/100177217. html。

② 刘耀彬、杨洋：《"昌九一体双核"模式与江西区域空间发展战略调整构想》，《九江学院学报》（自然科学版）2014年第1期。

③ 江西省环境保护厅：《江西省环境保护"十二五"规划》，http：//search. 10jqka. com. cn/snapshot/news/27426e91888a01e0. html？qs = cl_ news_ ths&ts = 2。

（二）积极建设绿色智慧城市

江西省的城镇化建设，要立足后发优势，将智慧型城市纳入城市建设，高起点贯彻智慧型城市的设计理念，高标准构建智慧型城市的基础设施，高规格建立智慧型城市的发展协调机制，高效率推进智慧型城市的示范作用，通过试点探索、总结、提炼创新的城镇化发展模式，促进江西省经济的持续健康发展，将集约、低碳、生态、智慧等先进理念融合到城镇化的具体过程中。江西省智慧型城市建设的最终目标，就是充分发挥城市智慧型产业优势，全面提高资源利用效率、城市管理水平和市民生活质量，努力改变传统落后的生产方式和生活方式。经过若干年努力，将城市建设成为一个基础设施先进、信息网络通畅、科技应用普及、生产生活便捷、城市管理高效、公共服务完备、生态环境优美、惠及全体市民的智慧型城市。[①]

1. 规划建设昌赣研发创新带、产业核心区、扩展区和辐射带动区

以南昌－赣州中心城市群为主轴，吸纳新余、宜春、萍乡、吉安等中心城市，整合国内外创新资源，突出创新驱动和科技引领，以新技术带动形成新兴先导产业，构建昌赣研发创新带，形成绿色产业和战略性新兴产业的"创新源"和"动力源"。以南昌、新余、吉安、宜春、赣州、景德镇等地的高新技术开发区、工业园区为主体，促进产业集群化发展，构建绿色产业和战略性新兴产业发展的核心区，扩展区为鄱阳湖生态经济区，并带动辐射全省。[②]

2. 加快培育一批绿色产业、战略性新兴产业示范基地和园区

加快南昌 LED 产业城、赣州钨和稀土产业基地、宜春锂电新能源产业基地、吉安风能核能及节能技术产业基地、上饶光学精密仪器生产基地、萍乡工业陶瓷产业基地、景德镇陶瓷科技城、新余国家新能源科技城以及共青数字生态城等建设，培育一批绿色产业、战略性新兴产业示

---

① 《住建部表示高起点构架智慧城市》，《江西日报》2013 年 2 月 1 日。

② 江西省推进战略性新兴产业发展领导小组办公室：《江西省十大战略性新兴产业（生物）发展规划（2009～2015）》，http://6g1.jxstc.gov.cn/ReadNews.asp? NewsID = 520。

范基地和园区。[1]

二 产业导向途径

(一) 开发绿色农业生产链

1. 调整农业生产结构

以粮食生产为基础，发展无公害蔬菜及高价值经济作物、种植优质饲料作物，使种植业结构逐步向"粮－经－饲"三元结构转变。以种植业为基础，充分利用丘陵、山地和水域等资源，推进农业向立体化方向发展。推进丘陵、山地发展林下种养殖模式，如林畜（牛、养等）、林禽（鸡、鸭等）、林菌、林药、林草等农林复合经济；推进水域发展立体养殖模式，如水面养鸭、鹅，水下分上、中、下层养殖不同的鱼种。

2. 推行循环型农业发展模式

推广"猪—沼—果（菜、茶）"的生态农业生产模式，加强规模畜禽养殖企业的综合管理，发展大中型沼气工程，促进畜禽粪便、污水资源化，提高农业资源利用效率。推广秸秆、竹木等农林废弃物腐烂还田、作饲料、制沼气、制作纤维板等资源化利用方式。有机垃圾采用喂养牲畜、集中腐烂作为有机肥、自然净化等方式实现资源化与无害化处置。进一步推进生物技术的开发和应用，实施农林废弃物资源化循环利用。[2]

3. 节约、集约使用农业生产资源

推广高效低毒、低残留农药，用生物农药替代化学农药，减少农药的使用量。实施化肥的减量与精量使用，提高化肥利用率。以可降解农用薄膜替代不可降解的塑料薄膜，延长地膜的使用年限，提高农用地膜回收率。加强农业生产过程中资源的循环利用，逐步降低农业生产的各类面源污染。强化对新增果（茶）园林下土地的利用，发展林下农业经济，降低

---

① 《江西省人民政府关于印发江西省国民经济和社会发展第十二个五年规划纲要的通知》，http://www.jiangxi.gov.cn/zfgz/wjfg/szfwj/201107/t20110712_318035.htm。

② 安徽省人民政府：《安徽省"十二五"循环经济发展规划》，http://www.ah.gov.cn/UserData/DocHtml/1/2013/7/12/8981972923246.html。

水土流失强度。①

4. 创建循环农业生产基地

采用环境友好型技术，按照无害化要求组织农业生产，引导农业产业结构向无害化方向调整，促进农业向绿色无害化方向发展；积极培育无公害农产品，推广绿色和有机农产品生产，提高农产品安全性和农村整体经济效益。推进优势农产品区域布局调整，从区域、产业、生产单元三个层次推动农业循环经济发展，构建循环型农业示范县、农业园区和产业化龙头企业的农业循环经济体系。②

5. 提高循环农业产业化水平

以农业循环经济示范县（区）为载体，推进农业产业化向深层次发展，建立农产品生产、加工、销售联结机制和市场准入机制，推进标准化、集约化、无公害化生产，建成一批绿色农产品种养加一体化园区，着力提高生态农业的竞争力。③

6. 优化农业产业布局体系

重点推进种植业、畜牧业、渔业发展。大力实施新增百亿斤粮食工程、"四个百万"工程、新增百万吨优质农料建设工程。重点发展鄱阳湖平原、赣抚平原、吉泰盆地、赣西粮食高产片等"三区一片"粮食主产区，赣东北、赣西北、赣中、赣南四大优势茶叶产区，赣南、赣中南、浙赣线、赣北、赣中赣西五大特色优势水果产业带，环南昌优质蔬菜产业区、大广高速沿线优质蔬菜产业带、济广高速沿线优质蔬菜产业带。建设片、点、线结合的高产油茶林基地；以油茶林基地为依托，以市场为导向，合理布局油茶加工企业，重点建设一批油茶产业科技园。重点发展鄱阳湖、滨湖地区的优势水产品生产，加强健康养殖示范基地建设。建设特色产业强县、强镇，积极发展集生产、观光、休闲为一体的生态

---

① 山西省发改委：《山西省循环经济发展规划（2006 ~ 2010）》，http：//www.shanxigov.cn/n16/n8319541/n8319612/n8321708/n8321873/8394742.html。

② 同上。

③ 安徽省农业委员会：《安徽省农业委员会关于印发推进农业产业化示范区建设若干意见的通知》，http：//law.baidu.com/pages/chinalawinfo/1725/43/1e3aff9c1154dcce0c2cc17fc1e20807_0.html。

农业。①

7. 完善现代农业市场体系

培育发展全国性、区域性农产品骨干批发市场和一批省级重点农产品批发市场，加快建设粮食、蔬菜、果品、茶叶、畜产品、水产品等6~8个区域性产地专业批发市场。支持农业产业化龙头企业、农民专业合作社建立农产品连锁站、专卖店。积极发展订单农业，大力推进"农超对接""农社对接"。定期举办江西省优质特色农产品展示展销活动，鼓励农业企业积极开拓国内外市场，推动农产品出口持续增长。推进农业信息化建设。重点建设"一网一工程、两平台、11个农业监测中心、100支信息服务队、1000个信息为农服务窗口"。依托"金农工程"，做强"江西农业信息"网站，尽力满足决策咨询和市场信息服务需求。进一步推进农业电子商务建设，以江西农产品网等网站为载体，打造电子交易平台。②

（二）培育发展低碳工业体系

1. 加大涉重金属产业落后产能淘汰力度

严格执行国家有关产业政策以及有色金属行业调整振兴规划，制定和实施涉重金属落后产能淘汰方案和年度计划，建立落后产能退出机制。以重有色金属矿采选（含伴生矿）、重有色金属冶炼、电镀、皮革及其制品、化学原料及化学制品等行业为重点，加快淘汰不符合产业政策的落后生产工艺、技术和设备，依法关闭非法建设和规模小、污染严重、治理无望的重金属污染企业。③

2. 调整和优化工业产业结构

重点提升有色金属、钢铁、汽车、船舶、石化、轻工、造纸、纺织、装备制造、建材等传统产业的科技含量和技术水平，继续抓好淘汰落后产能工作，强化节能减排。加快新能源、新材料、建材、石化、装备制造、

---

① 江西省农业厅：《关于贯彻落实〈江西省现代农业体系建设规划纲要（2012~2020年）〉的实施意见》，http：//www.jxagri.gov.cn/News.shtml？p5=182424。

② 同上。

③ 国务院办公厅：《有色金属产业调整和振兴规划》，http：//www.gov.cn/zwgk/2009-05/11/content_1310436.htm。

电子信息、生物医药等重点行业的产业发展，突出抓好一批示范工程与重点项目的建设，培育壮大产业集群，实现重点领域的超常规发展。积极推进工业企业、高校、科研机构、行业、区域间的合作与交流，全面推广先进循环经济技术，力争突破一批关键技术与共性技术。[①]

3. 完善工业企业的产业链

在钢铁、石化、有色冶金、电力、建材、食品、医药等行业推行循环经济示范企业建设，利用现有工业链中的上下游企业，促进企业上下游原料、副产品、能源和废弃物相互交换，形成比较完整的闭合工业系统，实现资源的最佳配置和利用。着力推进次级、末端资料的开发利用，着力推进次级、末端资料与外部企业的循环交流，引导上下游企业共同利用资源。

(三) 发展现代绿色服务业

1. 建设红色旅游强省、生态旅游和乡村旅游名省

围绕"红色摇篮·绿色家园·观光度假休闲旅游胜地"的总体定位，全力打造"江西风景独好"品牌，建设红色旅游强省、生态旅游和乡村旅游名省、旅游产业大省，成为有重要影响力的国际旅游目的地和游客集散地。[②] 加快旅游资源、要素整合，挖掘文化内涵，完善景区设施，突出景区管理的环境责任，不断提升景区生态价值，大力提升旅游业发展层次，构建赣北鄱阳湖生态旅游示范区、赣中南红色经典旅游圈和赣西绿色精粹旅游圈。加快旅游商品研发、生产、销售体系建设，促进旅游商品产业化发展。扩大旅游产业对外开放，着力培育一批具有全方位服务功能和较强竞争力的旅游集团。鼓励和支持旅游区进行生态环境建设，加强旅游资源的保护性开发，延长资源开发利用的生命周期。[③]

---

① 国务院办公厅：《有色金属产业调整和振兴规划》，http://www.gov.cn/zwgk/2009 - 05/11/content_ 1310436. htm。

② 江西省人民政府：《中共江西省委江西省人民政府关于加快旅游产业大省建设的若干意见》，http://www.jxnk.org.cn/news_ detail/newsId = 6ee08753 - 9ebc - 4005 - b515 - d301bdfc2cc2.html。

③ 江西省人民政府：《江西省委关于制定全省国民经济和社会发展第十二个五年规划的建议》，http://gs.jxnews.com.cn/system/2010/12/31/011556034.shtml。

2. 提升金融服务辐射力、带动力和凝聚力

大力引进银行、保险公司、证券公司等现代金融机构，鼓励、支持境内外金融机构在江西省中心城市设立管理总部或地区总部。支持地方金融机构跨区经营，支持城市商业银行、农村商业银行股权重组和改制上市，推动鄱阳湖银行等地方金融机构的筹建工作。大力发展村镇银行、贷款公司、农村资金互助社等新型农村金融组织。不断拓展创投、私募、产业基金、金融租赁等金融服务领域，支持南昌国家高新技术开发区纳入"新三板"市场第二批试点范围，积极建设区域性股权交易市场，搭建多层次、多渠道的资本平台。加强南昌、赣州区域性金融中心建设，大力发展金融后台服务产业。

3. 推动物流产业绿色转型

依托重要交通枢纽和中心城市，以大型物流基地、园区和企业为龙头，整合全省物流资源，形成铁路物流、公路物流、空港物流和城市配送物流协调发展的现代物流产业格局。以区域性中心城市为中心节点，实施物流服务大通道建设工程，形成赣北（南昌、九江）、赣东北（上饶、景德镇）、赣东南（鹰潭、抚州）、赣中南（赣州、吉安）、赣西（新余、宜春、萍乡）五大物流服务大通道，构建支撑中部地区物流发展、服务全国的现代物流体系。培育第三方、第四方物流市场和生态物流产业，推动物流产业绿色转型。[①]

4. 加快发展业务流程外包服务业

加强服务外包产业合作，加快发展信息技术外包，做大做强业务流程外包，支持研究设计、营销策划、工程咨询、项目评估、中介服务等第三方专业服务机构发展。大力推进南昌市服务外包示范城市建设。完善文化创意产业服务链，大力发展文化传媒、出版发行、动漫制作、数字内容、时尚创意、工业设计、建筑设计等产业，促进文化产业规模化、专业化发展。培育壮大节能环保服务业、生命健康产业和地理信息服务业。[②]

5. 提升便捷的生活性服务业

改造提升商贸流通业，鼓励新型流通业态发展，积极推广新型流通方

---

① 南昌市人民政府办公厅：《南昌市人民政府办公厅印发关于加快南昌市现代物流业发展意见的通知》，http://www.cnnsr.com.cn/jtym/fgk/2003/2003122200000046582.shtml。

② 同上。

式，加快流通领域电子商务发展。完善居民服务网络体系，积极发展社区卫生服务、为老服务、家政服务、就业服务和文化科普服务。[1]

（四）形成节能环保产业链

1. 推进节能环保产业"建链"

以工业节能产业项目和环保关键设备研发制造为核心，有序引进产业链条重要节点的龙头企业，打造全新的节能产业链条。[2]

2. 重点发展绿色能源产业

巩固提升太阳能光伏产业，积极发展风能、核能产业。太阳能光伏重点发展硅料、硅片、太阳能电池组件及配套产品；风能、核能重点推进核能发电应用、风力发电应用、风力发电整机生产、核燃料生产、核岛设备和原材料制造。[3]

三　园区建设途径

紧紧围绕建设富裕和谐秀美江西的总体要求，依据减量化、再利用、循环化的原则，以优化资源利用方式为核心，以降低废弃物的排放为目标，推进技术创新和制度创新，培育政府生态化发展、企业生态化生产和公众生态化生产生活的理念，加快形成政府产业招商环保化、企业资源消耗节约化、污染排放减量化、公众生产生活方式生态化的循环经济发展模式。加快调整农业产业结构，节约集约使用农业资源，推广"猪—沼—果（菜、茶）"生态农业生产模式，创建循环农业生产基地，不断增加农业生产环节，推进农业生产向种—养—加一体化方向发展，实现农业生产的集聚化、链条化和循环化发展。以强化工业园区建设、完善工业产业链、推进工业产业集聚为重

---

① 南昌市人民政府办公厅：《南昌市人民政府办公厅印发关于加快南昌市现代物流业发展意见的通知》，http://www.cnnsr.com.cn/jtym/fgk/2003/20031222000000046582.shtml。

② 山西省人民政府：《山西省人民政府办公厅关于转发省经信委加快推进工业节能环保产业发展行动方案及 2014 年三个行动计划的通知》，http://www.shanxigov.cn/n16/n1203/n1866/n5130/n31265/17769359.html。

③ 南昌市工业和信息化委员会：《南昌市光伏产业发展行动计划》，http://gxw.nc.gov.cn/News.shtml? p5 = 667。

点，加快引进工业产业的上、下游企业，推进企业向工业园区集聚，形成工业园区的循环产业链。通过培育再生资源回收利用产业，创建"城市矿产"经济示范基地，建设再生资源回收网络和物流体系，大力发展城市矿产经济，实现工业废弃物的资源化利用。通过创建循环经济的支撑体系，构建循环经济社会体系，形成政府调控、市场引导、企业实践、公众参与的循环经济新机制，建立适合江西省情的、有利于绿色发展的宏观调控体系和运行机制，为建设富裕和谐秀美江西提供有力的支撑。①

（一）提升工业园区发展水平

完善园区服务体系，增强产业协作配套能力。依托江西省国家级高新技术产业开发区和经济技术开发区等一批规模大、实力强、效益好的工业园区，加快各种资源要素向工业园区集聚，重点培育和壮大一批引领作用强、辐射能力强、市场竞争力强的大企业（集团），大力引进和落实一批科技含量高、产业层次高、资金密度高的大项目，以大企业吸引大项目，以大项目带动大投入，以大投入实现大发展，不断做大园区规模，培育一批主营业务收入超千亿、过五百亿元的园区。全面推进生态园区建设，大力实施工业园区生态化改造工程，强化生态补链，提高资源利用率，建立园区内循环流程体系。②

（二）创建"城市矿产"经济示范基地

在生产、流通、消费等各个领域全面建设废弃资源定点回收基地，提高"城市矿产"的回收利用水平和资源利用率；加快废旧汽车、家电、废钢铁、废旧有色金属以及废旧塑料和轮胎等废弃资源回收再利用技术创新和产业化发展，五年内重点选择 20 个左右回收加工企业进行重点扶持，并建设成为技术先进、环保达标、管理规范的龙头企业。选择基础条件好、

---

① 宋海峰：《江西"猪、沼、果"生态模式向全国推广》，http：//www. xinhua-net. com/chinanews/2005 - 11/20/content_ 5627331. htm。

② 江西省人民政府办公厅：《江西省人民政府办公厅关于印发江西省工业和信息化"十二五"发展规划的通知》，http：//www. jiangxi. gov. cn/zfgz/wjfg/szfbgt-wj/201204/t20120409_ 707279. htm。

城市矿产经济发展速度快的县区进行重点扶持，加快推进城市矿产经济的规模化、集约化发展，建设 6 个具备一定规模、辐射作用强的"城市矿产"经济示范基地。①

（三）优化循环经济产业和园区布局

加快循环经济重点产业和园区布局，形成相对集中的循环经济产业集群。按循环经济模式改造或建设各类开发区和工业园区，重点推进园区内能量和水的梯次利用，以及公共基础设施的共享。强化企业之间、园区之间、产业之间的耦合，推动循环经济模式由企业内部、园区内部、产业内部向企业之间、园区之间、产业之间以及更广阔的领域发展。②

四　示范创建途径

（一）推进生态示范建设

1. 推进生态示范村建设

实施以奖促治，大力开展农村生态环境综合整治，加快对沼气、秸秆、太阳能等可再生能源的利用，形成清洁、经济的农村能源体系。以改善村容村貌为重点，实施农村清洁工程，加快实施改水、改厨、改厕、改圈，开展垃圾集中处理，因地制宜建设农村生活污水处理设施，加强村旁、路旁、宅旁、水旁的绿化，不断改善农村的卫生条件和人居环境。大力推进各类旅游观光农业、农业科技示范园、农家乐等农业旅游项目建设，推进农业和乡村旅游发展。积极开展绿色生态家园创建活动，建成一批全国环境优美乡镇和生态村。③

2. 推进生态示范城镇建设

加强城镇绿化建设，依托城镇公园、广场、社区、道路、湖泊、湿

---

① 浙江省人民政府：《浙江省人民政府关于加快循环经济发展的若干意见》，http：//www. zj. gov. cn/art/2010/12/27/art_ 12460_ 7567. html。

② 《广西循环经济发展"十二五"规划（节选）》，http：//www. ccin. com. cn/ccin/news/2012/12/06/248101. shtml。

③ 陕西省农业厅：《陕西省农业厅关于切实加强农村能源环保工作的意见》，http：//www. akagri. gov. cn/Article/ShowArticle. asp？ ArticleID = 422。

地，实施绿化、净化、美化工程，提高城镇绿化覆盖率，增加城镇绿地面积，扩大城镇绿地空间。大力发展公共交通，重点建设和改造连接主要功能分区的城市干道，建设大中城市快速环路，实施交通畅通工程，推进城镇交通节能减排；全面落实总量控制和定额管理相结合的用水管理制度，改造城镇供水设施，建设重点城市应急备用水源工程；加强城镇环保基础设施建设和市容市貌综合整治，塑造城镇生态文明形象。[①]

3. 推进生态产业示范园区建设

以传统产业集聚区、先进制造业基地、高新技术产业基地、现代服务业基地和集聚区等为载体，加快推进各类生态产业园区建设，制定实施各类生态产业园区发展规划。充分发挥产业园区在产业生产组织中的重要作用，推动生态产业示范园区建设。不断改善管理、改进设计、改造设备，使用清洁能源和原料，大力推行清洁生产；强化产业园区集中供热、供水、供电控制，提高资源能源利用效率；加强对园区废弃物的处置和管理，集中无害化处理"三废"，从源头削减污染，建立园区内的循环流程体系，实现产业资源能源的循环利用。[②]

（二）构建循环经济示范区

1. 建设循环型城市

以低碳城市、循环型城市建设规划和生态文明体系建设为抓手，加强城市循环经济基础设施建设，搭建城市废弃物资源化利用产业链，加大城市环境综合治理力度，实现城市的循环发展。推动绿色交通、绿色建筑、绿色物流、绿色商务、绿色服务等领域的规划和建设，实现城市的低碳化发展。完善城市生态文明建设的组织体系和管理机制，建设低碳型城市保障体系。[③]

---

① 国家发改委：《鄱阳湖生态经济区规划》，http://jiangxi.jxnews.com.cn/system/2010/02/22/011312446.shtml。

② 茂名市人民政府：《关于印发茂名市环境保护与生态保护"十二五"规划的通知》，http://zwgk.gd.gov.cn/007122000/201209/t20120912_343003.html。

③ 无锡市发改委：《无锡市"十二五"生态文明建设规划》，http://www.wuxi.gov.cn/zfxxgk/szfxxgkml/ghjh/zxghjh/5955203.shtml。

2. 建设循环型社区

逐步引导公众自觉抵制浪费型消费，减少一次性产品的使用，减少过度包装，促进产品包装的减量化和再利用。鼓励使用节电、节水器具和产品。规范政府绿色采购。开展绿色学校、绿色社区等创建活动。[①]

3. 建设循环型村镇

结合社会主义新农村建设，以建设生态低碳化绿色村镇为重点，在全省选择一批基础条件好、特色鲜明的村镇，大力发展农业循环经济，推进乡村道路绿化、农村清洁工程建设，创建农业循环基地，推进乡村低碳绿色发展，构建美丽村镇。

五　文化创建途径

（一）强化科技、人才和教育的支撑作用

1. 提升科技支撑和创新能力

依托科技创新平台，提高循环经济技术支撑能力和创新能力。重点组织开发能量梯级利用技术、废物综合利用技术、循环产业链接技术、再制造技术以及新能源和可再生能源开发利用技术等，鼓励支持高等院校、科研院所、企业建设国家级、省级循环经济重点实验室、工程（技术）研究中心和企业技术中心等创新平台。[②]

2. 加强对人才的教育与培养

优化教育专业和课程设置体系，将生态文明建设的相关课程作为从初等教育到高等教育的必修课程，推进生态文明的发展理念深入人心。适度扩大生态经济类、资源与环境经济类硕士和博士研究生的招生规模，培养高层次的循环经济建设和管理人才。[③]

---

① 安徽省人民政府：《安徽省"十二五"循环经济发展规划》，http：//www. ah. gov. cn/UserData/DocHtml/1/2013/7/12/8981972923246. html。

② 同上。

③ 铁铮、田阳：《生态文明教育是建设生态文明的基础——访北京林业大学党委书记吴斌》，http：//www. greentimes. com/green/news/fangtan/jbft/content/2010 - 02/04/content_ 78301. htm。

3. 创建交流与合作服务平台

加强国际、国内合作与交流，搭建循环经济技术、人才、资源信息交流和资讯服务平台，构建循环经济建设的合作与交流机制。依托服务平台，充分利用国内外人才和资源，大力引进先进技术，借鉴管理经验，促进循环经济发展。[①]

（二）积极发展文化及创意产业

1. 明确文化及创意产业发展重点

积极推动文艺演出、娱乐休闲、文化旅游等传统文化产业以及软件信息服务、数字广播影视、数字动漫、数字媒体与出版、数字艺术典藏、数字影音、数据服务、远程教育、网络内容增值服务和移动内容增值服务等产业发展，形成区域差异化的核心竞争力；推动关联产品、衍生产品的商业化开发，通过产业链延伸，带动高端产业的规模化经营。

在文艺、教育、广电、出版等相关产业链的决策、组织、制作、发行、培训等环节形成竞争优势。加快数字信息技术的渗透，积极推动文化创意产业的融合、转型和提升，大力发展工业设计、动漫产业、软件服务等产业。将江西历史文化内涵与现有旅游资源相结合，设计出具有吸引力的产品，加快文化与旅游的融合。

充分利用全省各地创意园、动漫产业园、影视基地、设计平台等发展基础，促进和引导产业链条式发展，尽快形成产业链条长、集中度高、专业化水平高、科技含量高的产业集群。[②]

2. 夯实文化及创意产业发展载体

（1）"六大基地"。重点打造南昌、景德镇、九江、赣州、萍乡、抚州6市文化及创意产业基地，着力构建共青城影视基地、南昌市综合型创意产业基地及传统书画艺术基地、赣州民间工艺创意基地、景德镇陶瓷艺术

---

① 孙洁：《2013 中国宁波人才国际研讨会搭建人才服务国际交流平台》，http://www.china.com.cn/info/2013-09/16/content_ 30041721. htm。

② 江西省推进战略性新兴产业发展领导小组办公室：《江西省十大战略性新兴产业（文化及创意）发展规划（2009~2015）》，http://6g1. jxstc. gov. cn/Read-News. asp？NewsID=522。

创意基地、萍乡网络游戏与动漫基地、抚州传统工艺基地。

（2）"配套区"。依托各个城区，建设科技、金融、信息、物流、生活等相关服务配套基础设施，重点发展教育培训中心、博览旅游中心、金融中心、信息中心、物流中心和居住社区，着力打造集生产、商务、教育、生活、娱乐为一体的产业城市。①

六　制度导向途径

（一）强化生态环境教育制度

生态环境教育对于保护环境、建设江西省生态文明具有相当重要的意义。人类过去对自然环境所采取的不友好行为，和人类对自然环境的认识能力的有限性有关，更和人类形成的有严重局限的文明观念有关。通过环境教育，个人能够意识到自然环境对于人类生存、生产的重要意义，也能够认识到良好的自然生态环境对人类精神的重要性。②

（二）落实生态保护法治

要把生态文明建设纳入依法治理轨道，建立和完善职能有机统一、运转协调高效的生态环保综合管理体制。要加强规划和政策引导，综合运用财税、价格等经济杠杆，建立健全生态补偿机制，建立体现生态文明要求的目标体系、考核办法、奖惩机制，把资源消耗、环境损害、生态效益纳入经济社会发展评价体系，并纳入各级党委、政府的绩效考核。③

1. 制定和完善涉重金属行业的市场准入条件

根据行业不同，进一步提高节能、环保、技术、安全、土地使用和职

---

① 江西省推进战略性新兴产业发展领导小组办公室：《江西省十大战略性新兴产业（文化及创意）发展规划（2009～2015）》，http：//6g1. jxstc. gov. cn/Read-News. asp？NewsID＝522。

② 胡中华、李红梅：《生态文明建设需制度化》，http：//www. qstheory. cn/st/stwm/200910/t20091014_ 13225. htm。

③ 《生态文明建设需要制度保驾——学习十八大报告有关资源与生态论述的心得之七》，《中国矿业报》，http：//www. mlr. gov. cn/xwdt/jrxw/201211/t20121128_ 1160503. htm。

业健康等方面的准入标准与要求，严格限制排放重金属污染物的外资项目。禁止在重点区域、"五河一湖"及东江源头保护区新建、改建、扩建增加重金属污染物排放的项目，禁止在重要生态功能区、重金属环境质量超标区域、重金属污染事故发生区域新建相关项目。对现有的重金属排放企业，要严格按照产污强度和安全防护距离要求，实施准入、淘汰和退出制度。①

2. 强化资源项目开发的生态监管

发挥生态功能区划对资源开发的引导作用，进一步强化对资源开发特别是重要生态功能区域、自然保护区内开发建设活动的生态监管，从源头防止新的人为生态破坏。严格执行《环境影响评价法》，对水、矿产、土地、森林、海洋、生物等重要自然资源开发利用规划和资源开发项目进行重点监督，逐步建立资源开发建设项目生态环境监管体系，完善监管制度，实施资源开发建设项目设计、施工、运行等全过程的生态环境监管，大力开展生态环境监察，严格执行环境影响评价制度和"三同时"制度，落实企业生态保护和恢复主体责任，规范开发建设与运营活动。严格自然保护区、森林公园、风景名胜区、地质公园、自然遗产地、重要湿地等区域资源开发规划及建设项目环评，强化对开发活动的生态环境监察。②

3. 强化生物多样性保护

加强对以鄱阳湖湿地为核心的珍稀濒危野生动物的保护，加强候鸟、鱼类资源保护工程，建设鄱阳湖珍稀濒危野生动物救护与繁育中心，重点加强对白鹤、江豚、鲥鱼等濒危物种的保护，维护种群数量。加强对鄱阳湖国家级自然保护区、南矶山国家级湿地自然保护区的建设和管理，完善国家、省、县三级自然保护区体系，形成生物多样性保护网络。开展区域生态系统、生物物种资源本底调查和生物多样性评价，依据中国生物多样性保护战略和行动计划，组织编制《江西省生物多样性保护战略与行动计

① 江西省环境保护厅：《江西省环境保护"十二五"规划》，http：//search. 10jqka. com. cn/snapshot/news/27426e91888a01e0. html？qs = cl_ news_ ths&ts = 2。

② 广西壮族自治区发展和改革委员会、广西壮族自治区环境保护厅、广西壮族自治区林业厅：《广西壮族自治区环境保护和生态建设"十二五"环境保护规划》，http：//www. cep. org. cn/appfiles/201206/000026360003. html。

划》。建立健全生物多样性保护和生物安全监管体制机制，提高生物多样性调查、评估和监测预警能力以及各级自然保护区、森林公园、风景名胜区、地质公园、自然遗产地、重要湿地等生物多样性丰富区域的管护能力，将生物多样性评价作为各类规划和建设项目的重要内容，建立生物多样性监测、评价和预警制度。①

（三）推进环境事务的公众参与制度

依法保障公众环境参与权。公众参与环境保护不仅有助于环境政策制定与决策过程中各种利益的协调，增强环境决策的正确性，还有助于环境监管部门及时了解、获取各种环境信息，便于及时、准确地制止、处罚环境违法行为。正是因为公众参与环境管理具有非常多的优点，许多国际环境保护公约或文件都专门规定公众参与环境管理的制度。我们也需要制定公众参与环境事务的法律制度，激发公众参与环境保护的热情，推动公众依法参与环境保护事业。②

（四）建立生态经济激励制度

要吸收西方社会治理环境的经验与教训，利用我国社会主义市场经济体制，发挥自身优势，采取各种有效经济手段激励民众、企业、政府保护生态环境。可以在产权制度、价格制度与税收制度等领域大做文章，充分落实污染者治理、污染者负担成本的原则，把企业生产污染环境的外部成本内部化，推动企业提高资源利用效率、节约能源和减少污染物排放。③

（五）探索建立双补偿机制

完善粮食主产区的利益补偿机制，建立农村产权流转交易市场，激发农村活力。尝试对农田、水权、林权进行确权，建立碳汇、排污权交易市

---

①　国家发改委：《鄱阳湖生态经济区规划》，http：//jiangxi. jxnews. com. cn/system/2010/02/22/011312446. shtml。

②　吴妙丽：《社会各界热议生态文明建设（四）——人人都是践行者》，《浙江日报》2010 年 7 月 12 日。

③　胡中华、李红梅：《生态文明建设需制度化》，http：//www. qstheory. cn/st/stwm/200910/t20091014_ 13225. htm。

场，形成生态文明建设的经营和营销理念，建立江、河、湖泊地区的水利益共享、生态治理共担的生态补偿机制，以及森林资源、湿地资源等生态补偿机制。①

第四节 江西省生态优势转化的实现途径

江西省最大的优势是生态，最大的后劲是生态，最大的财富是生态，最大的潜力是生态。充分发挥江西省生态环境好的优势，更好地响应国家新一轮区域发展战略，提升和突破江西省原有的区域发展战略，从而争取在全国区域发展格局中的有利地位。

一 以绿色、低碳、循环经济为目标，培育发展生态工业

合理利用资源，依据绿色、低碳、循环经济理念发展起来的生态工业最具生命力。这要求严把产业选择关、布局关和准入关，引进高效、节约、循环的现代企业，形成自我循环的工业链。在制定发展规划、出台政策措施、实施项目建设时，要算好生态效益账。不能因为项目大、经济效益高，就不顾生态环境保护。②

加速推进生态工业园区建设，进一步提升工业园区的绿化质量和水平，发展环境友好型生态工业。在保护环境的前提下，积极主动发展低消耗、低污染、高利用率、高循环率的产业，积极引进生态电子等项目。坚决关闭一批破坏资源、污染环境和不具备安全生产条件的企业。加大淘汰落后生产能力的步伐，鼓励、引导企业围绕提升技术水平、保护环境、保障安全、节能降耗、综合利用等方面进行技术改造。从源头防治污染，坚决改变先污染后治理、边治理边污染的老路，同时促使资源环境与经济发展良性循环、协调发展。③

---

① 冯海发：《为全面解决三农问题夯实基础——对十八届三中全会〈决定〉有关农村改革几个重大问题的理解》，《农经》2013 年第 273 期，第 48~51 页。

② 甘典扬：《将生态优势转化为发展优势》，http://www.cctvhjpd.com/Article/Show.asp? ID=55868。

③ 任江华、吴齐强、卞民德：《探索生态与经济协调发展的新模式——〈鄱阳湖生态经济区规划〉解读》，《人民日报》2009 年 12 月 21 日。

　　重点围绕建设"十大产业基地",按照生态与经济协调发展的要求,积极推动产业生态化改造,突出发展高效生态农业、先进制造业、高技术产业、旅游商贸等现代服务业,改造提升传统优势产业。

二　充分利用资源优势,大力发展生态农业

　　充分利用优越的地理位置和独特的气候条件,把发展无公害农产品和绿色、有机食品作为农业结构调整的突破口和主攻方向,大力推进生态农业的标准化、产业化和品牌流通"三大工程",实现资源多级利用,提高农副产品的附加值和市场竞争力。

　　江西省农业基础较好,要合理利用资源,大力发展生态农业,把生态的优势发挥出来。在发展中应用农业新技术改造传统农业,用现代物质条件装备农业,提高农产品的科技含量,增强农产品的市场竞争力。这样做不仅有利于推动农业规模经营,造就适应现代农业发展需要的新型农民,更有利于吸引民间资本投入农业,推进农业现代化建设。

　　同时要因地制宜,把现代科学技术与传统农业技术相结合,充分发挥地区资源优势,依据经济发展水平及"整体、协调、循环、再生"原则,运用系统工程方法,全面规划,合理组织农业生产,实现农业高产、优质高效、持续发展,达到生态和经济两个系统的良性循环和"三个效益"的统一。

三　整合力量,挖掘、保护、开发生态文化

　　发展生态文化,积极探索并持续推进生态文化与科技、市场、资本相结合,是江西省把生态优势转化为发展优势的强力支撑。①

　　生态文化是人与自然和谐相处、协同发展的文化,发展生态文化,有利于形成节约能源资源和保护生态环境的产业结构、增长方式、消费模式。一是树立生态文明观念,强化公众的生态保护意识。一方面,大力开展生态教育,培育公众的生态意识,提高公众参与生态文明建设的积极性;另一方面,以培育绿色消费为目标,引导和规范生产消费行为。二是

---

　　① 甘典扬:《将生态优势转化为发展优势》,http://www.cctvhjpd.com/Article/Show.asp?ID=55868。

以本土优秀传统文化为根基，加强挖掘、保护和传承，突出原真性、地域性和独特性，建设以红色文化、茶文化、瓷器文化等为特色的生态文化保护区。三是以丰富的文化资源为依托，积极探索并持续推进文化与科技、市场、资本相结合，优先发展以厚重历史感、革命教育为特色的红色文化旅游产业，大力扶持瓷器文化产业和茶文化产业，形成新的经济增长点。[①]

四 对生态优势不明显地区，应积极运用资源再生产、再利用方式，积极进行生态补偿和涵养

在资源较少的地区推广促进资源循环利用的方式。研究制定有关政策法规，建立发展循环经济的长效机制。倡导使用洁净能源和可再生能源。减少煤炭使用量，并实施"全程管理、清洁高效"的措施，在农村减少薪柴、秸秆等燃料的使用，发展生物质工程，提倡使用沼气等可再生能源，继续实施绿色照明工程，扩大太阳能灯的使用范围。

加强区域合作，发展与周边地区的生态保护协作，共同增强生态屏障功能；整合区域资源，推进山区、县之间的产业互补和整体发展；加强国内、国际合作，引进和培育高端产业，为实现区域跨越式发展奠定基础。生态建设、水源保护是生态涵养发展区的第一要务，应立足生态资源，发展优势产业，实现养山富民，促进全面发展。

---

① 刘秋梅：《把生态优势转化为发展优势》，《广西日报》2012 年 12 月 27 日。

第七章　江西省生态文明建设与生态优势转化的政策支持

第一节　建立协调机构

建立由省发改委牵头、各有关部门参加的生态文明建设协调联动领导机制，指导、协调和监督检查各设区市生态文明建设工作。充分运用国家赋予的先行先试权，开展生态文明综合改革试点，试行绿色国民经济核算方法，探索将发展过程中的资源消耗、环境损失和生态效益纳入经济社会发展评价体系。推进生态补偿试点，探索生态合作、产业共建、财政支援、异地开发、生态资源交易等多种生态补偿方式。各设区市人民政府对本辖区生态文明建设负总责，要切实加强组织领导，建立相应的协调机制，尽快形成有利于加强生态文明建设的工作格局。①

第二节　调整考核办法

首先，进一步调整领导干部政绩考核内容，淡化 GDP 考核，建立体现生态文明要求的目标体系、考核办法、奖惩机制。在生态文明制度建设中，考核制度最引人注目，最应予以重视。考核制度是转变观念、改变行为的指挥棒，对生态文明建设具有牵引和保障作用。要进一步完善干部考核制度，建立体现生态文明要求的目标体系、考核办法、奖惩机制，督促和激励各级领导干部树立正确政绩观，切实解决影响人民群众健康和威胁

---

① 舒晓露：《江西省国民经济和社会发展第十二个五年规划纲要》，http：//jiangxi. jxnews. com. cn/system/2011/03/29/011622334. shtml。

资源、环境、生态安全的突出问题。①

其次，要制定科学合理的生态文明建设评价指标体系。创新经济手段，有针对性地制定一些有利于增强生态产品生产能力的经济政策法规，让市场协同配置好经济资源和环境资源。深化资源性产品价格和税费改革，以体现市场供求关系、环境资源稀缺程度和生态产品公平分配原则。②

最后，要制定科学合理的公共产品购买办法。生态文明建设主体是一个公共产品问题，要区分纯公共产品部分和准公共产品部分。对纯公共产品部分要实现政府购买如生态建设和环境保护，而准公共产品部分则可以通过市场化运作实现如文明创建和生态环境增值方面。

第三节　健全法律法规

抓紧修订《土地管理法》《森林法》《草原法》等现行法律法规，开展《应对气候变化法》《节水法》《绿色消费促进法》《生态补偿条例》等立法研究工作。清理与生态文明建设相冲突或不利于生态文明建设的法规、法条。推进《江西省实施〈中华人民共和国节约能源法〉办法》《江西省资源综合利用条例》等法规的修订工作，加快制定《江西省实施〈中华人民共和国循环经济促进法〉办法》《江西省固定资产投资项目节能评估和审查办法》《江西省节能监察办法》《江西省重点用能单位节能管理办法》《江西省城镇排水与污水处理办法》《江西省排污许可证管理办法》《江西省畜禽养殖污染防治管理办法》《江西省机动车排气污染防治条例》等。③

---

① 杨磊、闫嘉琪：《推进生态文明建设》（本周话题），http://lianghui. people. com. cn/2013npc/n/2013/0318/c357183 - 20818671. html。

② 《十八大彰显理论创新与实践特色》，《光明日报》，http://www. wxyjs. org. cn/ ddwxgzdt_ 548/201212/t20121212_ 137747. htm。

③ 江西省人民政府：《江西省人民政府关于印发江西省"十二五"节能减排综合性工作方案的通知》，http://www. jiangxi. gov. cn/zfgz/wjfg/szfwj/201112/ t20111229_ 574425. htm。

改革生态环境保护管理体制。建立和完善严格监管所有污染物排放的环境保护管理制度，独立进行环境监管和行政执法。建立生态系统保护修复和污染防治区域联动机制。健全国有林区经营管理体制，完善集体林权制度改革。及时公布环境信息，健全举报制度，加强社会监督。完善污染物排放许可制，实行企事业单位污染物排放总量控制制度。对造成生态环境损害的责任者严格实行赔偿制度，依法追究刑事责任。[1]

健全省级层面的自然资源资产管理体制，统一行使全民所有自然资源资产所有者职责。完善自然资源监管体制，统一行使所有国土空间用途管制职责。探索编制自然资源资产负债表，对领导干部实行自然资源资产离任审计。建立生态环境损害责任终身追究制。[2]

第四节　创建环境交易市场

一　建立碳交易市场

政府向重点排放企业分配排放指标，企业排放指标不够了，可以到交易平台购买，以完成减排任务；企业排放指标有剩余，也可在交易平台出售。碳交易可以倒逼企业加快转型升级，实现绿色低碳发展。目前，新余和赣州分别建立了地级单位碳交易市场。江西省产权交易所（江西省发改委直属机构）拟组建江西省环境能源交易所。这一机构的成立将搭建江西省环境能源交易市场的基本框架，开展以二氧化硫、化学需氧量等主要污染物排放权，二氧化碳、甲烷等温室气体排放权等节能减排技术为主要内容的环境能源权益交易。[3]

二　建立排污权交易市场

建立合法的污染物排放权利即排污权，并允许这种权利像商品一样

---

[1] 周生贤：《改革生态环境保护管理体制》，http：//www.zhb.gov.cn/gkml/hbb/qt/201402/t20140210_267537.htm。

[2] 孝金波、唐述权：《习近平：建立统一行使全民所有自然资源资产所有权人职责的体制》，http：//politics.people.com.cn/n/2013/1115/c1001-23559636.html。

[3] 郑荣林、宋涛：《新余建设碳排放权交易平台》，《江西日报》2013年4月3日。

买入和卖出，以此来进行污染物的排放控制。政府在对污染排放进行总量限定的情况下，允许污染排放量大的企业向污染排放量小的企业购买排放指标，这样，生产工艺更环保的企业就可以在市场上获得更多的收益，而环境保护则从单纯的政府强制行为变成企业经营决策的一部分。排污权交易是在对污染物排放总量进行控制的前提下，利用市场规律及环境资源的特有性质，在环境保护主管部门的监督管理下，各个持有排污许可证的单位在政策、法规的约束下进行排污指标、排污权的有偿转让或变更的活动。①

第五节　健全控制型和激励性政策

一　落实双控目标

加强用能管理，建立和实施能源消耗、碳排放强度与能源消费总量"双控"制度。严格节能评估审查制度，对未通过能评审查的投资项目，有关部门不得审批、核准、批准开工建设，不得发放生产许可证、安全生产许可证、排污许可证，金融机构不得发放贷款，有关单位不得供水、供电。继续加强预测预警，对能源消费总量增长过快地区及时预警调控。在工业、建筑业、交通运输业、公共机构以及居民生活领域全面加强用能管理，抑制不合理的用能需求。②

加快推进最严格水资源管理制度的实施，全面建立水资源管理"三条红线"控制指标体系，建立水资源管理责任考核和监督管理制度，积极推动各地细化实施最严格的水资源管理制度。完善全省地表水功能区划，开展水域纳污总量核定工作，严格监管水功能区，控制入河、入湖、入库排污总量，强化入河排污口监督管理。严格执行矿山最低开采规模制度，提高集约化水平。持续推进科技进步，提高矿产资源的综合利用率，支持对低品位、共伴生、难选冶矿的综合开发，以及对矿山固体废弃物、尾矿和

---

① 戴尔斯：《排污权交易制度》，http：//baike. baidu. com/view/137421. htm？fr = aladdin。

② 《节能评估》，http：//baike. baidu. com/view/4017367. htm？fr = aladdin。

废水的综合利用。①

划定生态保护红线。坚定不移地实施主体功能区制度，建立国土空间开发保护制度，严格按照主体功能区的定位发展，建立以"五山一水"保护为主体的国家公园体制。建立资源环境承载能力监测预警机制，对水土资源、环境容量和海洋资源超载区域实行限制性措施。②

二　实施土地指标控制

建立国土空间开发保护制度，优化土地利用结构与布局。全面落实最严格的耕地保护和节约用地制度，强化对土地利用总体规划和年度计划的管控，提高土地集约利用程度和效率，严格控制建设用地总量，确保基本农田保护面积不减少、耕地质量不降低。加强林地、草地和湿地保护，将保护林地、草地和湿地作为各地政府考核的重要指标，严格控制建设占用林地、草地、湿地和渔业水域。建立和强化项目预审制度，要关口前移，审批前置。③

三　实施倾斜投融资政策

加大各类金融机构对节能减排项目的信贷支持力度，鼓励金融机构创新适合节能减排项目特点的信贷管理模式。引导各类创业投资企业、股权投资企业、社会捐赠资金和国际援助资金增加对节能减排项目的投入。提高"两高"行业的贷款门槛，将企业环境违法信息纳入人民银行企业征信系统和银监会信息披露系统，与企业信用等级评定、贷款及证券融资联动。推行环境污染责任保险，重点区域涉重金属企业应当购买环境污染责任保险。建立落实绿色银行评级制度，将绿色信贷成效与银行机构高管人员的履职评价、机构准入、业务发展相挂钩。④

---

① 湖北省人民政府办公厅：《湖北省人民政府办公厅关于印发〈湖北省加快实施最严格水资源管理制度试点方案〉的通知》，http：//gkml. hubei. gov. cn/auto5472/auto5473/201209/t20120906_ 396319. html。

② 《国家主体功能区》，http：//baike. baidu. com/view/12871722. htm? fr = aladdin。

③ 国土资源部：《关于强化管控落实最严格耕地保护制度的通知（国土资发〔2014〕18 号）》，http：//www. whgtj. gov. cn/Item. aspx? id = 5498。

④ 《国家发改委谈"十二五"节能减排综合性工作方案》，中国政府网，http：//www. hbepb. gov. cn/hbdt/hjzl/201109/t20110915_ 47597. html。

四 实施灵活财税政策

落实国家支持生态文明建设的所得税、增值税等优惠政策。进一步完善污水处理费政策，研究将污泥处理费用逐步纳入污水处理成本的问题。改革垃圾处理的收费方式，加大征收力度，降低征收成本。[①]

积极推进环境税费改革，全面落实资源税费改革，将原油、天然气和煤炭资源税计征办法由从量征收改为从价征收并适当提高税负水平，依法清理、取消涉及矿产资源的不合理收费基金项目。落实促进资源综合利用和可再生能源发展的税收优惠政策。执行进出口税收政策，遏制"两高"产品出口，鼓励用于制造大型环保及资源综合利用设备的关键零部件及原材料进口。用好已经出台的税前抵扣、税收减免等优惠措施，设立支持发展低碳生活的专项资金，通过贷款贴息、补助和奖励等方式，加大对低碳消费、低碳出行方式的补助，重点支持重大关键低碳技术的研发、低碳节能产品的推广应用。[②]

在资源的开采环节，通过征收资源税、消费税等与环境有关的税种，使资源的环境价值内在化，从而消除过度开发、挥霍使用自然资源的内在诱因。在资源的使用（消费）环节，税收可以起到双重作用。通过对有利于节约资源的行为实施税收优惠，鼓励资源使用者降低"节耗投资成本"；通过对资源的使用征收消费税，增加资源的消耗成本，从而达到资源使用者减少自然资源消耗的目的。在资源消耗后产生的废弃物排放环节，通过征收排污费，增加废弃物排放成本。在废弃物的回收利用环节，通过税收优惠政策，鼓励资源的回收利用。[③]

通过实施政府绿色采购、财政贴息贷款等，促进企业使用节能产品、普及节能技术，遏制破坏生态和污染环境的行为，摒弃"先污染后治理，先破坏后重建"的传统发展模式，促进生态环境保护，使经济社会发展同

---

① 刘威：《我国将进一步完善节能减排经济政策》，http：//news. xinhuanet. com/fortune/2011－09/07/c_ 121998683. htm。

② 陈共：《财政学》，中国人民大学出版社，2013。

③ 龚辉文：《资源税、消费税、环境税三者的关系》，http：//www. hb－n－tax. gov. cn/art/2014/10/8/art_ 15419_ 421449. html。

环境保护相协调。

通过财政补贴、加速折旧、投资抵免等政策，加大对环保产业的支持，发挥财政资金"四两拨千斤"的功效，引导、鼓励和吸引社会资本投资环保领域，有效拓宽环保的融资渠道，逐步建立与市场经济发展相适应、来源稳定、渠道顺畅的环保资金投入新机制。①

五　实施差别定价政策

深化资源性产品价格改革，理顺煤、电、油、气、水、矿产等资源产品的价格关系。推行居民用电、用水阶梯价格。完善分时电价实施办法。对能源消耗超过国家和地方规定的单位产品能耗（电耗）限额标准的企业和产品，实行惩罚性电价。在国家政策的许可范围内，根据需要加大差别电价、惩罚性电价实施力度。严格落实脱硫电价，出台燃煤电厂烟气脱硝电价政策。②

第六节　提高生态转化效率

一　积极扩大生态供给

（一）提高生态环境对社会经济系统的供容力

合理协调农业用地与非农用地的关系，完善农业用地和非农业用地之间比例关系变动的动态规划机制，切实提高生态环境对社会经济系统的供养能力。

1. 在保证足够数量的耕地面积的前提下，适当将部分闲置土地转为非农业用地，推动农村土地集约利用

（1）推动劳动力要素集约利用。江西省农村劳动力素质水平普遍偏低是制约江西省农业生产中土地利用集约化的主要因素，因此，要充分利用人力资源，大力提高劳动力素质，通过增加对农村的教育投资，提高农村劳动力的教育水平，培养一批懂市场经济规律、善于经营、会运用先进科

---

① 郑辉、何仲辉：《财政政策支持生态文明建设的积极作用》，http：//www. crifs. org. cn/crifs/html/default/caizhengzhichu/_ content/11_ 08/02/1312262522021. html。

② 《我国将加快推行居民用电阶梯价格》，《成都日报》2011 年 8 月 27 日。

学技术的农民人才，促进土地利用的集约化，保证农业产业化经营和农村经济结构调整。

（2）推动农村土地集约利用。首先，编制和实施土地利用规划，优化土地利用结构与布局，提高土地利用效率；其次，加速农业新技术的创新和推广应用，加快发展农业生产力；最后，调整农村土地的利用结构，根据各地气候、降水等自然条件，适当提高经济林、牧草地的比例，推动林业、畜牧业的发展。①

2. 按照循环经济原则，适当扩大城市建设用地，促进建设用地节约集约利用

（1）合理编制城市土地利用总体规划，科学划分土地利用功能区。实行产业、企业的合理布局，提高城市及交通道路的绿化程度，提高资源利用效率，减少污染排放，重点加强工业用地布局，保障集约利用土地的高新技术产业和现代服务业的用地需求，限制占地多、消耗高的加工业和劳动密集型产业用地。

（2）加大对基础设施建设的支持力度，促进公路、铁路、航运等交通网的完善和枢纽建设，提高用地的整体效益。支持主导优势产业及配套建设，引导产业集中建设、集群发展，合理安置发达地区的产业转移。合理安排中心城市的建设用地，提高城市集聚程度，发挥辐射带动作用，促进工业化和城镇化健康、较快发展。②

（二）充分利用国内、国外两个市场

1. 利用中部崛起的机遇推动江西省生态优势发展建设

江西省作为我国中部唯一以大型湖泊为核心的重要区域经济增长极，将在中部崛起战略的大背景下越来越多地享受来自国家层面的财税、金融、产业等政策支持。加快区域协调发展，实现资源共享，为江西省绿色发展获得要素保障。加快融入中部崛起的大环境，促进人流、物流、资金

---

① 吕军、鲁成树、樊小凤、张明锋：《新农村建设中土地集约利用方式优化研究》，《资源开发与市场》2008 年第 7 期，第 648~650 页。

② 蔡玉梅、郑伟元：《土地利用分区与差别化的土地利用政策》，http://big5. mlr. gov. cn/tdzt/zdxc/qt/jbszn/tdgg/200812/t20081205_ 112801. htm。

流及信息流在区域内的自由流动，推动基础设施、市场及技术的一体化发展，实现资源的优化配置。可以通过人才交流、信息共享、技术创新、市场共用等形式，引进江西省稀缺的生态资源，借鉴中部在挖掘生态优势方面的成功经验，为江西省的绿色发展提供智力支持和技术保障。[①]

2. 利用长江经济带的发展契机加快区域生态经济协调发展

长江经济带覆盖 11 个省市，而江西省作为承东启西、连接南北的战略纽带，可以充分利用自身独特的区位优势，成为长三角、珠三角和闽东南三角区三大经济区联动发展，以及上海自贸区、丝绸之路经济带、粤港澳自贸区等区域经济互动的重要枢纽。江西省可以通过资源整合和产业链重组，积极推进环鄱阳湖城市群、武汉城市圈、长株潭城市群和皖江城市带的生态经济融合，构建一体化的特大型长江中游城市群，充分发挥系统集成效应，提升区域的综合竞争力和可持续发展能力。同时，积极发挥鄱阳湖保障水生态安全的重要作用，大力加强生态建设和环境保护，切实维护生态功能和生物多样性，着力提高鄱阳湖、长江干支流的调洪蓄水能力，努力构筑区域生态安全体系。加快对鄱阳湖、长江干支流等的综合治理，构建资源节约、环境友好的生态产业体系和生态型城市群，把长江中游城市群建成长江中下游水生态安全保障区，确保长江中下游地区的生态安全。[②]

3. 加强与沿海发达地区的联系，实现联动发展

（1）以建成珠三角产业转移基地为发展战略目标，通过加强与浙江、福建的经济联系，充当上海、浙江、福建的后花园和产业转移的载体，推动江西省经济的发展。

（2）以市场为纽带，打破各种形式的地方保护壁垒，提高区域间的交易效率和市场配置效率，在真正意义上实现市场互通，促进人才、资本、资源等要素自由流动。

（3）实现资源联动开发。通过相互创造需求、共同协调协商，在资源配置上达成共识、优势互补，从而实现区域资源的整合、产业的对接、项

---

① 彭波、李霏、黎滢：《中部崛起背景下鄱阳湖生态经济区建设的多重机遇和空间》，《理论导报》2011 年第 10 期，第 7 ~ 9 页。

② 龚建文：《融入长江经济带 江西大有可为》，《江西日报》2014 年 7 月 14 日。

目的合作以及各生产要素的合理配置。江西省与沿海发达地区有不同的资源禀赋，江西省应充分利用沿海地区的资金、技术、信息、市场网络等优势，开发辖区内的能源、矿产、农产品等，变资源优势为经济优势；沿海地区则通过参与江西省的资源开发，为资金、技术、人才、产业找到广阔的市场与发展空间，促进产业转移与升级，实现江西省与沿海发达地区的互利共赢。

4. 开展国际经济技术合作，深入分工协作

江西省经济总量小、产业底子薄、经济开放度有限，仅靠自身财力、物力，不可能实现快速发展；加之江西省生态供需不平衡，生态赤字逐年扩大，需要消耗大量资源以维持经济增长。只有积极发展外贸，大力发展外向型经济，千方百计引入国内外的资金、技术、人才和管理经验，才能从根本上解决生态供给与需求不足的问题，从而推动生态优势向经济优势转化。①

二 大力提高有效生态需求

（一）建立绿色产业体系

1. 改造提成传统产业

发展高效安全的生态农业，避免粗放经营和管理，提高第二、第三产业占国民经济的比重，加快产业优化升级，构建以生态农业、绿色工业和现代服务业为主要内容的绿色产业体系，并最终把绿色经济作为转变生产方式的有力抓手。在第一产业方面，以发展高效生态农业为主攻方向，依托绿色农产品生产区及绿色农业示范区等农业基地建设，深化基层及区域农技推广体系改革与建设，加强农业生态环境治理，着力培育具有地方特色的优势农业产业，在加快规模化、基地化、品牌化发展步伐中促进农业转型升级。在第二产业方面，抑制高耗能、高排放行业过快增长，采用高新技术和先进适用技术改造提升传统产业，培育壮大具有国际竞争力的主导产业。加强自主创新和技术引进，提升电子信息和家用电器的产业优势。加

---

① 戴旻、左伟江：《加快江西外贸发展的战略思考》，《中国市场》2006 年第 6 期，第 88～89 页。

速信息技术、材料技术的推广应用，促进汽车和装备制造业发展。推进材料、能源产业链延伸和跨产业发展，大力发展新材料、新能源产业。在第三产业方面，加快建设生态旅游景区。以红色、生态、乡村、文化、温泉、休闲度假等特色旅游产品开发为重点，整合旅游资源，加快旅游基础设施建设和配套服务功能建设，提升服务标准和质量。大力推进传统商贸物流业的改组改造，切实加大商贸流通业对内、对外开放力度，加快形成大商贸、大市场、大流通的格局。

2. 发展高效安全生态农业

紧紧围绕江西省具有较好发展基础的绿色水稻、绿色生猪、绿色家禽、绿色水果、绿色水产、绿色蔬菜、绿色茶叶、绿色中药八大优势特色产业，着力发展安全、优质、高效的生态农业。[1] 加快农业标准制修订进程，建立既具有江西省特点又与国内外先进标准接轨的绿色农业标准化体系。同时，要探索政府、企业、科研机构协同创新的发展模式，研究开发适应市场需求的新技术、新产品，不断提高绿色农业的科技含量。按照"从农田到餐桌"全程质量控制的要求，强化对产地环境、生产过程、投入品使用、质量检测的全程监管，加强对农业投入品的监督管理，严格生产过程管理，推动企业建立生产经营档案，强化对"三品一标"产品的监督抽查，严厉打击假冒、伪造、套用农产品认证标志的行为。同时，要把保护和改善生态环境作为发展绿色农业的基础工程，深入推进农业标准化、清洁化生产，防止造成农业面源污染，提高绿色农业附加值。[2]

3. 培育节能环保产业

不断提升"绿色"含量，坚持"培大育强与招大引强"并举策略，重点引导、扶持主导产业中的龙头企业发展，着力培育一批产业关联度大、技术含量高、核心竞争力强、市场占有率高的产业集群龙头企业。大力发展节能环保、绿色能源、绿色材料、航空制造、半导体照明、新动力汽车、生物医药等绿色产业和战略性新兴产业。加快构建节能环保产业技术

---

① 江西省林业厅：《江西省林业科技发展规划（2013～2020）》，http：//xxgk. jiangxi. gov. cn/bmgkxx/slyt/gzdt/zwdt/201312/t20131209_ 998335. htm。

② 弦子：《江西以绿色循环、安全为主打品牌，大力发展生态农业》，http：//lo-has. china. com. cn/2013－11/07/content_ 6439514. htm。

创新体系和技术标准体系，加强污染防治、生态保护、节能环保装备及新型环保材料等关键技术研发和成果转化。大力推行合同能源管理节能服务、专业化环境工程服务、治理设施运营服务等，推动节能环保服务社会化，促进节能环保服务业发展。培育一批具有较强竞争力的节能环保骨干企业、产业基地和产业集群。

4. 打造特色产业集群

以产业链条为纽带，以产业园区为载体，培育一批专业特色鲜明、品牌形象突出、服务平台完备的产业集群。南昌、九江、景德镇等赣北地区重点发展汽车、航空、光伏、优质钢材、光电、家电、化工、陶瓷、建材、电子信息、食品加工、纺织服装、生物和新医药、服务外包等产业；新余、宜春、萍乡等赣西地区重点发展冶金、光伏、锂电、医药、陶瓷、纺织服装、机械电子、竹木加工、烟花爆竹、食品加工等产业；赣州、吉安、抚州等赣中南地区重点发展稀有金属加工、电子信息、通信终端、生物制药、食品加工、纺织服装、新能源、化工建材和机械制造等产业；上饶、鹰潭等赣东北地区重点发展铜材加工、光伏、建材、食品、中医药、绿色照明、光学、水工、精密机械等产业。①

5. 全面推进信息化与工业化深度融合

推进信息技术与传统产业、现代服务业和现代农业的融合，促进产业转型升级，推动产业进入创新驱动、内生增长的轨道。推进企业从单项业务应用向多业务集成应用转变，从单一企业应用向产业链上下游协同应用转变，实现信息技术在传统制造业的全面渗透、综合集成和深度融合，促进工业创新发展、绿色发展和智能发展，提高传统产业的集约化水平。加快重要生产装备的智能化、网络化和生产过程自动化进程，加大信息技术在工业行业的应用水平；推进企业管理信息系统的一体化运行和综合集成，实现生产管理的精细化和柔性化；推进计算机在工业研发设计、生产、经营管理、市场流通等环节的应用，建立中小企业信息化的典型示范

---

① 江西省发改委发展规划处：《江西省国民经济和社会发展第十二个五年规划纲要》，http：//www.jxdpc.gov.cn/departmentsite/ghc/ghjh/ztgh/201103/ t20110329_ 57122. htm；《江西省"十二五"规划纲要全文（2011～2015年）》，中国江西网，ht-tp：//district.ce.cn/zt/zlk/bg/201206/11/t20120611_ 23397779_ 1.shtml。

群体。培育发展信息化咨询、规划、实施、维护和培训等增值服务，提高信息产业对工业发展的个性化服务水平。设立一批企业集聚度高、产业规模大、工业化和信息化领域工作有一定基础、在全省信息化与工业化融合工作中具有典型性和示范意义的信息化与工业化融合创新试验区。①

（二）大力发展循环经济

紧紧围绕建设富裕和谐秀美江西的总体要求，依据减量化、再利用、循环化的原则，以优化资源利用方式为核心，降低废弃物的排放为目标，推进技术创新和制度创新，培育政府生态化发展、企业生态化生产和公众生态化生产生活的理念，加快形成政府产业招商环保化、企业资源消耗节约化、污染排放减量化、公众生产生活方式生态化的循环经济发展模式。加快调整农业产业结构，节约集约使用农业资源，推广"猪—沼—果（菜、茶）"生态农业生产模式，创建循环农业生产基地，不断增加农业生产环节，推进农业生产向种–养–加一体化方向发展，实现农业生产的集聚化、链条化和循环化发展。以强化工业园区建设，完善工业产业链，推进工业产业集聚为重点，加快引进工业产业的上下游企业，推进企业向工业园区集聚，形成工业园区循环产业链。通过培育再生资源回收利用产业，创建"城市矿产"经济示范基地，建设再生资源回收网络和物流体系，大力发展城市矿产经济，实现工业废弃物的资源化利用。通过创建循环经济的支撑体系，构建循环经济社会体系，形成政府调控、市场引导、企业实践、公众参与的循环经济新机制，建立起适合江西省情的、有利于绿色发展的宏观调控体系和运行机制，为建设富裕和谐秀美江西提供有力的支撑。

1. 转变农业经济发展方式

以循环经济理念为指导，因地制宜地规划和组织实施农业综合生产体系建设，推进传统农业技术和现代农业技术相结合，实现由资源浪费的粗放经营向资源节约的集约经营方式转变，促进农业生态系统物质、能量的

① 江西省发改委发展规划处：《江西省国民经济和社会发展第十二个五年规划纲要》，http：//www.jxdpc.gov.cn/departmentsite/ghc/ghjh/ztgh/201103/ t20110329 _ 57122.htm。

多层次利用和良性循环，实现经济、生态和社会效益的统一。到 2015 年，合理施用农药的农田比例达到 95%，降解型农用地膜使用比例达到 85% 以上，秸秆综合利用比例达到 80%。以发展生态农业、畜牧养殖、农产品加工为重点，形成农业生物间的物质和能量循环利用链。①

2. 转变工业经济发展方式

严格限制"两高"和产能过剩行业新上项目，严格执行节能评估审查和环境影响评价制度，调整和优化工业产业结构。大力推行清洁生产，以减量化技术、资源循环利用技术、低碳技术改造提升传统产业。以产业研发、制造、物流、服务的综合发展为途径，通过一体化、基地化、园区化布局和清洁化生产，促进专业化生产和企业互相协作配套。合理规划布局，延伸资源利用链条，推进循环经济工业园区建设。②

3. 大力发展资源再利用产业

以提高再生资源加工利用产业规模和利用水平为目标，推进废旧钢铁、废旧有色金属、废旧家电、废旧轮胎、废塑料、废纸、包装物等再生资源回收利用产业化。建立与完善再生产品研制、开发与生产的激励机制，鼓励高等院校、科研机构与企业参与再生产品的研制、开发和生产，延伸废弃资源回收利用产业的产业链，通过政府引导、市场化运作，提高再生资源加工产品的技术水平，使再生资源回收利用产业成为新兴产业。

将再生资源回收与城市社区建设结合起来，以社区为单位，规范、改造社区居民回收站点（网点）、分拣中心和集散市场，构筑废物资源化的信息平台，建立和完善社区回收、市场集散和加工利用三位一体的再生资源回收体系。逐步提高废旧有色金属、废塑料、废纸、废家电等再生资源主要品种的专业化分拣加工能力，实行分类回收，减少再生资源的流失。大幅提高进入指定市场进行规范化交易和集中处理的再生资源比例，逐步实现再生资源回收的零排放和零污染，提高资源利用效率。

---

① 山西省发改委：《山西省循环经济发展规划（2006～2010）》，http://www.shanxigov.cn/n16/n1398/n2108/n5640/n28511/769644.html。

② 国际节能环保协会：《2014 年我国工业节能减排形势分析》，http://www.cpnn.com.cn/zdgc/201403/t20140318_662946.html。

三　提升生态优势转化能力

（一）大力推进能源节约

1. 加强宣传培训，增强全员节能意识

抓好日常节能宣传，充分利用各种媒介，大力宣传节约能源资源工作，引导广大群众践行低碳生活。在社区、机关、学校积极开展节能减排宣传活动，组织开展能源紧缺体验等活动，营造节能氛围，增强全员节能意识。同时，还应健全回收网点，规范回收流程，强化跟踪落实。

2. 加强制度建设，积极推广新能源应用

加强节能工作制度建设，促进节能工作规范化。建立节能目标责任制和评价考核制度，加强重点耗能企业节能跟踪管理和监督检查，加快制定循环经济发展规划。抓好节能改造，推广新能源应用。大力发展高新技术产业，增强自主创新能力，加快用高新技术和先进适用技术改造升级传统产业。加快淘汰高耗能行业的落后生产能力、工艺装备和产品。加快资源节约新技术、新产品和新材料的推广和应用。

（二）切实加强资源综合利用

1. 落实合理开发与利用

资源综合利用应当与节约资源、治理污染、保护环境、调整经济结构、发展经济相结合，坚持经济效益、环境效益、社会效益相统一。相关部门应当加强资源综合利用的科技开发工作，重大的资源综合利用技术研究与开发项目应当优先列入有关科技计划。排放废物单位和利用废物单位应当积极开发和采用资源综合利用新技术、新工艺、新设备，提高资源综合利用水平。工业基本建设和技术改造项目应当优先选择资源综合利用率高、废物排放量少的技术、工艺和设备。企业应当采用先进技术、设备对生产中产生的废气、废水进行处理、回收和循环利用。防止造成资源浪费和污染。[1]

---

[1]　江西省第九届人民代表大会常务委员会：《江西省资源综合利用条例》，ht-tp://jxrd. jxnews. com. cn/system/2009/02/12/011023723. shtml。

2. 加强管理与监督

认真贯彻落实国家鼓励和扶持资源综合利用产业发展的政策措施，进一步完善和实施资源综合利用认定制度，更好地促进资源综合利用产业发展，加大对资源综合利用重点项目的扶持力度。同时加快编制江西省各地区资源综合利用发展规划，组织开展创建资源综合利用示范工程、示范企业和示范园区活动，发挥典型的示范和引导作用。建立健全有效的协调工作机制，加强资源综合利用的监督和管理，防范废弃物利用产生二次污染。要明确目标、强化责任、细化措施，做到层层有责任，逐级抓落实，扎扎实实地推进资源综合利用产业的发展。①

---

① 山东省经济和信息化委员会、山东省人民政府节约能源办公室：《关于加快资源综合利用产业发展的意见》，http：//hzs. ndrc. gov. cn/hjyzyjb/201207/t20120703_489253. html。

参考文献

[1] Arnason, J. P. , "An Ecological View of History: Japanese Civilization in the World Context," *Journal of Japanese Studies*, 2004, 30 (2): 436 – 440.

[2] Hu, J. H. , Research on China's Environmental Policy Implementation Innovation under the Ecological Civilization's Perspective, World Automation Congress (WAC) Location: Puerto Vallarta, MEXICO Date: Jun. 24 – 28, 2012.

[3] Jin, Y. , "Ecological Civilization: from Conception to Practice in China," *Clean Techn Environ Policy*, 2008, 10: 111 – 112.

[4] Luo, S. , Xiao, S. Z. , Luo, Y. et al. , Study on Low – carbon Community Evaluation Index System in Karst Rocky Desertification Areas under the Perspective of Ecological Civilization, 1st International Conference on Energy and Environmental Protection (ICEEP 2012) Location: Hohhot, PRC Date: Jun. 23 – 24, 2012.

[5] Magdoff, F. , "Ecological Civilization," *Monthly Review – An Independent Socalist Magazine*, 2011, 62 (8): 1 – 25.

[6] Magdoff, F. , "Harmony and Ecological Civilization Beyond the Capitalist Alienation of Nature," *Monthly Review – An Independent Socalist Magazine*, 2012, 64 (2): 1 – 9.

[7] Wan, E. X. , "Establishing an Environmental Public Interest Litigation System and Promoting the Building of an Ecological Civilization," *Chinese Law and Government*, 2010, 43 (6): 30 – 40.

[8] Wen, T. J. , Lau, K. C. , Cheng, C. W. , et al. , "Ecological Civilization, Indigenous Culture, and Rural Reconstruction in China," *Monthly Review – An Independent Socalist Magazine*, 2012, 63 (9): 29 – 35.

［9］ Wu, X. M. , Yang, Z. W. , Yang, G. , et al. , "Forestry Education towards Ecologicla Civilization," *Advances in Environmental Research*, 2010, 4: 75 – 97.

［10］ Yang, C. Y. , Li, H. M. , Comparative Analysis of Domestic and International Ecological Civilization Theory, International Conference on Green Building, Materials and Civil Engineering (GBMCE 2011) Location: Shangri La, PRC Date: Aug. 22 – 23, 2011.

［11］ Ye, G. C. , Zhu, C. H. , Research on Urban Ecological Civilization and Low – carbon Economy in the Yangtze River Delta, 1st International Conference on Energy and Environmental Protection (ICEEP 2012) Location: Hohhot, China. Jun. 23 – 24, 2012.

［12］ Zhang, L. , Zhang, D. Y. , "Relationship between Ecological Civilization and Balanced Population Development in China," *Energy Procedia*, 2011, 5: 2532 – 2535.

［13］ Zhang, W. , Li, H. L. , An, X. B. , "Ecological Civilization Construction is the Fundamental Way to Develop Low – carbon Economy," *Energy Procedia*, 2011, 5: 839 – 843.

［14］ Zimin, A. I. , Nevrov, V. I. "The Future of Russia – A Spiritual and Ecologicla Civilization," *Sotsiologicheskie Issledovaniya*, 1994 (10): 54 – 60.

［15］ 白杨、黄宇驰、王敏、黄沈发、沙晨燕、阮俊杰：《我国生态文明建设及其评估体系研究进展》，《生态学报》2011 年第 20 期。

［16］ 曹睿：《论生态文明视角下的城市环境管理制度》，《环境科学与管理》2013 年第 1 期。

［17］ 陈洪波、潘家华：《我国生态文明建设理论与实践进展》，《中国地质大学学报》（社会科学版）2012 年第 5 期。

［18］ 陈晓丹、车秀珍、杨顺顺、邬彬：《经济发达城市生态文明建设评价方法研究》，《生态经济》2012 年第 7 期。

［19］ 谷树忠、胡咏君、周洪：《生态文明建设的科学内涵与基本路径》，《资源科学》2013 年第 1 期。

［20］ 郭先登：《论建设生态文明城市问题》，《山东经济》2008 年第 5 期。

[21] 何天祥、廖杰、魏晓:《城市生态文明综合评价指标体系的构建》,《经济地理》2011 年第 11 期。

[22] 何天祥、王月红:《长株潭城市群生态文明建设水平研究》,《文史博览》(理论) 2012 年第 3 期。

[23] 金鉴明:《构建生态城市是城市发展的必然》,2007,http://www.bjkw. gov. cn /n1143 /n1240 /n1465 /n242664 /n242712 /5756459. html。

[24] 李建中:《关于建设生态文明城市的系统思考》,《系统科学学报》2011 年第 1 期。

[25] 李迅:《建设生态文明,构筑美丽中国,实现永续发展——关于生态文明与生态城市发展的思考》,《小城镇建设》2012 年第 11 期。

[26] 李英、刘奔:《居民参与城市生态文明建设的影响因素分析及对策建议——以哈尔滨市问卷调查为例》,《学术交流》2012 年第 2 期。

[27] 林琳:《包容性增长与生态文明城市建设》,《开放导报》2013 年第 2 期。

[28] 蔺雪春:《城市生态文明评价:指标体系与模型建构》,《生产力研究》2013 年第 1 期。

[29] 马道明:《生态文明城市构建路径与评价体系研究》,《城市发展研究》2009 年第 10 期。

[30] 曲万成:《生态文明视角下的生态城市建设及其路径选择》,《中国集团经济》2012 年第 2 期。

[31] 任致远:《关于城市生态文明建设的拙见》,《上海城市规划》2013 年第 1 期。

[32] 芮黎明:《生态文明先驱城市的理论诠释》,《江南论坛》2010 年第 10 期。

[33] 佘颖慧:《生态文明城市建设支撑体系分析》,《知识经济》2012 年第 12 期。

[34] 申振东、龙海波:《生态文明城市建设与地方政府治理——西部地区的现实考量》,中国社会科学出版社,2011。

[35] 申振东、朱文龙:《建立生态文明城市管理动力系统意义研究——以贵阳市为例》,《贵州大学学报》(社会科学版) 2013 年第 2 期。

[36] 申振东：《建设贵阳市生态文明城市的指标体系与监测方法》，《战略研究》2009 年第 5 期。

[37] 沈超：《国外建设生态城市的做法及其带给我们的启迪》，《城市建设与生态危机管理——中国未来研究会 2010 年学术年会论文集》，2010。

[38] 是丽娜、王国聘：《生态文明理论研究述评》，《社会主义研究》2008 年第 1 期。

[39] 宋言奇：《生态文明建设的内涵、意义及其路径》，《南通大学学报》（社会科学版）2008 年第 4 期。

[40] 孙静：《新形势下的生态文明城市指标体系构建与评价方法研究》，《改革与开放》2012 年第 4 期，第 83~84 页。

[41] 孙淑清：《生态城市规划中的生态文明建设初探》，《环境科学与管理》2009 年第 5 期。

[42] 覃玲玲：《生态文明城市建设与指标体系研究》，《广西社会科学》2011 年第 7 期。

[43] 唐叶萍：《生态文明视野下的生态城市建设研究——以长沙市为例》，《经济地理》2009 年第 7 期。

[44] 汪劲柏：《关于城市生态文明的研究及若干概念辨析》，《生态文明视角下的城乡规划——2008 中国城市规划年会论文集》，2008。

[45] 王贯中、王惠中、吴云波、黄娟：《生态文明城市建设指标体系构建的研究》，《污染防治技术》2010 年第 1 期。

[46] 王光谦：《生态文明城市建设的途径和措施》，《环境保护与循环经济》2008 年第 12 期。

[47] 王会、王奇、詹贤达：《基于文明生态化的生态文明评价指标体系研究》，《中国地质大学学报》（社会科学版）2012 年第 5 期。

[48] 王家贵：《试论"生态文明城市"建设及其评估指标体系》，《城市发展研究》2012 年第 9 期。

[49] 王俊霞、王晓峰：《基于生态城市的城市化与生态文明建设协调发展评价研究——西安市为例》，《资源开发与市场》2011 年第 8 期。

[50] 王如松：《城市生态文明的科学内涵与建设指标》，《前进论坛》2010 年第 10 期。

［51］严耕、杨志华、林震、刘洋、吴明红、黄军辉、吴守蓉、樊阳程、张秀芹：《2009 年各省生态文明建设评价快报》，《北京林业大学学报》（社会科学版）2010 年第 1 期。

［52］杨培峰、易劲：《"生态"理解三境界——兼论生态文明指导下的生态城市规划研究》，《规划师》2013 年第 1 期。

［53］于秀琴、张欣宜、郑丹丹：《生态文明城市评价指标体系的构建》，《山东工商学院学报》2013 年第 3 期。

［54］俞桂海：《基于生态文明的"生态城市"设的路径选择》，《中共福建省委党校学报》2012 年第 10 期。

［55］俞卫忠、陈建：《生态文明：城市生态建设的新高度》，《污染防治技术》2012 年第 2 期。

［56］张文静：《生态文明：创建文明城市的应有之义》，《河南城建学院学报》2010 年第 3 期。

［57］周国文、周天意：《世界城市的生态文明模式——绿色北京的创新驱动》，《创新驱动与首都"十二五"发展——2011 首都论坛文集》，2011。

［58］朱玉林、李明杰、刘旖：《基于灰色关联度的城市生态文明程度综合评价——以长株潭城市群为例》，《中南林业科技大学学报》（社会科学版）2010 年第 5 期。

［59］朱增银、李冰、高鸣、田爱军：《太湖流域生态文明城市建设量化指标体系的初步研究》，《中国工程科学》2010 年第 6 期。

［60］北京师范大学科学发展观与经济可持续发展研究基地：《西南财经大学绿色经济与经济可持续发展研究基地，国家统计局中国经济景气监测中心》，2012 中国绿色发展指数报告摘编《经济研究参考》2012 年第 67 期。

图书在版编目（CIP）数据

区域生态优势转化与生态文明建设：以江西省为例／刘耀彬等
编著．—北京：社会科学文献出版社，2015.6
ISBN 978 - 7 - 5097 - 7374 - 1

Ⅰ.①区…　Ⅱ.①刘…　Ⅲ.①生态环境建设 - 研究 - 江西省
Ⅳ.①X321.256

中国版本图书馆 CIP 数据核字（2015）第 076167 号

区域生态优势转化与生态文明建设
——以江西省为例

编　　著／刘耀彬 等

出 版 人／谢寿光
项目统筹／高　雁
责任编辑／颜林柯

出　　版／社会科学文献出版社·经济与管理出版分社（010）59367226
　　　　　　地址：北京市北三环中路甲 29 号院华龙大厦　邮编：100029
　　　　　　网址：www.ssap.com.cn
发　　行／市场营销中心（010）59367081　59367090
　　　　　　读者服务中心（010）59367028
印　　装／三河市尚艺印装有限公司

规　　格／开本：787mm × 1092mm　1/16
　　　　　　印张：19　字数：312 千字
版　　次／2015 年 6 月第 1 版　2015 年 6 月第 1 次印刷
书　　号／ISBN 978 - 7 - 5097 - 7374 - 1
定　　价／69.00 元